高职高专"工作过程导向"新理念教材 计算机系列

C#面向对象程序设计与项目实践

陈建国　李礁　主编

清华大学出版社
北京

内 容 简 介

本书是学生在具有一定的 C 语言的基础上,学习面向对象程序设计的入门教材。本书强化项目实践,逐步提高学生的编程能力。本书按照 CDIO 模式编写,即按照"构思、设计、实现、运行"的结构构建项目和任务,将"客户管理系统"的设计贯穿到全书的每个项目实践中。本书共包括 8 个项目实践,24 个任务,150 多个案例程序,每章有关键词(中英文对照)。

本书内容包括.NET 框架与 C#概述、C#程序设计基础、图形用户界面基础、类与对象、继承与多态、委托与事件、集合与泛型、文件处理。

本书可以作为计算机及其相关专业程序设计课程的入门教材,也可以作为软件开发人员的入门教材。

本书封面贴有清华大学出版社防伪标签,无标签者不得销售。
版权所有,侵权必究。举报: 010-62782989,beiqinquan@tup.tsinghua.edu.cn。

图书在版编目(CIP)数据

C#面向对象程序设计与项目实践/陈建国,李礁主编. —北京: 清华大学出版社,2022.10
高职高专"工作过程导向"新理念教材. 计算机系列
ISBN 978-7-302-58434-6

Ⅰ.①C… Ⅱ.①陈… ②李… Ⅲ.①C 语言-程序设计-高等职业教育-教材 Ⅳ.①TP312.8

中国版本图书馆 CIP 数据核字(2021)第 116922 号

责任编辑: 孟毅新
封面设计: 傅瑞学
责任校对: 刘　静
责任印制: 宋　林

出版发行: 清华大学出版社
　　网　　址: http://www.tup.com.cn, http://www.wqbook.com
　　地　　址: 北京清华大学学研大厦 A 座　　邮　编: 100084
　　社 总 机: 010-83470000　　邮　购: 010-62786544
　　投稿与读者服务: 010-62776969, c-service@tup.tsinghua.edu.cn
　　质量反馈: 010-62772015, zhiliang@tup.tsinghua.edu.cn
　　课件下载: http://www.tup.com.cn, 010-83470410

印 装 者: 三河市铭诚印务有限公司
经　　销: 全国新华书店
开　　本: 185mm×260mm　　印　张: 25　　字　数: 569 千字
版　　次: 2022 年 10 月第 1 版　　印　次: 2022 年 10 月第 1 次印刷
定　　价: 86.00 元

产品编号: 085392-01

前　言

　　.NET 是微软非常成熟的应用层解决框架技术，已经有越来越多的开发人员转入.NET 开发阵营。作为微软推出的新一代编程语言，C♯是 Windows 程序设计、ADO.NET 程序设计以及 ASP.NET（C♯）程序设计的基础。C♯作为.NET 编程人员的必修课程，有越来越多的学校开设了相关课程。本书借助 Visual Studio 2010 开发环境，在.NET Framework 4.5 架构下学习 C♯语言的基本语法和特性，引导读者完全按照面向对象的程序设计思想分析和编写程序，在项目的引导下完成 C♯基础知识的学习。本书具有如下的特点。

　　（1）本书的重点是介绍基于 C♯的面向对象程序设计，其读者对象是具有一定的程序设计基础的读者，对于 C♯的程序设计基础部分只作简单的介绍，避免内容的重复。

　　（2）本书采用项目实践、任务驱动、案例教学的形式安排内容，将项目分解为若干个任务，各部分任务依赖于项目，又有一定的独立性；任务基于所学理论知识，通过案例来理解相关的知识点。

　　（3）本书中的案例尽量避免复杂算法，所选择的算法在学生的可接受范围内，又具有一定的针对性。

　　（4）本书针对职业教育改革的要求，注重学生的职业性，按照"生疑—思疑—释疑、再生疑—再思疑—再释疑"的过程，对书中内容进行精心组织、科学安排。针对教学重点、难点，采用恰当的教学方法，一环扣一环地提出问题、分析问题、解决问题。

　　本书由具有多年教学经验和工程实践经验的教师编写，适合职业教育特征和需求，适合用于高职和应用型本科院校教学。

编　者

2022 年 6 月

目　录

第1章　.NET 框架与 C#概述 ………………………………………… 1

1.1　Visual Studio .NET 简介 …………………………………………… 1
　　1.1.1　.NET 概述 ……………………………………………… 2
　　1.1.2　.NET 框架简介 ………………………………………… 2
　　1.1.3　C#编程语言简介 ……………………………………… 4
　　1.1.4　Visual Studio .NET 集成环境 ………………………… 5
　　1.1.5　编写代码环境 ………………………………………… 8
　　1.1.6　命名空间 ……………………………………………… 13
　　1.1.7　C#程序的结构与编译 ………………………………… 20
　　任务 1-1　第一个 C#程序 ………………………………… 25
1.2　控制台程序的数据输入与输出 …………………………………… 28
　　1.2.1　数据的输入/输出 ……………………………………… 28
　　1.2.2　C#的预处理 …………………………………………… 33
　　1.2.3　C#的编程规则 ………………………………………… 36
　　任务 1-2　注册用户信息 ………………………………… 39
项目实践 1　C#编程环境与程序结构 ………………………………… 40
习题 ……………………………………………………………………… 43

第2章　C#程序设计基础 ……………………………………………… 45

2.1　数据定义与运算 …………………………………………………… 45
　　2.1.1　预定义数据类型 ……………………………………… 46
　　2.1.2　常量 …………………………………………………… 50
　　2.1.3　变量 …………………………………………………… 51
　　2.1.4　运算符与表达式 ……………………………………… 54
　　2.1.5　类型转换 ……………………………………………… 65
　　任务 2-1　客户信息的输入与输出 ……………………… 70
2.2　程序流程控制 ……………………………………………………… 71
　　2.2.1　分支语句 ……………………………………………… 72

		2.2.2	循环语句	75

- 2.2.2 循环语句 …… 75
- 2.2.3 跳转语句 …… 79
- 2.2.4 异常处理 …… 81
- 2.2.5 溢出检查 …… 88
- 任务 2-2 客户信息的分类统计 …… 91
- 2.3 复杂构造类型 …… 92
  - 2.3.1 枚举类型 …… 92
  - 2.3.2 结构体类型 …… 95
  - 2.3.3 数组 …… 99
  - 2.3.4 字符串类 …… 105
  - 任务 2-3 客户记录的组织 …… 108
- 项目实践 2 客户信息管理 …… 110
- 习题 …… 113

第 3 章 图形用户界面基础 …… 116

- 3.1 Windows 窗体 …… 116
  - 3.1.1 窗体概述 …… 117
  - 3.1.2 创建窗体 …… 117
  - 3.1.3 窗体的属性、事件和方法 …… 119
  - 3.1.4 使用消息框 …… 121
  - 任务 3-1 用户登录界面的设计 …… 123
- 3.2 常用控件 …… 125
  - 3.2.1 控件概述 …… 125
  - 3.2.2 Lable 控件 …… 128
  - 3.2.3 PictureBox 控件 …… 128
  - 3.2.4 Button 控件 …… 129
  - 3.2.5 RadioButton 控件 …… 130
  - 3.2.6 TextBox 控件 …… 130
  - 3.2.7 CheckBox 控件 …… 132
  - 3.2.8 GroupBox 控件 …… 133
  - 任务 3-2 用户注册界面的设计 …… 135
- 项目实践 3 基于窗体界面的客户管理系统 …… 136
- 习题 …… 138

第 4 章 类与对象 …… 140

- 4.1 类、对象与封装 …… 141
  - 4.1.1 类及其构成 …… 141
  - 4.1.2 对象 …… 143

任务 4-1　客户对象的定义 ··· 144
4.2　类的数据成员 ··· 145
　　4.2.1　常量成员 ··· 146
　　4.2.2　变量成员 ··· 146
　　4.2.3　类的组合与嵌套 ··· 148
　　任务 4-2　客户信息的组织 ··· 153
4.3　构造方法和析构方法 ··· 154
　　4.3.1　构造方法 ··· 155
　　4.3.2　析构方法 ··· 160
　　任务 4-3　客户信息的初始化 ··· 161
4.4　方法成员 ··· 163
　　4.4.1　方法的定义与调用 ··· 163
　　4.4.2　方法的参数 ··· 165
　　4.4.3　分部类与分部方法 ··· 173
　　4.4.4　静态方法与实例方法 ··· 175
　　4.4.5　this 关键字 ··· 177
　　4.4.6　方法重载 ··· 179
　　4.4.7　对象交互 ··· 182
　　任务 4-4　模拟客户订货处理 ··· 186
4.5　运算符的重载 ··· 190
　　4.5.1　运算符重载的概念 ··· 190
　　4.5.2　重载二元运算符 ··· 191
　　4.5.3　重载一元运算符 ··· 194
　　4.5.4　重载关系运算符 ··· 195
　　任务 4-5　客户信息的分类排序 ··· 196
4.6　属性与索引 ··· 201
　　4.6.1　属性 ··· 202
　　4.6.2　索引器 ··· 206
　　任务 4-6　客户信息的索引 ··· 211
项目实践 4　客户管理系统的功能扩展 ··· 216
习题 ··· 223

第 5 章　继承与多态 ··· 226

5.1　继承与派生 ··· 227
　　5.1.1　C#的继承机制 ··· 227
　　5.1.2　派生类的构造方法与析构方法 ··· 231
　　5.1.3　继承机制的访问权限 ··· 234
　　5.1.4　继承的传递性 ··· 239

        5.1.5 基类 Object ……………………………………………………………… 241
      任务 5-1 客户间的关系描述 …………………………………………………… 242
    5.2 多态与虚方法 ………………………………………………………………… 245
        5.2.1 多态性 …………………………………………………………………… 245
        5.2.2 虚方法 …………………………………………………………………… 246
        5.2.3 里氏替换与多态 ………………………………………………………… 249
      任务 5-2 模拟员工选择不同的交通工具 ……………………………………… 253
    5.3 抽象与密封 …………………………………………………………………… 255
        5.3.1 抽象类与抽象成员 ……………………………………………………… 255
        5.3.2 密封类和密封成员 ……………………………………………………… 260
      任务 5-3 计算员工的工资 ……………………………………………………… 262
    5.4 接口 …………………………………………………………………………… 265
        5.4.1 接口的概念 ……………………………………………………………… 265
        5.4.2 接口成员 ………………………………………………………………… 266
        5.4.3 接口的实现 ……………………………………………………………… 272
        5.4.4 接口映射 ………………………………………………………………… 279
        5.4.5 接口的重新实现 ………………………………………………………… 284
        5.4.6 抽象类和接口 …………………………………………………………… 286
      任务 5-4 模拟虚拟打印机 ……………………………………………………… 287
    项目实践 5 员工工资管理 ………………………………………………………… 288
    习题 ………………………………………………………………………………… 294

第 6 章 委托与事件 …………………………………………………………………… 296

    6.1 委托 …………………………………………………………………………… 296
        6.1.1 委托的概念 ……………………………………………………………… 296
        6.1.2 委托的使用 ……………………………………………………………… 297
        6.1.3 多播委托 ………………………………………………………………… 299
        6.1.4 协变和抗变 ……………………………………………………………… 301
      任务 6-1 模拟产品的研发和销售流程 ………………………………………… 302
    6.2 事件 …………………………………………………………………………… 304
        6.2.1 事件的原理 ……………………………………………………………… 304
        6.2.2 创建事件和使用事件 …………………………………………………… 305
        6.2.3 委托、事件与 Observer 设计模式 ……………………………………… 310
      任务 6-2 模拟商品价格的调整 ………………………………………………… 313
    项目实践 6 调整员工工资 ………………………………………………………… 315
    习题 ………………………………………………………………………………… 318

第 7 章 集合与泛型 320

7.1 集合 320
7.1.1 集合的概念 321
7.1.2 集合类 321
7.1.3 集合接口 334
任务 7-1 数据的快速检索与遍历 339

7.2 泛型 341
7.2.1 泛型概述 341
7.2.2 泛型类型参数及约束 343
7.2.3 创建泛型类 345
任务 7-2 提高代码的复用性 346

项目实践 7 客户管理系统的优化 348
习题 352

第 8 章 文件处理 354

8.1 文件系统管理 354
8.1.1 文件夹管理 355
8.1.2 文件管理 361
8.1.3 通用对话框 366
任务 8-1 查找指定文件 369

8.2 文件存取 371
8.2.1 文本模式 371
8.2.2 二进制模式 372
任务 8-2 客户信息的存储 374

8.3 序列化对象 376
8.3.1 序列化的概念 376
8.3.2 序列化的应用 377
任务 8-3 客户信息的存储优化 381

项目实践 8 客户管理系统的数据存储 383
习题 385

参考文献 387

第 1 章 .NET 框架与 C#概述

项目背景

在学习 C♯语言前,必须先对其有一个初步认识。为帮助读者了解 C♯的开发环境、C♯的基本程序结构,我们在项目实施中,通过一个简单程序的设计,介绍.NET 的编程界面,C♯的编程环境以及程序调试的基本方法。在学习中要注意 C♯语言与 C 语言和 Java 语言的区别,在比较中学习。

项目任务

(1) 任务 1-1　第一个 C♯程序
(2) 任务 1-2　注册用户信息

知识目标

(1) 了解.NET 框架的基本概念、C♯的基本概念。
(2) 理解 C♯的程序结构。
(3) 理解命名空间的概念。
(4) 熟悉控制台程序数据输入/输出的方法。

技能目标

掌握 C♯语言编程环境与程序调试的基本方法。

关键词

.NET 框架(.NET framework),应用(application),开发(developer),构建(builder),调试(debug),控制台(console),项目(project),命名空间(namespace),解决方案(solution),运行时(runtime),.NET 类库(.NET library),编译器(compiler)

1.1　Visual Studio .NET 简介

Microsoft .NET(以下简称.NET)框架是微软提出的新一代软件开发模型,C♯语言是.NET 框架中新一代的开发工具。C♯语言是一种面向对象的语言,它简化了 C++语言在类、命名空间、方法重载和异常处理等方面的操作,摒弃了 C++的复杂性,更易使用,更少出错。它使用组件编程,和 VB 一样容易使用。

1.1.1 .NET 概述

1. 什么是 .NET

2000 年 6 月 22 日,微软正式对外宣布 .NET 战略。.NET 是微软推出的一个全新的概念,微软公司总裁兼首席执行官史蒂夫·鲍尔默说:".NET 代表了一个集合、一个环境、一个编程的基础结构,可以作为一个平台来支持下一代的互联网。.NET 也是一个用户环境,是一组基本的用户服务,可以作用于客户端、服务器端和任何地方,具有很好的一致性,并有新的创意。"因此,它不仅是一个用户的体验,而且是开发人员体验的集合。

2. .NET 的组成

.NET 以公共语言运行库(common language runtime,CLR)为基础,实现跨平台和跨语言开发。.NET 由 5 个主要部分组成。

(1) Windows .NET 操作系统:它是可以运行 .NET 程序的操作系统的总称,如 Windows 7/8/10 等,还提供各种应用软件服务(如 IIS、Active Directory 等)。

(2) .NET 企业级服务器:它主要包括 SQL Server 等。

(3) .NET Web 服务组件:.NET 提供一系列高度分布、可编程的公共性网络服务,可以从任何支持 SOAP 的平台上访问 .NET 服务组件。

(4) .NET 框架:它是 .NET 的核心部分,提供建立和运行 .NET 应用程序所需的编辑、编译等核心服务。

(5) Microsoft Visual Studio .NET:它是为建立基于 .NET 框架应用程序而设的一个可视化的集成的开发环境(integrated development environment,IDE)。它为所有的编程语言提供一个简单统一的代码编辑器,包括 XML 编辑器、SQL Server 接口、以图形化的方法设计服务器端构件的设计器、监控远程机器的 Server Explorer 等。

1.1.2 .NET 框架简介

.NET 框架是一个集成在 Windows 中的组件,是一套语言无关的应用程序开发框架,它的主要特色是:简化应用程序的开发复杂性、采用系统虚拟机运行的编程平台、以公共语言运行库为基础,提供一个一致的开发模型,支持多种语言(如 C#、VB、C++、Python 等)的开发,开发人员可以选择任何支持 .NET 的编程语言来进行多种类型的应用程序开发。它支持生成和运行下一代应用程序与 XML Web 服务。

.NET 框架提供了一个语言无关的 CLR 来管理各种代码的执行过程,并为所有的 .NET 语言开发各种应用和服务提供了框架类库(framework class library,FCL)。FCL 包括基础类库(BCL)和用户接口库。.NET 框架包括以下组件,如图 1-1 所示。

(1) 公共语言运行库(CLR)。

(2) 基础类库(BCL)。

(3) 数据库访问组件(ADO.NET 和 XML)。

(4) 基于 ASP.NET 编程框架的 Web 服务(Web serveice)和 Web 表单(Web form)。

(5) Windows 桌面应用界面编程组件(WinForm)。

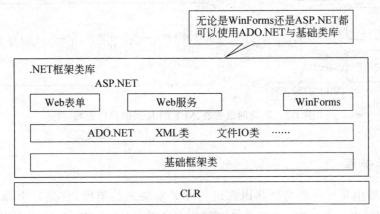

图 1-1 .NET 框架的组成

CLR 和 BCL 是.NET 框架的两个主要组成部分。

1. 公共语言运行库

公共语言运行库是.NET 框架的基础。CLR 是应用程序的执行引擎和功能齐全的类库,该类库严格按照 CTS 规范实现。作为程序执行引擎,CLR 负责安全地载入和运行用户程序代码。CLR 提供一个执行时的管理环境,提供内存管理、线程管理和远程处理以及类型安全检查等核心服务。通常在 CLR 监控之下运行的代码,称为托管代码(managed code)。

CLR 的两个组成部分如下。

(1) CTS(common type system,通用类型系统),定义了在微软中间语言 IL 中的数据类型。

CTS 不但实现了 COM 的变量兼容类型,而且定义了通过用户自定义类型的方式来进行类型扩展。任何以.NET 平台作为目标的语言必须建立数据类型与 CTS 类型之间的映射。所有.NET 语言共享这一类型系统,实现它们之间无缝的互操作。

(2) CLS(common language specification,公共语言规范),包括几种面向对象的编程语言的通用功能。

.NET 通过定义 CLS 解决各种不同语言引发的互操作性问题。CLS 制定了一种以.NET 平台为目标的语言所必须支持的最小特征以及该语言与其他.NET 语言之间实现互操作性所需要的特征,以实现各种语言在同一平台下组件的相互操作。例如,CLS 并不去关心一种语言用什么关键字实现继承,只关心该语言如何支持继承。

如果想要不同的语言在.NET CLR 上执行,就必须提供一个编译器将各种语言的程序编译成.NET CLR 所认识的元数据(metadata)以及中间语言,以符合通用类型系统

(CTS)的规定。然后通过即时编译器"翻译"平台专用语言，这样就使得各种不同的语言可以在同一平台上运行，如图1-2所示。

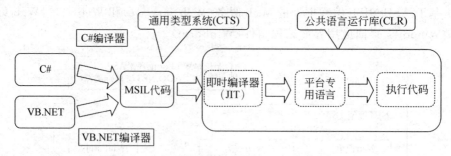

图1-2 不同的语言在.NET CLR上的执行过程

2. .NET 类库

.NET框架也具有一套与公共语言运行库紧密集成的类库，它是一个综合性的面向对象的可重用类型集合，使用该类库可以创建多种类型的应用程序，这些应用程序包括传统的命令行或图形用户界面（GUI）应用程序，也包括基于ASP.NET所提供的Web表单和XML Web服务应用程序。

1.1.3 C♯编程语言简介

1. .NET 编程语言介绍

在公共语言运行库(CLR)环境下，开发人员可以选择任何支持.NET框架的语言来进行应用程序的开发，如VB.NET、C♯、J♯以及一些第三方公司推出的语言。由于这些语言运行在相同的公共语言运行库(CLR)执行环境下，可以有效地解决多语言之间的代码整合的问题。

2. C♯程序设计语言

C♯（读作C Sharp）是一种简单易用的新式编程语言，不仅面向对象，还具有类型安全性。C♯源于C语言系列，是一种面向对象的语言，还支持面向组件的编程。当代软件设计越来越依赖采用自描述的独立功能包形式的软件组件，此类组件的关键特征包括为编程模型提供属性、方法和事件；包含提供组件声明性信息的特性；包含自己的文档。C♯能直接支持这些概念，这使它成为一种非常自然的语言，可用于创建和使用软件组件。

除此之外，C♯还具有以下功能。

（1）垃圾回收机制可自动回收无法访问的未使用对象占用的内存。

（2）异常处理。提供了一种结构化的可扩展方法来执行错误检测和恢复。

（3）类型安全设计禁止读取未初始化的变量、为范围之外的数组编制索引或执行未检查的类型转换。

(4) C#采用统一的类型系统,所有 C#类型(包括 int 和 double 等基础类型)均继承自一个根——object 类型。因此,所有类型共用一组通用运算,任何类型的值都可以一致地进行存储、传输和处理。此外,C#还支持用户定义的引用类型和值类型,从而支持对象动态分配以及轻量级结构的内嵌式存储。

1.1.4 Visual Studio .NET 集成环境

Microsoft Visual Studio(以下简称 VS)是微软公司的开发工具包系列产品。VS 是一个基本完整的开发工具集,它包括了整个软件生命周期中所需要的大部分工具,如 UML 工具、代码管控工具、集成开发环境等,是目前流行的 Windows 平台应用程序的集成开发环境。用户所写的目标代码适用于微软支持的所有平台,包括 Microsoft Windows、Windows Mobile、Windows CE、.NET 框架、.NET Compact 框架和 Microsoft Silverlight 及 Windows Phone。

Visual Studio 系列产品共用一个集成开发环境,它由若干元素组成:菜单栏、标准工具栏以及停靠或自动隐藏在左侧、右侧、底部和编辑器空间中的各种工具箱。可用的工具箱、菜单和工具栏取决于所处理的项目或文件类型。

根据所应用的设置以及随后执行的任何自定义动作,IDE 中的工具箱及其他元素的布置会有所不同。可以使用可视的菱形引导标记轻松移动和停靠窗口,或使用自动隐藏功能临时隐藏窗口。

1. 起始页

Visual Studio 2010 起始页分为三个主要部分:显示"新建项目"和"打开项目"命令的命令部分;"最近的项目"列表;包含"入门"选项卡和"RSS 源"选项卡的选项卡式内容区域。页面底部是设置起始页显示时间的选项,如图 1-3 所示。

图 1-3　Visual Studio 2010 的起始页

2. 项目

可以通过选择"文件"→"项目"命令或单击起始页的"新建项目"链接,创建一个项目,如图1-4所示。

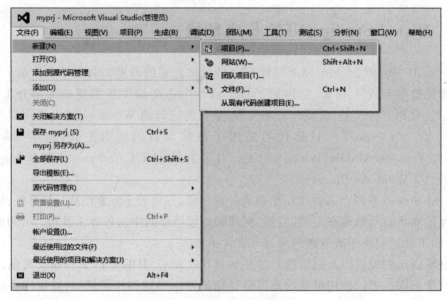

图1-4 新建一个项目

系统提供了已经安装的各类模板,用户根据不同的需求选择相应的项目模板即可,如图1-5所示。

图1-5 选择项目模板

这里选择控制台应用程序。

3. 解决方案资源管理器

解决方案和项目包含一些项,这些项表示创建应用程序所需的引用、数据连接、文件夹和文件。解决方案容器可包含多个项目,而项目容器通常包含多个项。

通过解决方案资源管理器,可以打开文件进行编辑,向项目中添加新文件以及查看解决方案、项目和项目属性,如图1-6所示。

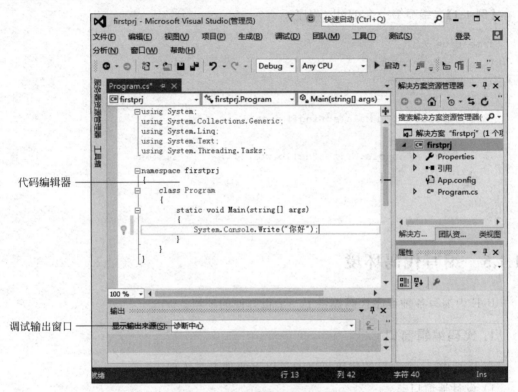

图 1-6　解决方案资源管理器

4. 代码编辑器和设计器

使用哪种编辑器和设计器取决于所创作的文件或文档的类型。文本编辑器是 IDE 中的基本字处理器,而代码编辑器是基本源代码编辑器。

代码编辑器和设计器通常有两个视图:图形设计视图和代码隐藏视图或源视图。设计视图允许在用户界面或网页上指定控件和其他项的位置。可以从工具箱中拖动控件,并将其置于设计视图上。

5. 生成和调试工具

Visual Studio 提供了一套可靠的生成和调试工具。使用生成工具,可选择需要生成的组件、排除不想生成的组件,并确定如何生成选定的项目以及在什么平台上生成这些项目。

生成过程即是调试过程的开始。生成应用程序的过程可帮助用户检测编译时的错误。这些错误可能包含不正确的语法、拼错的关键字和输入不匹配。"输出"窗口将显示这些错误类型。

在应用程序生成后，可以使用调试器检测和更正在运行时检测到的问题，如逻辑错误和语法错误。处于中断模式时，可以使用"变量"窗口和"内存"窗口等工具来检查局部变量和其他相关数据。

【例 1-1】 编写第一个 Hello 程序。

```
namespace prj
{
    class Program
    {
        static void Main(string[] args)
        {
            Console.Write("hello,word!");
        }
    }
}
```

1.1.5 编写代码环境

IDE 为编写各种程序代码提供了一个很方便的环境。

1. 代码编辑窗口

在 IDE 中，一个项目的代码可以通过以下两种方式体现。

1) 设计器窗口

对于设计像 WinForm 这样的用户界面项目，IDE 提供了一个图形化用户界面的设计环境，大大提高了开发速度。利用此环境设计一个窗体或一个服务器端对象，设计器会自动修改代码来反映所做的界面修改。

激活设计器窗口的方法：选择"项目"→"添加 Windows 窗体"命令，或选择对应的窗体对象，系统会自动打开各种窗体、控件或组件的设计器窗口，如图 1-7 所示。

2) 代码编辑窗口

激活代码编辑窗口有以下几种方法。

(1) 选择"视图"→"代码"命令(或按 F7 键)。

(2) 在设计器中，选中窗体或控件，右击，在弹出的快捷菜单中选择"查看代码"命令。

(3) 在解决方案资源管理器中，选中窗体文件 Form.cs，单击此小窗口上方的"查看代码"按钮。

(4) 双击某窗体或控件。

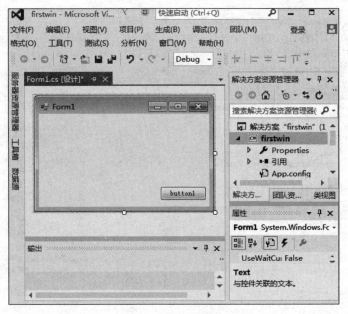

图 1-7　设计器窗口

代码编辑窗口(见图 1-6)顶部的两个下拉列表框可用于选择和浏览相应的代码。左边的列表框包括了代码中的所有类；右边的列表框包括了左边列表中当前类的方法、数据成员、所使用的控件以及相应的事件处理方法。选中一项后，光标会定位于对应方法的代码的第一行。

每打开一个新文件编辑，IDE 就会在代码编辑窗口上添加一个新标签，可以通过各标签来切换文件。

2. 代码折叠

在代码编辑窗口中，IDE 的另一个有用的功能就是"代码折叠"。此项功能通过树上的"＋"和"－"图标实现对代码的展开和折叠，便于查看代码的层次结构。代码编辑窗口的左边有一条灰色细线，还有＋和－的节点展开和折叠状态，如图 1-8 所示。

关闭代码折叠功能：选择"编辑"→"大纲显示"→"停止大纲显示"命令。

激活代码折叠功能：选择"编辑"→"大纲显示"→"启动自动大纲显示"命令。

自定义代码编辑器状态：选择"工具"→"选项"命令，在选项卡的左侧窗口中选择"文本编辑器"选项，然后自定义设置代码编辑器的各种状态。

3. 语法导航

代码编辑器环境中，有以下语法导航功能。

(1) 当输入"."时，IDE 提供的语法导航会弹出被调用对象的所有方法列表，只须选择其中所需的方法，按 Enter 键便可在代码中显示该方法的名称，而不需要手工输入。

(2) 当输入"("时，IDE 会显示一个浮动窗口，它包含了该方法的输入参数类型和个

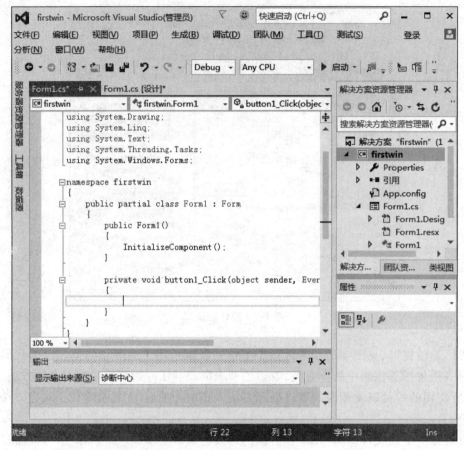

图 1-8 代码编辑窗口

数,以确保方法调用不会出错。

（3）当在代码窗口中输入一个单词时,IDE 会以不同的颜色显示归类到相应的类别,包括关键字、标识符和操作符等(可以选择"工具"→"选项"命令,在弹出的对话框中设置各类别的颜色)。

（4）IDE 会在编译前检查代码。如输入了一行不完整的代码,IDE 会在该代码行下画红色波浪线表示有错。

（5）IDE 环境中有上下文智能帮助功能。如不能确定某关键词的用法,可选中该单词然后按 F1 键,则 IDE 会打开相应的帮助窗口。

4. 对象浏览器

对象浏览器是 IDE 中最重要的工具之一,它显示了方案中所有定义的和引用的对象或构件信息。

激活对象浏览器的方法：选择"视图"→"其他窗口"→"对象浏览器"命令,"对象浏览器"窗口如图 1-9 所示。

"对象浏览器"窗口的左边显示了项目中的所有 .NET 类库和命名空间,单击"＋"图

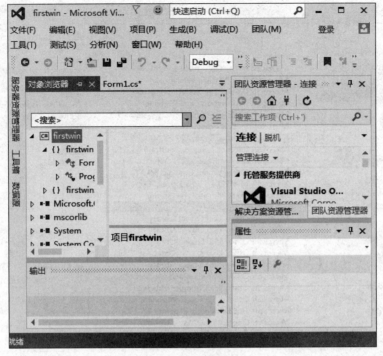

图 1-9 对象浏览器

标,将展开某个命名空间包含的所有类(以树状结构显示)。选中其中的一个类,可在对象浏览器窗口的右边看到该类的成员。在左边的窗格中,双击某个类名,可以在右边看到所选对象的方法和属性。

在发布一个组件之前,最好用"对象浏览器"窗口查看是否正确使用了访问修饰符(public、private、protected、internal 等),但只有公共属性和方法是可见的。

5. 引用外部组件和控件

在开发中,有时可能要用到外部组件或控件,这时需要在项目中引入该外部组件。方法是,选中解决方案资源管理器中某项目的"引用"节点(这里只是对 System 命名空间的默认引用),右击,在弹出的快捷菜单中选择"添加引用"命令,然后在弹出的对话框中选定所需组件或控件,即可将外部组件或控件引入该项目。图 1-10 所示为"引用管理器"对话框。

使用引用的外部组件之前,可使用对象浏览器查看引入的组件的类、方法和属性,然后通过语法导航就可方便地使用它了。

6. 向工具箱添加外部控件

可以向 IDE 的工具箱中添加外部控件,方法是,选择"工具"→"选择工具箱"命令,弹出"选择工具箱项"对话框,如图 1-11 所示,选择需添加的控件即可。

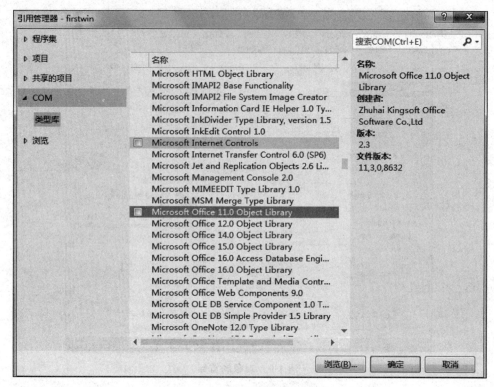

图 1-10 "引用管理器"对话框

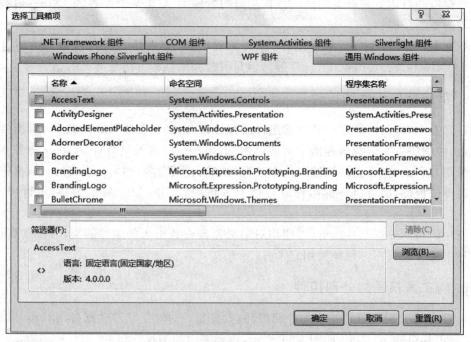

图 1-11 "选择工具箱项"对话框

1.1.6 命名空间

现实世界中,不同对象间的相互联系和相互作用构成了各种不同的系统,不同系统间的相互联系和相互作用构成了更庞大的系统,进而构成了整个世界。在面向对象概念中这些系统称为命名空间。

命名空间提供了一种组织相关类和其他类型的方式。与文件或组件不同,命名空间是一种逻辑组合,而不是物理组合,应用命名空间可以防止命名冲突。

1. 命名空间声明

namespace 关键字用于声明一个命名空间。此命名空间范围内允许用户组织代码并创建全局唯一类型。

定义命名空间的一般格式如下。

```
namespace name
{
    类型定义
}
```

例如:

```
namespace Sun
{
  class Hello
  {
    public Static void Say()
      {
        System.console.writeln("hello");
      }
  }
}
```

其中:

(1) 命名空间的名称必须是 C# 合法标识符。

(2) 不能为命名空间和类取相同的名称,不必强制使命名空间名称与程序集名称相似。

(3) 默认情况下,命名空间访问权限为 public,声明命名空间时不能使用任何修饰符。

(4) 命名空间中可以包含其他一些成员,如其他命名空间或类型(类、结构、接口、枚举和委托)。对于命名空间的类型成员,具有 public 或 internal(默认)访问权限。

(5) 如果未显式声明命名空间,则会创建默认命名空间。该默认的命名空间有时称为全局命名空间。

(6) 可以用运算符(.)将多个标识符连接起来(命名空间的嵌套),表示空间深度。也可以在命名空间中嵌套其他命名空间,为类型创建层次结构。完全限定名称相同的命名空间看作同一个命名空间。例如,下面三段代码声明的是同一个命名空间。

代码 1:

```
namespace N1.N2
{
    class A{}
    class B{}
}
```

代码 2:

```
namespace N1
{
    namespace N2
    {
        class A{}
        class B{}
    }
}
```

代码 3:

```
namespace N1.N2
{
    class A{}
}
namespace  N1.N2
{
    class B{}
}
```

在以上 3 段代码中,类 A 和类 B 的完全限定名都相同,即 N1.N2.A 和 N1.N2.B。

注意:命名空间声明出现在另一个命名空间声明内时,该内部命名空间就成为包含它的外部命名空间的一个成员。无论是哪种情况,一个命名空间的名称在它所属的命名空间内必须是唯一的。

2. using 语句

using 语句方便了对在其他命名空间中定义的命名空间和类型的使用。using 语句仅影响命名空间或类型名称和简单名称的名称解析过程。与声明不同,using 语句不会将新成员添加到它们与所在的编译单元或命名空间相对应的声明空间中。using 语句主要有以下两种格式。

```
using 别名指令;         //导入一个命名空间的类型成员
```

```
using 命名空间名称；    //为一个命名空间或类型启用一个别名
```

using 语句的范围扩展到直接包含它的编译单元或命名空间体内的所有命名空间成员声明。具体说来，using 语句的范围不包括与它对等的 using 语句。因此，对等 using 语句互不影响，而且按什么顺序编写它们也无关紧要。

如果 using 语句引用的两个命名空间包含同名的类，就必须使用完整的名称，确保编译器知道访问哪个类型。

1) using 别名指令

"using 别名指令"用于为一个命名空间或类型指定一个别名（即标识符），该别名在直接包含此指令的编译单元或命名空间体内有效。别名指令格式如下。

```
标识符=命名空间或类型名称；
```

说明：

(1) 在包含"using 别名指令"的编译单元或命名空间体内的成员声明中，指令引入的标识符可用于引用给定的命名空间或类型。例如：

```
namespace N1.N2
{
    class A {}
}
namespace N3
{
    using A = N1.N2.A;
    class B: A {}
}
```

上例中，在 N3 命名空间中声明成员时，A 是 N1.N2.A 的别名，因此类 N3.B 从类 N1.N2.A 派生。通过为 N1.N2 创建别名 R，然后引用 R.A，可以得到同样的效果。例如：

```
namespace N3
{
    using R = N1.N2;
    class B: R.A {}
}
```

(2) 标识符在直接包含它的编译单元或命名空间的声明空间内必须是唯一的。例如：

```
namespace N3
{
    class A {}
}
namespace N3
{
    using A = N1.N2.A;              //错误，A 已经存在
```

}
```

上例中，N3 已包含了成员 A，因此使用 A 作标识符会导致一个编译时错误。同样，如果同一个编译单元或命名空间中的两个或多个同名的别名，也会导致一个编译时错误。

（3）别名仅在它所在的编译单元或命名空间内有效，是不可传递的。例如：

```
namespace N3
{
    using R = N1.N2;
}
namespace N3
{
    class B: R.A {}                        //错误，R 没有声明
}
```

上例中，R 的范围只是包含它的命名空间，因此 R 在第二个命名空间声明中是未知的。但是，如果将 using 语句放置在包含它的编译单元中，则该别名在两个命名空间中都可用。例如：

```
using R = N1.N2;
namespace N3
{
    class B: R.A {}
}
namespace N3
{
    class C: R.A {}
}
```

（4）和常规成员一样，别名在嵌套的命名空间中也可被具有相同名称的成员所隐藏。例如：

```
using R = N1.N2;
namespace N3
{
    class R {}
    class B: R.A {}                        //错误，R 中没有成员 A
}
```

B 的声明中对 R.A 的引用将导致编译时错误，原因是这里的 R 所引用的是 N3.R 而不是 N1.N2。

（5）using 语句的顺序并不重要，对用 using 引用的命名空间或类型名称的解析过程既不受 using 语句本身影响，也不受直接包含着该语句的编译单元或命名空间体中的其他 using 语句影响。例如：
```

```
namespace N1.N2 {}
namespace N3
{
    using R1 = N1;                    //R1 来自 N1
    using R2 = N1.N2;                 //R2 来自 N1.N2
    using R3 = R1.N2;                 //错误,不能使用别名作为引用的命名空间
}
```

(6)"using 别名指令"可以为任何命名空间或类型创建别名,包括它所在的命名空间以及嵌套在该命名空间中的其他任何命名空间或类型。

对一个命名空间或类型进行访问时,不论用它的别名还是用它所声明的名称,结果是完全相同的。例如:

```
namespace N1.N2
{
    class A {}
}
namespace N3
{
    using R1 = N1;
    using R2 = N1.N2;
    class B
    {
        N1.N2.A a;                    //引用 N1.N2.A
        R1.N2.A b;                    //引用 N1.N2.A
        R2.A c;                       //引用 N1.N2.A
    }
}
```

名称 N1.N2.A、R1.N2.A 和 R2.A 是等效的,它们都引用完全限定名为 N1.N2.A 的类。

2) using 命名空间名称

"using 命名空间名称"将一个命名空间中所包含的类型导入该语句所在的编译单元或命名空间,从而可以直接使用这些被导入的类型的标识符而不必加上它们的限定名。

说明:

(1)在包含 using 语句的编译单元或命名空间中的成员声明内,可以直接引用包含在给定命名空间中的那些类型成员。例如:

```
namespace N1.N2
{
    class A {}
}
namespace N3
{
```

```
    using N1.N2;
    class B: A {}                          //直接引用 N1.N2 中的成员
}
```

在 N3 命名空间中的成员声明内，N1.N2 的类型成员是直接可用的，所以类 N3.B 从类 N1.N2.A 派生。

（2）using 语句不能导入嵌套的命名空间。例如：

```
namespace N1.N2
{
    class A {}
}
namespace N3
{
    using N1;
    class B: N2.A {}                       //错误，N2 没有声明
}
```

using 语句导入包含在 N1 中的所有类型，但是不导入嵌套在 N1 中的命名空间。因此，在 B 的声明中引用 N2.A 将导致编译时错误，原因是在涉及的范围内没有名为 N2 的成员。

在下面的代码中，N3 命名空间中的成员声明内，类 A 引用的是 N3.A 而不是 N1.N2.A，N1.N2.A 在该空间中被隐藏。

```
namespace N1.N2
{
    class A {}
}
namespace N3
{
    using N1.N2;
    class A {}
    A a;
}
```

（3）当在同一编译单元或命名空间中导入多个命名空间时，如果它们所包含的类型中有重名，则直接引用该名称就被认为是不明确的。例如：

```
namespace N1
{
    class A {}
}
namespace N2
{
    class A {}
}
```

```
namespace N3
{
    using N1;
    using N2;
    class B: A {}                    //错误,A 不明确,N1 空间和 N2 空间中都有 A
}
```

N1 和 N2 都包含一个成员 A,而由于 N3 将两者都导入,所以在 N3 中引用 A 会导致一个编译时错误。这种名称冲突有两种解决办法:使用限定名来引用 A,或者为想要引用的某个特定的 A 启用一个别名。例如:

```
namespace N3
{
    using N1;
    using N2;
    using A = N1.A;
    class B: A {}                    //A 指 N1.A
}
```

(4) using 语句不会将任何新成员添加到与它所在的编译单元或命名空间相关的声明空间中,因而,它仅在该编译单元或者命名空间体内有效。

(5) 同一编译单元或命名空间中的 using 命名空间名称和别名不会互相影响,而且可以按照任何顺序编写。

【例 1-2】 命名空间的引用。

(1) 声明一个命名空间 sun,并定义一个类 hello。

```
namespace sun
{
    class hello
    {
        static  public void say()
        {
            Console.Write("hello,word!");
        }
    }
}
```

(2) 声明一个命名空间 myNS。

```
namespace myNS
{
    class hello
    {
        public static void test()
        {
            sun.hello.say();
```

        }
    }
}

在该命名空间中没有引用 sun 命名空间，所以要访问 sun 中的 hello 类，必须使用完全限定名 sun.hello。

（3）声明一个命名空间 youNS。

```
namespace youNS
{
    using sun;
    class youhello
    {
        public static void test()
        {
            hello.say();
        }
    }
}
```

由于引用了类所在的命名空间 sun，所以 hello 类可以直接访问。

（4）声明一个命名空间 otherNS。

```
namespace otherNS
{
    using s = sun;
    class otherhello
    {
        public  static void test()
        {
            s.hello.say();
        }
    }
}
```

因为采用了别名，所以，访问 sun 中的 hello 类时可以使用别名。

1.1.7　C#程序的结构与编译

1. 程序结构

C#程序可由一个或多个文件组成，每个文件都可以包含零个或零个以上的命名空间。一个命名空间除了可包含其他命名空间外，还可包含类、结构体、接口、枚举、委托等类型。以下是C#程序的主干，其中包含了所有这些元素。

```csharp
using System;                              //引用命名空间
namespace YourNamespace                    //命名空间
{
    class YourClass                        //类
    {
    }
    struct YourStruct                      //结构体
    {
    }
    interface IYourInterface               //接口
    {
    }
    delegate int YourDelegate();           //委托
    enum YourEnum                          //枚举
    {
    }
    namespace YourNestedNamespace          //命名空间中可包含其他命名空间
    {
        struct YourStruct
        {
        }
    }
    class YourMainClass                    //类
    {
        static void Main(string[] args)    //程序执行入口
        {
            //Your program starts here...
        }
    }
}
```

（1）using：用于引入命名空间，在本项目中导入别的命名空间，以便使用定义在那里的代码。它可以引入.NET系统类库提供的命名空间，也可以是其他三方人员提供的命名空间。

（2）namespace：用于定义、声明命名空间，后面所跟的标识符就是命名空间名。

C#程序是用命名空间来组织代码的，要访问某个命名空间中的类或对象，必须用如下的语法。

命名空间.类名

（3）class：用于定义、声明类类型。后面所跟的标识符就是类名，如YourClass。类可以嵌套定义。C#要求其程序中每个元素都要属于一个类，程序的功能要依靠类的成员来完成。C#程序由"{"和"}"构成，程序中每一对"{}"构成一个块。大括号成对出现，可以嵌套。

（4）struct：用于定义、声明结构体类型，后面所跟的标识符就是结构体名，如 YourStruct。

（5）interface：用于定义、声明接口，后面所跟的标识符就是接口名，如 IYourInterface。

（6）delegate：用于定义、声明委托，后面所跟的标识符就是委托名，如 YourDelegate()。

（7）enum：用于定义、声明枚举，后面所跟的标识符就是枚举名，如 YourEnum。

（8）static：用于表示静态的修饰符，可修饰类、方法等。方法是类同方法的一段命名程序代码。

（9）void：用于表示方法的返回类型是空的，即没有返回值。

（10）Main()方法：C#应用程序必须包含一个 Main()方法，用于控制程序的开始和结束。在 Main()方法中创建对象和执行其他方法。Main()方法是驻留在类或结构内的 static 方法。可以用下列方式声明 Main()方法。

① 返回 void：

```
static void Main()
{
    //...
}
```

② 返回整数：

```
static int Main()
{
    //...
    return 0;
}
```

③ 带有参数：

```
static void Main(string[] args)
{
    //...
}
static int Main(string[] args)
{
    //...
    return 0;
}
```

Main()方法的参数是 args 和 string 数组，该数组包含程序的命令行参数。与 C++不同，数组不包含可执行文件的文件名。

（11）注释。在 C#中，提供两种注释方法。

"//"将行的内容作为注释内容，该方式对本行有效。

"/*...*/"实现对多行注释，将文本置于/* 和 */字符之间将作为注释处理。

（12）C#源代码文件使用的扩展名是.cs。可以用任何文本编辑器进行编辑。指令和语句后面都是以分号结束的,C♯程序区分大小写。

2. 程序编译

.NET 框架 SDK 内置了 C♯编译器 csc.exe,该文件在"\Windows\Microsoft.NET\Framework\v 版本号"目录下。如果不能执行该命令,需要将该目录添加到操作系统的 PATH 变量中。

Visual C♯的编译器和以往编程语言的编译器有着明显的不同。其最大的不同点就是,以往的程序编译器是把编写好的程序代码编译生成可以直接为计算机所使用的机器语言。虽然 Visual C♯的编译器也可以把编写好的程序代码编译成 EXE 或者 DLL 文件,但这种文件只是一种 IL 文件(中间语言),此 IL 文件不能直接被计算机执行。只是当此 IL 文件被调用时,再通过一种名叫 JIT(即时编译)的编译器将此 IL 文件生成可以供计算机使用的机器代码。

Visual C♯的编译过程大致可以分成两个部分:①从程序代码到 IL 文件,这个过程是通过人工干预来实现的,即通过 csc.exe 来实现的;②从 IL 文件到机器语言,这个工程是机器自动实现的。

csc.exe 把 Visual C♯程序代码编译成 IL 文件时,有很多选项,如表 1-1 所示。

表 1-1 常用的参数或开关

选 项	用 途
@ *	指定响应文件
/?, /help	在计算机屏幕上显示编译器的选项
/addmodule	指定一个或多个模块为集合的一部分
/baseaddress	指定装入 DLL 文件的基础地址
/bugreport	创建一个文件,该文件包含使报告错误更加容易的信息
/checked	如果整数计算的结果溢出数据类型的边界,则在运行时产生一个异常
/codepage	指定代码页,以便在编译时使用所有源代码文件
/debug *	发送调试信息
/define	定义预处理的程序符号
/doc *	把文档注释处理为 XML 文件
/fullpaths	指定编译输出文件的完整路径
/incremental	对源代码文件进行增量编译
/linkresource	把.NET 资源链接到集合中
/main	指定 Main()方法的位置
/nologo	禁止使用编译器的标志信息
/nooutput	编译文件但不输出

续表

选 项	用 途
/nostdlib	不导出标准库（即 mscorlib.dll）
/nowarn	编译但编译器并不显示警告功能
/optimize	打开或者关闭优化
/out *	指定输出文件
/recurse	搜索编译源文件的目录
/reference *	从包含集合的文件中导入元数据
/target *	指定输出文件的格式
/unsafe	编译使用非安全关键字的代码
/warn	设置警告级别
/warnaserror	提升警告为错误
/win32icon	插入一个.ico 文件到输出文件中
/win32res	插入一个 Win32 资源到输出文件中

常见选项的应用如下。

（1）/optimize。本选项激活或者禁用编译优化。优化的结果是使输出文件更小、更快、更有效率。默认是/optimize 执行优化，如果选用了/optimize-，则禁止优化。/o 是/optimize 的简写。例如，编译文件并禁止优化：

csc /optimise- my.cs

（2）/out。在没有指定输出文件的情况下，如果编译后产生的文件是 EXE 文件，则输出文件将从包含 Main()方法的源代码的文件中获得名字；如果编译后产生的文件是 DLL 文件，将从第一个源代码文件中获得名字。如果用户想要指定输出文件名称，就可以使用此选项。

例如，编译 helloWord.cs 文件，并把输出文件命名为 Hello.exe：

csc /out:Hello.exe helloworld.cs

（3）/reference。此选项可使当前项目使用指定文件中的公共类型信息。这个选项对于初学者是很重要的。此选项的简写是/r。必须引用在程序中使用 using 关键字导入的所有文件，如果在程序中使用了自己编写的类库，在编译时也必须引用。

例如，编译文件，并引用在程序中使用的文件：

csc /r:system.dll;myExec.exe;myLibrary.dll myProject.cs

（4）/target。这个选项告诉编译器想得到什么类型的输出文件。除非使用/target：module 选项，其他选项创建的输出文件都包含着部件列表。部件列表存储着编译中所有文件的信息。在一个命令行中可以生成多个输出文件，但只创建一个部件列表，并存储在第一个输出文件中。

下面是/target 的 4 种用法。

```
csc /target:exe myProj.cs              //创建一个 EXE 文件
csc /target:winexe myProject.cs file:  //创建一个 Windows 程序
csc /target:library myProject.cs file: //创建一个代码库(DLL)
csc /target:module myProject.cs file:  //创建一个模块(DLL)
```

任务1-1　第一个C♯程序

1. 任务要求

创建 C♯ 应用程序时,可以选择创建控制台应用程序或 Windows 窗体应用程序。这两种应用程序不仅在用户界面类型上有所区别,而且在执行流程上也会存在差异。

2. 任务实施

1) 使用 SDK 命令行工具编写控制台程序

Microsoft 公司已经为 C♯ 语言推出了两个开发工具。

(1) Visual Studio .NET Integrated Development Environment(简称 IDE)。

(2) Microsoft .NET Framework Software Development Kit(简称 SDK)。

SDK 是一个免费的.NET 平台上的 C♯ 编译器,可以在 http://msdn.Microsoft.com/downloads/default.asp 下载。SDK 相对于 IDE 来说是一个轻量级的开发工具,它包含了 C♯ 编译器、Visual Basic .NET 编译器等主要编译工具及测试工具等,它不像 IDE 那样提供了很多编译和调试程序的细节,而是在使用 SDK 整个开发过程的每个环节都由程序员自己把握。SDK 实质上提供的是在控制台方式中用命令行进行 C♯ 编译的方式。

用任意一种文本编辑软件完成下面代码的编写,然后把文件存盘,其文件名为 welcome.cs。

```
using System;                          //导入命名空间
namespace MyHelloWorld                 //命名空间
{
  class Welcome                        //类定义
  {
    static void Main()                 //主程序,程序入口方法,必须在一个类中定义
    { Console.WriteLine("hi,world");   //控制台输出字符串
      Console.ReadLine();              //从键盘读入数据,输入回车结束
    }
  }
}
```

程序说明:

(1) 程序的输入/输出功能是通过 Console 类来完成的,Console 是在命名空间 System

中已经定义好的一个类。Console 类有两个最基本的方法：WriteLine()和 ReadLine()。ReadLine()用于从输入设备输入数据，WriteLine()则用于在输出设备上输出数据。

（2）如果代码没有引用命名空间，其代码可以做如下修改。

```
System.Console.WriteLine();        //控制台输出字符串
System.Console.ReadLine();         //从键盘读入数据,输入回车结束
```

（3）编译并运行。

通过 Windows"开始"菜单中的"程序"→Microsoft.NET Framework SDKv2.0→"SDK 命令提示"命令打开"SDK 命令提示"窗口，定位到 C♯源文件所在目录，输入 csc welcome.cs，并按 Enter 键，编译后生成可执行文件 wlcome.exe。

然后输入 welcome，执行程序，用户通过键盘输入自己的名字，然后程序在屏幕上打印一条欢迎信息，如图 1-12 所示。

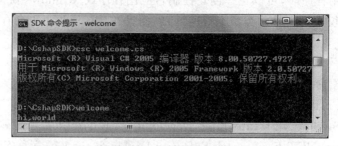

图 1-12　运行源程序

注意：和绝大多数编译器不同，在 C♯中编译器只执行编译这个过程，而在 C 和 C++中要经过编译和链接两个阶段。换而言之，C♯源文件并不被编译为目标文件.obj，而是直接生成可执行文件.exe 或动态链接库.dll，C♯编译器中不需要包含链接器。

2）使用 Visual Studio .NET 创建控制台程序

创建一个控制台应用程序的步骤如下。

（1）新建一个项目。通过"起始页"面板或"文件"→"新建"→"项目"命令（见图 1-13），打开"新建项目"对话框。

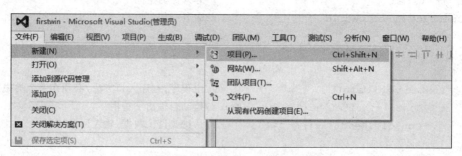

图 1-13　选择"新建"→"项目"命令

（2）在弹出的对话框左边的菜单中选择 Visual C♯→Windows→"控制台应用程序"选项，如图 1-14 所示。在下面的"名称"文本框中输入项目名称 MyHelloWorld（默认为

ConsoleApplication1),通过"浏览"按钮选择存放位置,其他设置项默认,单击"确定"按钮,便建立了一个空白的项目,并自动打开该项目的源程序文件 Program.cs,显示在中间的代码窗口上。

图 1-14 创建控制台应用程序

(3) 编写代码,如图 1-15 所示。

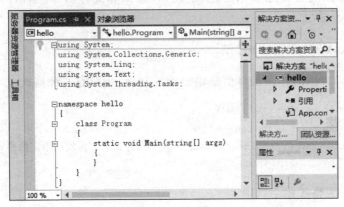

图 1-15 代码窗口

注意,在代码窗口中,系统自动生成了若干行代码。

在代码行 static void Main(string[] args)下面的大括号{ }内部,输入下面两行代码:

```
Console.WriteLine("hi,world");      //向控制台输出字符串
Console.ReadLine();                 //从键盘读入数据,按 Enter 键结束
```

注意:开发环境具有智能感知能力。例如,在输入完 Console. 后,它能预感编程人员往下将要输入的各种可能代码,于是弹出一个"智能感知"列表,直接在上面选择即可。甚至在输入完一个或一串字符后,也会弹出智能感知列表,方便编程人员输入。

(4) 运行程序。按 Ctrl+F5 组合键,或选择"调试"→"开始执行(不调试)"命令,不进行调试而直接运行程序,即可得到运行结果。

注意:运行程序前,系统自动进行了一系列操作,如保存文件、编译以生成可执行文件.exe(这步称为"生成解决方案")等。当然,也可把这几步工作分开来做,如先存盘,再生成解决方案,最后运行程序。

1.2 控制台程序的数据输入与输出

控制台(console)是计算机最基本的交互接口,通常包括键盘(keyboard)和屏幕(screen)。键盘通常为标准输入设备,而屏幕为标准输出设备。在程序中实现数据的输入输出是每个程序员必须掌握的编程技术。要实现从键盘输入客户信息并显示,C#通过Console类从控制台读取字符和向控制台写入字符。Console类包含在System命名空间中。

1.2.1 数据的输入/输出

一般说来,数据的输入/输出方式有两种:①控制台输入/输出;②文件输入/输出。C#的输入/输出系统非常庞大,有控制台输入/输出和文件输入/输出两部分,这里主要介绍控制台输入/输出。

1. Console.WriteLine()方法

WriteLine()方法的作用是将信息输出到控制台,一般有3种格式。

```
public static void Writeline()                              //换行
public static void Writeline(arg0)                          //输出一个值
public static void WriteLine(format,arg0,arg1,...)  /*使用指定的格式输出一个值*/
```

其中:
(1) format 为格式化字符串。
(2) arg0 为要使用 format 写入的第一个对象。
(3) arg1 为要使用 format 写入的第二个对象。
format 格式字符串的格式如下。

{N[,M][:格式字符串]}

其中的参数含义如下。
(1) "{}"用来在输出字符串中插入变量。
(2) N 表示输出变量的序号,从 0 开始。当 N 为 0 时,对应输出第 1 个变量的值;当 N 为 4 时,则对应输出第 5 个变量,以此类推。
(3) [,M]是可选项,其中 M 表示输出的变量所占的字符个数,当这个变量的值为负数时,输出的变量按照左对齐方式排列;如果这个变量的值为正数,输出的变量按照右对齐方式排列。
(4) [:格式字符串]也是可选项,因为在向控制台输出时,常常需要指定字符串的格式。要使用数字格式化字符串,可以使用 FCn 的形式来指定输出字符串的格式,其中 FC 指定数字的格式,n 指定数字的精度,即有效数字的位数。这里提供 8 个常用的格式字符，如表1-2所示。

表 1-2 常用的格式字符

格式字符	说　　明
C	本地货币格式
D	十进制整数格式。把整数转换为十进制数，如果给定了精度，就加上前导0
E	科学记数法（指数）格式。精度说明符设置小数位数（默认为6）。格式字符的大小写（e或E）确定指数符号的大小写
F	浮点数格式，精度说明符设置小数位数，可以为0
G	通用格式，使用G或g
N	数字格式，用逗号表示千分符，如32,767.44
P	百分数格式，将数字乘以100并将其转换为表示百分比的字符串
X	十六进制数格式，精度说明符用于加上前导0

① 货币格式。货币格式符C或c的作用是将数据转换成货币格式，在格式字符C或者c后面的数字表示转换后的货币格式数据的小数位数。例如：

```
double k=1234.789;
Console.WriteLine("{0,8:c}", k);           //结果是￥1234
Console.WriteLine("{0,10:c4}",k);          //结果是￥1234.7890
//将指定的数据(后跟当前行终止符)写入标准输出流
```

② 十进制整数格式。格式字符D或d的作用是将数据转换成十进制整数类型格式，在格式字符D或者d后面的数字表示转换后的整数类型数据的位数。这个数字通常是正数，如果这个数字大于整数数据的位数，则格式数据将在首位前以0补齐，如果这个数字小于整数数据的位数，则显示所有的整数位数。例如：

```
int k=1234;
Console.WriteLine("{0:D}", k);             //结果是 1234
Console.WriteLine("{0:d3}", k);            //结果是 1234
Console.WriteLine("{0:d5}", k);            //结果是 01234
```

③ 科学记数法格式。格式字符E或e的作用是将数据转换成科学记数法格式，在格式字符E或者e后面的数字表示转换后的科学记数法格式数据的小数位数，如果省略了这个数字，则显示7位有效数字。例如：

```
int k=123000;
double f=1234.5578;
Console.WriteLine("{0:E}", k);             //结果是 1.230000E+005
Console.WriteLine("{0:e}", k);             //结果是 1.230000e+005
Console.WriteLine("{0:E}", f);             //结果是 1.234558E+003
Console.WriteLine("{0:e}", f);             //结果是 1.234558e+003
```

```
Console.WriteLine("{0:e4}", k);          //结果是 1.2300e+005
Console.WriteLine("{0:e4}", f);          //结果是 1.2346e+005
```

④ 浮点数格式。格式字符 F 或 f 的作用是将数据转换成浮点数格式，在格式字符 F 或者 f 后面的数字表示转换后的浮点数的小数位数，默认值是 2。如果所指定的小数位数大于数据的小数位数，则在数据的末尾以 0 补充。例如：

```
int a=123000;
double b=1234.5578;
Console.WriteLine("{0,-8:f}",a);         //结果是 123000.00
Console.WriteLine("{0:f}",b);            //结果是 1234.56
Console.WriteLine("{0,-8:f4}",a);        //结果是 123000.0000
Console.WriteLine("{0:f3}",b);           //结果是 1234.558
Console.WriteLine("{0:f6}",b);           //结果是 1234.557800
```

⑤ 通用格式。格式字符 G 或 g 的作用是将数据转换成通用格式，即按照系统要求转换后符串最短，可以使用科学记数法来表示，也可以使用浮点数来表示。例如：

```
double k=1234.789;
int j=123456;
Console.WriteLine("{0:g}", j);           //结果是 123456
Console.WriteLine("{0:g}", k);           //结果是 1234.789
Console.WriteLine("{0:g4}", k);          //结果是 1235
Console.WriteLine("{0:g4}", j);          //结果是 1.235e+05
```

⑥ 数字格式。格式字符 N 或 n 的作用是将数字转换为"-d,ddd,ddd.ddd…"形式的字符串，其中"-"表示负数符号（如果需要），"d"表示数字（0～9），","表示组分隔符，"."表示小数点符号，其特点是数据的整数部分每三位用","进行分隔。格式字符 N 或 n 后面的数字表示转换后数据的小数位数，默认值是 2。例如：

```
double k=211122.12345;
int j=1234567;
Console.WriteLine("{0:N}",k);            //结果是 211,122.12
Console.WriteLine("{0:n}", j);           //结果是 1,234,567.00
Console.WriteLine("{0:n4}", k);          //结果是 211,122.1235
Console.WriteLine("{0:n4}", j);          //结果是 1,234,567.0000
```

⑦ 百分数格式。将数字乘以 100 并将其转换为表示百分比的字符串，精度说明符指示所需的小数位数。

```
double number = .2468013;
Console.WriteLine(number.ToString("P1"));  //结果为 24.7%
Console.WriteLine(number.ToString("P2"));  //结果为 24.68%
Console.WriteLine("{0:P3}", number);       //结果是 24.680%
```

⑧ 十六进制数格式。格式字符 X 或 x 的作用是将数据转换成十六进制格式。格式字符 X 或 x 后面的数字表示转换后的十六进制数的位数。例如：

```
int j=123456;
Console.WriteLine("{0:x}",j);              //结果是 1e240
Console.WriteLine("{0:x6}",j);             //结果是 01e240
```

2. Console.Write()方法

Write()方法和 WriteLine()方法类似,都是将信息输出到控制台,但是输出到屏幕后并不会产生一个新行。

在 Write()方法中,也可以采用"{N[,M][:格式字符串]}"进行格式化输出,其中的参数含义与 WriteLine()方法相同。

【例 1-3】 创建一个控制台程序,利用 Console.Write()方法输出显示。

```
using System;
namespace CourePrj
{
    class Program
    {
        static void Main(string[] args)
        {
            String Course="C#面向对象程序设计";    //定义变量并赋初值
            Console.WriteLine(Course);
            Console.WriteLine("我选修课程是:"+Course);
            Console.WriteLine("我选修课程是:{0}", Course);
        }
    }
}
```

程序运行结果如图 1-16 所示。

程序分析:

程序中最后一行代码,是输出格式的第三种方式。在这种方式中,WriteLine()方法的参数由两部分组成:"格式字符串"和"变量列表"。在格式字符串中,依次使用{0}、{1}、{2}、…、{n}代表要输出的变量的位置,也称为占位符。{0}对应变量列表的第 1

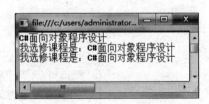

图 1-16 例 1-3 程序运行结果

个变量,{1}对应变量列表的第 2 个变量,{2}对应变量列表的第 3 个变量……{n}对应变量列表的第 n+1 个变量。这种方式比用加号连接方便多了。

3. Console.ReadLine()方法

该方法从标准输入流读取下一行字符。其格式如下。

```
public static string ReadLine()
```

该方法返回输入流中的下一行字符;如果没有更多的可用行,则为 Nothing。

注意：ReadLine()方法用来从控制台读取一行字符，直到用户按 Enter 键。但是，ReadLine()方法并不接收回车符。如果 ReadLine()方法没有接收到任何输入，或者接收了无效的输入，那么 ReadLine()方法将返回 null。

4. Console.Read()方法

Read()方法的作用是从控制台的输入流读取下一个字符。其格式如下。

```
public static int Read()
```

该方法输入流中的下一个字符；如果当前没有更多的字符可供读取，则为－1。

注意：Read()方法一次只能从输入流读取一个字符，并且直到用户按 Enter 键才会返回。当这个方法返回时，如果输入流中包含有效的输入，则它返回一个表示输入字符的整数；如果输入流中没有数据，则返回－1。

如果用户输入了多个字符，然后按 Enter 键，此时，输入流中将包含用户输入的字符加上回车符'\r'(13)和换行符'\n'(10)，则 Read()方法只返回用户输入的第 1 个字符。但是，用户可以多次调用 Read()方法来获取所有输入的字符。

【例 1-4】 创建一个控制台应用程序，用 ReadLine()方法接收用户输入的信息并显示。

```
using System;
namespace CourePrj
{
    class Program
    {
        static void Main(string[] args)
        {
            String Course ;
            System.Console.Write("请输入你将选择的课程是:");
            Course = System.Console.ReadLine();
            System.Console.WriteLine("你将选择的课程是:{0}", Course);
        }
    }
}
```

程序运行结果如图 1-17 所示。

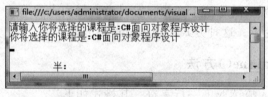

图 1-17　例 1-4 程序运行结果

程序分析：

程序中，Console.ReadLine()方法返回的是字符串。如果从控制台输入的数据是数值型,则必须进行数据类型的转换,处理方法如下。

```
int num=int.Parse(Console.ReadLine());
```

int.Parse()方法的作用是将字符串转换为整型。

1.2.2 C♯的预处理

C♯有许多预处理器指令。这些指令不会转化为可执行代码,但会影响编译过程的各个方面。

预处理器指令的开头都有符号♯。下面简要介绍预处理器指令的功能。

1. ♯define 和 ♯undef

♯define 的用法如下。

```
#define DEBUG
```

它告诉编译器存在给定名称的符号,如 DEBUG,这有点类似于声明一个变量,但这个变量并没有真正的值,只是存在而已。这个符号不是实际代码的一部分,而只在编译器编译代码时存在。在 C♯代码中它没有任何意义。

```
#undef DEBUG                            //删除符号的定义
```

如果符号不存在,♯undef 就没有任何作用。同样,如果符号已经存在,♯define 也不起作用。必须把♯define 和♯undef 命令放在 C♯源代码的开头,在声明要编译的任何对象的代码之前。

♯define 本身并没有什么用,但当与其他预处理器指令(特别是♯if)结合使用时,它的功能就非常强大了。

2. ♯if、♯elif、♯else 和 ♯endif

这些指令告诉编译器是否要编译某个代码块。例如,有以下代码:

```
int DoSomeWork(double x)
{
    //代码段
    #if DEBUG
        Console.WriteLine("x is " + x);
    #endif
}
```

这段代码会像往常那样编译,但 Console.WriteLine()方法包含在♯if 子句内。这行代码只有在前面的♯define 命令定义了符号 DEBUG 后才执行。当编译器遇到♯if 语句后,将先检查相关的符号是否存在,如果符号存在,就只编译♯if 块中的代码;否则,编译器会忽略所有的代码,直到遇到匹配的♯endif 指令为止。一般是在调试时定义符号

33

DEBUG，把不同的调试相关代码放在♯if子句中。在完成了调试后，就把♯define语句注释掉。

♯elif和♯else指令可以用在♯if块中，其含义非常直观。也可以嵌套♯if块。

```
#define ENTERPRISE
#define W2K
#if ENTERPRISE
    //代码段
    #if W2K
      //如果W2K已经定义,则编译运行该代码段
    #endif
#elif PROFESSIONAL
    //代码段
#else
    //代码段
#endif
```

♯if和♯elif还支持一些关系和逻辑运算符!、==、!=和||。如果符号存在，就被认为是true，否则为false。

3. ♯warning 和 ♯error

另外两个非常有用的预处理器指令是♯warning和♯error，当编译器遇到它们时，会分别产生一个警告或错误。如果编译器遇到♯warning指令，会给用户显示♯warning指令后面的文本，之后编译继续进行。如果编译器遇到♯error指令，就会给用户显示后面的文本，作为一个编译错误信息，然后会立即退出编译，不会生成IL代码。使用这两个指令可以检查♯define语句是不是做错了什么事。使用♯warning语句可以让自己想起做过什么事，参考下面的代码（C♯在Debug状态下自动定义DEBUG标志，但在Release状态下不会自动定义RELEASE标志）。

```
#if DEBUG
  #warning 现在是 Debug 状态
#elif RELEASE
  #warning 现在是 Release 状态
#else
  #error 并清楚什么状态
#endif
```

4. ♯region 和 ♯endregion

♯region和♯endregion指令用于把一段代码标记为给定名称的一个块、注释其中间的代码段，以及折叠中间的代码块。折叠后的说明文字为♯region后面的说明，而且在其他地方用到中间的类和方法都会有标注的注释。它本身不参与编译。♯region在使用Visual Studio代码编辑器的大纲显示功能时指定可展开或折叠的代码块。

```
#region Member Field Declarations
    int x;
    double d;
#endregion
```

使用规则如下。

(1) ♯region 和 ♯endregion 大小写敏感。

(2) ♯region 和 ♯endregion 可以嵌套。

(3) ♯region 后面可以跟任意文字以对该区域进行说明。

这些指令的优点是它们可以被某些编辑器识别，包括 Visual Studio .NET 编辑器。这些编辑器可以使用这些指令使代码在屏幕上更好地布局。

5. ♯line

♯line 指令可以用于改变编译器在警告和错误信息中显示的文件名和行号信息。这个指令用得并不多。如果编写代码时，在把代码发送给编译器前，要使用某些软件包改变输入的代码，就可以使用这个指令，因为这意味着编译器报告的行号或文件名与文件中的行号或编辑的文件名不匹配。其语法如下。

```
#line [ number ["file_name"] | default ]
```

其中：

(1) number 为要为源代码文件中后面的行指定的编号。

(2) "file_name"(可选)为希望出现在编译器输出中的文件名。默认情况下，使用源代码文件的实际名称。文件名必须包含在双引号("")中。

(3) default 为重置文件中的行编号。

【例 1-5】 改变编译器在警告和错误信息中显示的行号信息。

```
//line.cs
public class MyClass2
{
  public static void Main()
  {
    #line 200
    int i;                                  //line 200
    #line default
    char c;                                 //line 9
  }
}
```

程序说明：

♯line 200 指令迫使行号为 200(尽管默认值为 ♯7)。另一行(♯9)作为默认 ♯line 指令的结果跟在通常序列后。

【例 1-6】 忽略代码中的隐藏行。

```
class MyClass
{
  public static void Main()
  {
    Console.WriteLine("Normal line #1.");        //设置一个断点
    #line hidden
    Console.WriteLine("Hidden line.");
    #line default
    Console.WriteLine("Normal line #2.");
  }
}
```

程序说明：

运行此示例时，它将显示三行文本。但是，当设置如示例所示的断点并按 F10 键逐句运行代码时，将看到调试器忽略了隐藏行。即使在隐藏行上设置断点，调试器仍会忽略它。

6. #pragma

#pragma 指令可以抑制或恢复指定的编译警告。与命令行选项不同，#pragma 指令可以在类或方法上执行，对抑制什么警告和抑制的时间进行更精细的控制。

【例 1-7】 禁止使用警告。

```
#pragma warning disable 169
public class MyClass
{
  int neverUsedField;
}
#pragma warning restore 169
```

程序说明：

禁止字段使用警告，在编译 MyClass 类后恢复该警告。

1.2.3 C#的编程规则

编写代码时，使用良好的风格对标识符命名是一个优秀的程序员必须养成的习惯，这些风格不是语言的一部分，而是约定。例如，变量、方法、结构体、枚举、类、属性、事件、方法等的命名都遵循这些规则，这样可以大大地提高程序的可读性，有助于程序的维护，并可方便开发团队中各人员之间的合作。这里介绍的规则不仅是规则，也是 C#编译器强制使用的。

1. 用于标识符的规则

标识符是给变量、用户定义的类型（如类和结构体）和这些类型的成员指定的名称。

标识符区分大小写,所以 interestRate 和 InterestRate 是不同的变量。确定在 C♯ 中可以使用什么标识符有两个规则。

(1) 它们必须以一个字母或下画线开头,可以包含数字。

(2) 不能把 C♯ 关键字用作标识符。

C♯ 包含如下所示的保留关键字。

abstract	do	In	protected	true
as	double	Int	public	try
base	else	Interface	readonly	typeof
bool	enum	Internal	ref	uint
break	event	Is	return	ulong
byte	explicit	lock	sbyte	unchecked
case	extern	long	sealed	unsafe
catch	false	namespace	short	ushort
char	finally	new	sizeof	using
checked	fixed	null	stackalloc	virtual
class	float	object	static	volatile
const	for	operator	string	void
continue	foreach	out	struct	while
decimal	goto	override	switch	
default	if	params	this	
delegate	Implicit	private	throw	

标识符的书写通常有以下几种风格。

(1) Pascal 风格。大写每个单词的第一个字符,如 WindowsApplication1、MaxNum。

(2) Camel 风格。除第一个单词外,大写其他单词的第一个字符,如 maxNum、userName。

(3) 全部大写。如果标识符包含的字符数较少,可以采用全部大写的方法,一般用于常量的命名,如 PI、MAX、MIN。

2. 类、结构体、枚举和命名空间的命名

类(class)、结构体(struct)、枚举(enum)和命名空间(namespace)的命名一般采用 Pascal 风格,由名词或名词短语构成,且不要使用任何前缀,如 Form1、StudentInformation、WeekDays、TxtWelcome 等。

3. 参数、变量的命名

参数、变量的命名采用 Camel 风格,使用描述性的名字,使它能够充分地表示出参数或变量的含义,如 maxNumber、userName 等。

如果变量仅用来在循环中计数,即作为循环变量,则优先使用 i、j、k、l、m、n 等。

4. 方法、事件的命名

方法的命名采用 Pascal 风格,使用动词或动词短语命名,如 AddValues、Button1-

37

Click、Click、DoubleClick、FormClosing 等。

5. 属性的命名

属性的命名采用 Pascal 风格，使用名词或名词短语命名，如 BackColor、ReadOnly、ControlBox 等。

6. 控件的命名

控件的命名采用 Camel 风格（Form 除外），即首字母小写，而每个后面连接的单词的首字母都大写，命名的形式为"控件名的简写＋英文描述（英文描述首字母大写）"。如 btnOk、lblShow、txtInputNum 等。表 1-3 所示为常用控件的简写及应用举例。

表 1-3 常用控件的简写及应用举例

常 用 控 件	简　　写	应 用 举 例
Form	Frm	FrmMain（一个 Form 对应一个类）
Label	lbl	lblShow
LinkLabel	llbl	llblEmail
Button	btn	btnOk
TextBox	txt	txtInputNum
RichTextBox	rtxt	rtxtShowData
MainMenu	mmnu	mmnuFile
CheckBox	chk	chkStock
RadioButton	rbtn	rbtnSelected
GroupBox	gbx	gbxMain
PictureBox	pic	picLogo
Panel	pnl	pnlBody
ListBox	lst	lstUser
ComboBox	cmb	cmbMenu
ListView	lvw	lvwBrowser
TreeView	tvw	tvwType
TabControl	tctl	tctlMain
DateTimePicker	dtp	dtpFinishDate
HscrollBar	hsb	hsbColor
VscrollBar	vsb	vsbColor
Timer	tmr	tmrLogin
ToolBar	tlb	tlbMain
StatusBar	stb	stbFootPrint

续表

常用控件	简写	应用举例
OpenFileDialog	odlg	odlgFile
SaveFileDialog	sdlg	sdlgSave
FoldBrowserDialog	fbdlg	fgdlgBrowser
FontDialog	fdlg	fdlgFoot
ColorDialog	cdlg	cdlgColor
PrintDialog	pdlg	pdlgPrint

任务 1-2　注册用户信息

1. 任务要求

本任务要求根据计算机的提示信息，输入用户的相关信息并显示，用户的信息包括名称、编号、联系电话、性别等相关信息。

2. 任务实施

（1）创建一个名为 CMIS 的控制台应用程序。
（2）编写如下代码。

```csharp
class Program
{
    static void Main(string[] args)
    {
        String ID,Name,Tel,Gender;     //定义变量
        Console.WriteLine("请输入用户相关信息:");
        Console.Write("编号 :");
        ID = Console.ReadLine();
        Console.Write("姓名 :");
        Name = Console.ReadLine();
        Console.Write("性别 :");
        Gender = Console.ReadLine();
        Console.Write("电话 :");
        Tel = Console.ReadLine();
        Console.WriteLine("用户信息:");
        Console.Write("编号:{0}\t 姓名:{1}\r\n", ID,Name);
        Console.WriteLine("性别:{0}\t 电话:{1}", Gender, Tel);
        Console.Read();
    }
}
```

(3) 运行程序,结果如图 1-18 所示。

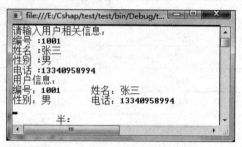

图 1-18　任务 1-2 程序运行结果

项目实践 1　C#编程环境与程序结构

1. 项目任务

创建图形用户界面应用程序,采用以下两种方法来实现。
(1) 使用 SDK 命令行工具编写控制台程序。
(2) 使用 Visual Studio .NET 创建 Windows 窗体应用程序。

2. 需求分析

.NET 类库为所有 Windows 窗体提供了一个基础类型 Form,该类位于 System. Windows. Forms 程序集中。编程时可以直接使用这个类,也可以从基类 Form 出发创建自己的窗体,这种方式在面向对象程序设计中称为继承。可以利用文本编辑器编写 C# 的源代码,然后编译,实现窗体界面的编程。

一般的 Windows 程序都有一个窗体,可以把各种各样的控件(如标签、文本框、命令按钮等)放置在窗体上,组成一个非常人性化的人机界面。也可以利用 Visual Studio .NET 工具很方便地创建一个 Windows 的窗体界面。

3. 项目实施

(1) 使用 SDK 命令行工具编写控制台程序。通过文本编辑器创建一个新文件 winTest.cs 文件,编写如下代码,并保存。

```
using System.Windows.Forms;          //引入.NET 系统类库提供的命名空间
namespace wintest                    //命名空间
{
    static class winform             //定义类
    {
        static void Main()           //程序的入口
        {
            Application.Run(new Form());  //创建一个窗体并显示
```

        }
    }
}

程序中，Application 是 System.Windows.Forms 程序集中的一个类，代表当前 Windows 应用程序实例，通过调用 Application 的 Run()方法，使创建的窗体为应用程序的主窗体。使用下面的命令编译该程序。

Csc /r:system.dll /r:system.windows.forms.dll winTest.cs

这样就创建了一个可执行文件 winTest.exe。该命令隐含的编译选项是/t：exe，程序并没有加 Windows 应用程序的标志。所以它生成的是一个控制台程序。程序在执行时，首先打开控制台窗口，如图 1-19 所示。

Csc /t:winexe /r:system.dll /r:system.windows.forms.dll exm_1.cs

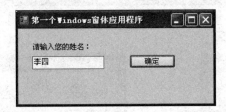

图 1-19　简单的 Windows 窗体应用程序运行界面

(2) 使用 Visual Studio .NET 创建 Windows 窗体应用程序。创建一个运行后输出如图 1-19 所示的 Windows 窗体应用程序项目，操作步骤如下。

① 新建项目。通过"起始页"面板，或选择"文件"→"新建"→"项目"命令，打开如图 1-5 所示的"新建项目"对话框。项目类型已默认为 Visual C♯，在模板列表中选择"Windows 窗体应用程序"选项，在"名称"文本框中输入项目名称（默认为 WindowsFormsApplication1），通过"浏览"按钮选择存放位置，其他设置项默认，单击"确定"按钮，便建立了一个 Windows 窗体应用程序项目，该项目只包含一个名为 Form1 的空白窗体，如图 1-20 所示。

② 设计图形用户界面。在图 1-20 中间区域即视图设计器中，通过拖动鼠标适当调整 Form1 窗体的大小，再把工具箱中的 Label、TextBox、Button 等控件依次放在 Form1 窗体中，并适当调整它们之间的位置和大小，如图 1-21 所示。

③ 修改控件和窗口属性，改变控件和窗口标题显示的文字。

依次选择 Label、TextBox 和 Button 控件，在属性窗口中把它们的 Text 属性值分别设为"请输入您的姓名："""?"和"确定"。

选定整个 Form1 窗体，在属性窗口中，把其 Text 属性值设为"第一个 Windows 窗体应用程序"。修改属性后的窗体设计界面如图 1-22 所示。

提示：在 Windows 窗体应用程序中，无论是窗体还是里面的 Label、TextBox 和 Button 等控件，显示文字的属性都是 Text。

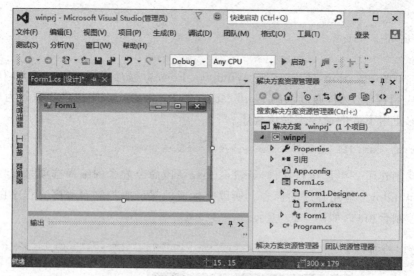

图 1-20　建立 Windows 窗体应用程序项目

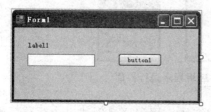

图 1-21　在视图设计器中设计窗体界面

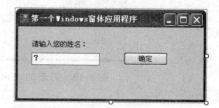

图 1-22　修改属性后的窗体设计界面

④ 编写程序。双击视图设计器的窗体中的"确定"按钮，出现与窗体对应的 Form1.cs 代码窗口，在默认光标处输入下面一行代码，作为按钮单击事件处理方法的语句。

```
MessageBox.Show(textBox1.Text + ",您好!");
```

⑤ 运行程序。按 Ctrl+F5 组合键，不调试直接执行程序，出现主窗体，在文本框中输入"张三"，单击"确定"按钮后，便弹出一个显示"张三，您好!"的消息框。单击消息框中的"确定"按钮，关闭消息框。如要退出程序，只需用鼠标单击主窗体界面右上角的红色"关闭"按钮✖。

程序运行结果如图 1-23 所示。

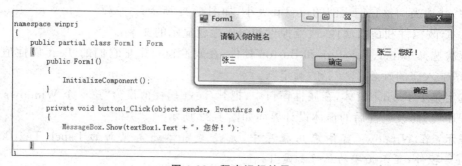

图 1-23　程序运行结果

习　　题

一、填空题

1. .NET 以公共语言运行库(common language runtime, CLR)为基础,实现跨平台和跨语言开发。.NET 由 Windows .NET 操作系统、.NET 企业级服务器、.NET Web 服务组件、_____、Microsoft Visual Studio .NET 5 个主要部分组成。

2. CLR 由_____和通用类型 CTS(common type system)两个部分组成。

二、选择题

1. 若定义了如下命名空间：

```
namespace N1.N2 { class A {} }
```

下面引用命名空间错误的是(　　)。

  A. namespace N3　　　　　　　　B. namespace N3
   {　using A = N1.N2.A;　　　　　　{　using R = N1.N2;
    class B: A {}　　　　　　　　　 class B: R.A {}
   }　　　　　　　　　　　　　　　}

  C. namespace N3　　　　　　　　D. namespace N3
   {　using R1 = N1;　}　　　　　　{
              using R1 = N1;
              using R3 = R1.N2;
             }

2. C#源代码文件使用的扩展名是(　　)。
  A. .cs　　　　B. .c　　　　C. .cpp　　　　D. .csprj

3. (　　)技术允许创建一个 GUI,而不需要编写一行代码。
  A. 可视化编程　　　　　　　　B. 面向对象
  C. 面向过程　　　　　　　　　D. 命令结构

4. (　　)符号开始了一个单行注释。
  A. //　　　　B. /　　　　C. *　　　　D. note

5. (　　)类可以显示消息对话框。
  A. Console　　　　　　　　　　B. WriteLine
  C. MessageBox　　　　　　　　D. ReadLine

6. C#在(　　)方法处开始执行。
  A. Function()　　B. Main()　　C. main()　　D. begin()

43

7. 开发 C♯ 程序的集成开发环境是（　　）。
   A. Visual Studio .NET　　　　　　B. IDE
   C. FRAM　　　　　　　　　　　　D. Common Language Runtime

三、编程题

编程实现从控制台输入用户信息并显示，用户信息包括编号、姓名、性别、地址等。

第 2 章　C#程序设计基础

项目背景

数据类型的定义、程序流程控制是编程的基础。本章通过客户关系系统的简单功能设计,帮助读者掌握C#结构化程序设计的基本方法。客户管理系统具有客户信息的增加、修改、查找、列表显示等基本功能。在项目的实施中,要求程序的可读性、可复用性好,用户操作简单。

项目任务

(1) 任务 2-1　客户信息的输入与输出。
(2) 任务 2-2　客户信息的分类统计。
(3) 任务 2-3　客户记录的组织。

知识目标

(1) 熟悉 C♯中的数据类型、常量、变量、运算符、表达式等基本概念。
(2) 熟悉枚举、结构体、数组的概念及使用方法。
(3) 理解分支、循环、异常处理等编程方法。

技能目标

(1) 能够利用 C♯的复杂数据类型描述实体对象。
(2) 熟练地利用 C♯实现结构化程序设计。
(3) 熟悉程序调试的基本方法。

关键词

转换(convert),中断(break),继续执行(contiune),结构体(struct),枚举(enumerate),隐式(implicit),显式(explicit),数组(array),值类型(value type),装箱(box),拆箱(unbox)

2.1　数据定义与运算

客户的相关信息包括编号、姓名、类型、订货量等基本属性,如何用C♯描述客户的基本信息,如何计算处理客户订货信息,又如何来表达并存储这些不同类型的数据,这就是本章要解决的问题。

C#与大多数面向对象语言数据类型一样,分为值类型与引用类型两种,如图 2-1 所示。

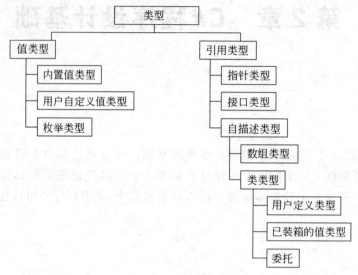

图 2-1 数据类型

根据类型结构图可以得出如下结论。

(1) 值类型包括内置数据类型(如 int、double、float)、用户自定义值类型(如 struct、emun)。

(2) 引用类型包括指针类型、接口类型和自描述类型等。指针类型仅用于非安全代码中,在这里不讨论。

2.1.1 预定义数据类型

C#的基本预定义类型内置于.NET 框架中。C#有 15 个预定义类型,其中 13 个是值类型,2 个是引用类型(string 和 object)。所有的简单类型均为 .NET 框架系统类型的别名。例如,int 是 System.Int32 的别名。完整的别名如表 2-1 所示,除 object 和 string 外,表中的所有类型均称为简单类型。C#类型的关键字及其别名可以互换。例如,可使用表中两种声明中的一种来声明一个整数变量。数据占用的内存大小可能会根据 32 位或 64 位操作系统而不同。

表 2-1 C#中的简单类型

C#类型	.NET 框架类型	C#类型	.NET 框架类型
bool	System.Boolean	uint	System.UInt32
byte	System.Byte	long	System.Int64
sbyte	System.SByte	ulong	System.UInt64

续表

C#类型	.NET框架类型	C#类型	.NET框架类型
char	System.Char	对象	System.Object
decimal	System.Decimal	short	System.Int16
double	System.Double	ushort	System.UInt16
float	System.Single	string	System.String
int	System.Int32		

1. 预定义的值类型

内置的值类型表示基本数据类型,如整数类型、实数类型、布尔类型和字符类型。

1) 整数类型

C#提供了8种整数类型,其取值范围如表2-2所示。

表2-2 C#的整数类型

数据类型	说明	取值范围
sbyte	有符号8位整数	$-128 \sim 127$
byte	无符号8位整数	$0 \sim 255$
short	有符号16位整数	$-32768 \sim 32767$
ushort	无符号16位整数	$0 \sim 65535$
int	有符号32位整数	$-2147489648 \sim 2147483647$
uint	无符号32位整数	$0 \sim 42994967295$
long	有符号64位整数	$-2^{62} \sim 2^{63}$
ulong	无符号64位整数	$0 \sim 2^{64}$

2) 实数类型

实数类型也称为浮点类型,一般用来表示一个有确定值的小数。浮点数分为两种:单精度数和双精度数,其差别在于取值范围和精度不同。实数类型的取值范围如表2-3所示。

表2-3 C#的实数类型

数据类型	说明	取值范围
float	32位单精度实数	$1.5 \times 10^{-45} \sim 3.4 \times 10^{38} \cup -3.4 \times 10^{38} \sim -1.5 \times 10^{-45}$
double	64位双精度实数	$5.0 \times 10^{-324} \sim 1.7 \times 10^{308} \cup -1.7 \times 10^{308} \sim -5.0 \times 10^{-324}$
decimal	128位十进制实数	$1.0 \times 10^{-28} \sim 7.9 \times 10^{28} \cup -7.9 \times 10^{38} \sim -1.0 \times 10^{-28}$

3) 布尔类型

布尔类型取值只能是true或者false,它在计算机中占4个字节,即32位存储空间。

4) 字符类型

C#中采用 Unicode 字符集来表示字符类型。尽管 8 位已经足够编码 ASCII 中的每个字符了,但它们不够编码更大的符号系统中的每个字符(如中文)。为了面向全世界应用,字符集已从 8 位的 ASCII 转向 16 位的 Unicode,ASCII 是 Unicode 的一个子集。

char 类型的字面量是用单引号引起来的,如'A'。如果把字符放在双引号中,编译器会把它看作字符串。除可以把 char 表示为字符字面量之外,还可以用 4 位十六进制的 Unicode 值(如'\u0041')、带有数据类型转换的整数值(如(char)65)或十六进制数('\x0041')表示它们。部分字符可以用转义序列表示,如表 2-4 所示。

表 2-4 转义序列

转义序列	字　　符	转义序列	字　　符
\'	单引号	\f	换页
\"	双引号	\n	换行
\\	反斜杠	\r	回车
\0	空	\t	水平制表符
\a	警告	\v	垂直制表符
\b	退格		

2. 预定义的引用类型

C#支持两个预定义的引用类型,如表 2-5 所示。

表 2-5 C#预定义引用类型

数 据 类 型	说　　明
object	根类型,.NET 类型的其他类型都是从它派生而来的(包括值类型)
string	Unicode 字符串

1) object 类型

许多编程语言和类结构都提供了根类型,层次结构中的其他对象都从它派生而来,C#和.NET 也不例外。在 C#中,object 类型就是最终的父类型,所有内在的和用户自定义的类型都从它派生而来。这是 C#的一个重要特性。所有的类型都隐含地最终派生于 System.Object 类。

2) string 类型

string 类型专门用于对字符串的操作。这个类也是在命名空间 System 中定义的,是类 System.String 的别名。

3. 值类型与引用类型

计算机内存可以分为堆(.NET 中是托管堆)和栈两个区域,值类型和引用类型存储在不同的区域。

（1）值类型。值类型如 int、double、float 等是基础数据类型。值类型分配在栈中，根据栈的原理，值类型一旦离开当前程序的作用域就会被立刻销毁。

（2）引用类型。引用类型如 object 等实际的值都分配在堆中，并且在栈中保存值的地址。例如：

```
//在栈中分配一个空间存放 10
int    a=10;
//在堆中分配一个空间存放变量 a 的值 10,在栈中分配一个空间存放该值在堆中的地址
object    o=a;
```

简单地讲，值类型的变量直接存放实际的数据，而引用类型的变量存放的是数据的地址，即对象的引用。

【例 2-1】 值类型与引用类型。

```
class MyClass                           //类为引用类型
{   public int a=0;
}
class Test
{
  static void Main()
  {   f1();}
  static public void f1()
  {
      int v1=1;                         //值类型变量 v1,其值 1 存储在栈中
      int v2=v1;                        //将 v1 的值(为 1)传递给 v2,v2=1,v1 值不变
      v2=2;                             //v2=2,v1 值不变
      MyClass r1=new MyClass();         //引用变量 r1 存储 MyClass 类对象的地址
      MyClass r2=r1;                    //r1 和 r2 都代表同一个 MyClass 类对象
      r2.a=2;                           //和语句 r1.a=2 等价
  }
}
```

存储在栈中的变量，当其生命周期结束会自动被销毁，例如，v1 存储在栈中，v1 和方法 f1()同生命周期，退出方法 f1()，v1 不存在了。但在堆中的对象不能自动被销毁。因此 C 和 C++语言，由于是在堆中建立对象，因此不使用时必须用语句释放对象占用的存储空间。.NET 系统由于 CLR 内建垃圾回收器，当对象的引用变量被销毁时，表示对象的生命周期结束，垃圾回收器负责收回不被使用的对象占用的存储空间。例如，上例中引用变量 r1 及 r2 是 MyClass 类对象的引用，存储在栈中，退出方法 f1()，r1 和 r2 都不存在了，在堆中的 MyClass 类对象也就被垃圾回收器销毁。也就是说，CLR 具有自动内存管理功能。

对于值类型，每个变量直接包含自身的所有数据。每创建一个变量，就在内存中开辟一块区域；而对于引用类型，每个变量只存储对目标数据的引用，每创建一个变量，就增加一个指向目标数据的指针。

4. 隐式类型

从 Visual C# 3.0 开始,在方法范围中声明的变量具有隐式类型 var。隐式类型的本地变量是强类型变量,但由编译器确定类型。下面的两个 i 的声明在功能上是等效的。

```
var i = 10;                    //隐式类型
int i = 10;                    //显式类型
```

下列限制适用于隐式类型的变量声明。

(1) 只有在同一语句中声明和初始化局部变量时,才能使用 var;不能将该变量初始化为 null、方法或匿名方法。

(2) 不能将 var 用于类范围的字段。

(3) 由 var 声明的变量不能用在初始化表达式中。

如表达式 int i =(i =20)是正确的;但表达式 var i =(i =20)将产生编译错误。

(4) 不能在同一语句中初始化多个隐式变量。

(5) 如果某范围中有一个名为 var 的类型,则 var 关键字将解析为该类型的名称,而不作为隐式类型局部变量声明的一部分进行处理。

注意:隐式类型变量只能用于以下的场合。

① 局部变量声明。

② for、foreach 语句中变量声明。

③ using 语句初始化变量。

2.1.2 常量

1. 常量的定义

常量是在编译时其值能够确定,并且程序运行过程中值不发生变化的量。可定义为常量的类型有 int、bool、char、double、sting 等。

语法格式如下。

```
const 类型名 常量名=常量表达式;
```

例如:

```
const string s="some text";
```

常量在定义时必须被初始化。例如:

```
const int i=10;
const int j=i+2;
```

只能把局部变量和属性声明为常量。

2. 常量的特征

(1) 常量必须在声明时初始化。指定了其值后,就不能再修改了。

(2) 常量的值必须能在编译时用于计算,因此,不能用从一个变量中提取的值来初始化常量,如果需要这么做,应使用只读字段。

(3) 常量总是静态的,但不允许在常量声明中使用 static 修饰符。

在程序中使用常量名要易于理解,使程序更易于阅读和修改。

2.1.3 变量

1. 变量的定义

变量代表数据的实际存储位置,可以表示数值、字符串或类的对象等,它所能存储的数值由它本身的类型决定。在变量被赋值以前,变量自身的类型必须被明确地声明。变量存储的值可能会发生更改,但名称保持不变。

声明变量的语法格式如下。

```
类型 变量名[=初值][变量名=[初值]...];
```

说明:

(1) 变量名必须是字母或下画线开头,不能有特殊符号。

(2) 在声明变量的同时可以给变量赋初值。例如:

```
int i=2;
```

(3) 如果在一个语句中声明和初始化了多个变量,那么所有的变量都具有相同的数据类型。例如:

```
int x,y=10;                        //定义了两个整型变量 x 和 y,其中 y 的初始值为 10
```

(4) 要声明类型不同的变量,需要使用单独的语句。在多个变量的声明中,不能指定不同的数据类型。

```
int x = 10;
bool y = true;
int x = 10, bool y = true;         //这是不符合语法规定的
```

(5) C#语言共有 7 种变量类型:静态变量、实例变量、数组元素、值参数、引用参数、输出参数和局部变量等。

2. 变量初值和默认构造方法

在使用变量之前必须对其进行初始化,否则系统会提示错误。如果没有赋值,将采用默认值。对于简单类型,sbyte、byte、short、ushort、int、uint、long 和 ulong 类型变量的默认值为 0,char 类型变量的默认值是(char)0,float 类型变量的默认值为 0.0f,double 类型变量的默认值为 0.0d,decimal 类型变量的默认值为 0.0m,bool 类型变量的默认值为 false,枚举类型变量的默认值为 0。在结构体和类中,数值类型的变量设置为默认值。例如:

```
public static void Main()
{
    int d;
    Console.WriteLine(d);
}
```

在编译这些代码时,会得到下面的错误消息:

```
Use of unassigned local variable 'd'
```

初始化变量可以采用下面的方法。

(1) 显式赋值。例如:

```
int i=0;
```

(2) 用 new 语句调用其构造方法初始化数值类型变量。例如:

```
int j=new int();
```

注意,用 new 语句并不是把 int 变量变为引用变量,j 仍是值类型变量,这里 new 的作用仅仅是调用其构造方法。

3. 变量的作用域

在 C# 中,把声明为类级的变量看作字段,而把在方法中声明的变量看作局部变量。变量的作用域是指可以访问该变量的代码区域。

(1) 成员变量的作用域限定于该变量所属的类。

(2) 局部变量的作用域限定于从声明该变量的语句块开始到对应语句块结束的封闭花括号之间。

(3) 在 for、while 等语句中声明的局部变量,其作用域限定在该循环体内。

同名的局部变量不能在同一作用域内声明两次,例如:

```
int x = 20;
int x = 30;                              //重复定义
```

【例 2-2】 变量的作用域。

```
public class Program
{
    public static void Main()
    {
        for (int i = 0; i < 10; i++)
        {
            Console.WriteLine(i);
        }
        for (int i = 9; i >= 0; i--)
        {
            Console.WriteLine(i);
```

            }
        }
    }

这段代码使用一个 for 循环输出 0～9 的数字,再输出 9～0 的数字。

在这个方法中,变量 i 被声明了两次。可以这么做的原因是在两次声明中,i 都是在循环体内部声明的,所以变量 i 对于循环来说是局部变量。再看如下的代码。

```
public static void Main()
{
    int j = 20;
    for (int i = 0; i < 10; i++)
    {
        int j = 30;
        Console.WriteLine(j + i);
    }
    Console.ReadLine();
}
```

如果试图编译它,就会产生错误。其原因是,for 循环之前定义的变量 j 的作用域从定义处开始到 Main() 方法结束。第二个 j 的作用域在循环体内,该作用域嵌套在 Main() 方法的作用域内,编译器无法区别这两个变量 j,所以不允许声明第二个变量 j。

如果字段和局部变量同名,局部变量优先级高于字段变量。

【例 2-3】 字段与局域变量作用域之间的冲突。

```
class Program
{
    static int j = 20;                    //字段
    public static void Main()
    {
        int j = 30;                       //局部变量
        Console.WriteLine(j);
    }
}
```

在 Main() 方法中声明的新变量 j 隐藏了同名的类级变量,所以在运行这段代码时,会显示数字 30。

如果要引用类级变量,可以使用如下语法。

this.字段名

或

对象名.字段名

或

类名.字段名

采用哪种格式,与字段和方法的存储类型有关。例如:

```
class Program
{
    static int j = 20;                    //静态字段
    public static void Main()             //静态方法
    {
        int j = 30;                       //局部变量
        Console.WriteLine(Program.j);
    }
}
```

程序的运行结果是输出20。

2.1.4 运算符与表达式

与C语言一样,如果按照运算符所作用的操作数个数来分,C♯语言的运算符可以分为以下几种类型。

(1) 一元运算符:作用于一个操作数,如-x、++x、x--等。

(2) 二元运算符:对两个操作数进行运算,如x+y。

(3) 三元运算符:只有一个,即?:,如 x? y:z。

1. 算术运算符及表达式

C♯中的算术运算符包括基本算术运算符、自增运算符和自减运算符。由算术运算符、操作数和括号构成的表达式称为算术表达式。表2-6 中说明了各种算术运算符。

表 2-6 算术运算符

运算符	说明	示例	
+	加	int y=20,x=y+10;	//返回 x=30
-	减	int y=20,x=y-10;	//返回 x=10
*	乘	int x=10,y=20;int z=x*y;	//返回 z=200
/	除	int x=20;y=x/19;	//返回 y=1
%	取模	int x=30;y=x%19;	//返回 y=11
++	自增	int x=5,y=5; WriteLine(x++); WriteLine(++y);	//输出 5 //输出 6
--	自减	int x=5,y=5; WriteLine(x--); WriteLine(--y);	//输出 5,x 的值为 4 //输出 4,x 的值为 4

注意：

(1) "−"作为负号时是一元运算。如 a * −b 可以理解为 a * (−b)。

(2) "%"的作用是取整数运算余数，其优先级与"/"相同。

(3) 当"/"用于两个整型数据时，其结果是商的整数部分，而不是四舍五入。

(4) "+"除用于算术运算外，也可以用于字符串的连接运算。

(5) "++"和"−−"是使用方便且使用效率很高的两个运算符，它们都是一元运算符。它们有前置和后置两种使用形式。无论是前置还是后置，其作用都是将操作数的值增 1 或减 1 后重新赋值给操作数。如果自增、自减运算的结果要被用来参与其他操作，前置和后置就有区别了。例如，语句 j=++i; 等价于执行了语句 i++; 和 j=i;。而 j=i++; 等价于执行了语句 j=i; 和 i++;。

(6) C#中没有提供求幂操作符，而是使用 Math.Pow() 方法来实现一个数的乘方运算，并使用 Math.Exp() 实现 e 的幂运算。Math 类中包含很多数学运算的方法，可以直接使用。

2. 赋值运算符及表达式

赋值运算符"="的含义是，取右边的值(右值)，然后复制给左边(左值)。右值可以是任何常数、变量或者表达式，或者是任意可以产生值的方法。但左边必须是一个明确的已命名的变量。

带有赋值运算符的表达式称为赋值表达式。如 n=n+5 就是一个赋值表达式。赋值表达式的作用就是将赋值符号右边表达式的值赋给左边的对象。赋值表达式的类型为左边对象的类型，其结果为左边对象赋值后的值，运算的结合性为自右向左。常见的赋值运算符如表 2-7 所示。

表 2-7 赋值运算符

类　　型	符　号	说　　明
基本赋值运算符	=	A=1
复合赋值运算符	+=	op1+=op2 等价于 op1 = op1 + op2
	−=	op1−=op2 等价于 op1 = op1 − op2
	*=	op1*=op2 等价于 op1 = op1 * op2
	/=	op1/=op2 等价于 op1 = op1 / op2
	%=	op1%=op2 等价于 op1 = op1 % op2
	&=	op1&=op2 等价于 op1 = op1 & op2
	|=	op1|=op2 等价于 op1 = op1 | op2
	^=	op1^=op2 等价于 op1 = op1 ^ op2
	<<=	op1<<=op2 等价于 op1 = op1 << op2
	>>=	op1>>=op2 等价于 op1 = op1 >> op2

注意:

(1) 基本类型变量存储的是实际的数值,而并非指向一个对象的引用。所以,在为变量赋值时,是直接将一个地方的内容复制到了另一个地方。例如,对基本数据类型使用a=b,实际的含义是将b中的内容复制给a,如果之后给a重新赋值,b不会受到影响。

(2) 为对象做赋值操作时,其实操作的是对象的引用,所以若将一个对象赋值给另一个对象,实际上是将"引用"从一个地方复制到另一个地方,这就意味着在修改其中一个对象值的同时,另一个也会跟着发生变化。

【例 2-4】 复合赋值运算。

```
class Program
{
    static void Main(string[] args)
    {
        Random rand = new Random(47);
        int i, j, k;
        j = rand.Next(100) + 1;
        System.Console.WriteLine("j:" + j);
        k = rand.Next(100) + 1;
        System.Console.WriteLine("k:" + k);
        i = j - k;
        System.Console.WriteLine("j-k:" + i);
        i = k / j;
        System.Console.WriteLine("k/j:" + i);
        i = k * j;
        System.Console.WriteLine("k*j:" + i);
        j %= k;
        System.Console.WriteLine("i%=k:" + j);
        float u, v, w;
        v = rand.Next();
        System.Console.WriteLine("v:" + v);
        w = rand.Next();
        System.Console.WriteLine("w:" + w);
        u = v + w;
        System.Console.WriteLine("v+w:" + u);
        u = v - w;
        System.Console.WriteLine("v-w:" + u);
        u = v * w;
        System.Console.WriteLine("v * w" + u);
        u = v / w;
        System.Console.WriteLine("v/w:" + u);
        u += v;
        System.Console.WriteLine("u+=v:" + u);
        u -= v;
```

```
            System.Console.WriteLine("u-=v:" + u);
            u *= v;
            System.Console.WriteLine("u*=v:" + u);
            u /= v;
            System.Console.WriteLine("u/=v:" + u);
        }
}
```

程序运行结果如图 2-2 所示。

图 2-2　例 2-4 程序运行结果

程序说明：

通过 Random 对象可以生成许多不同类型的随机数值。

3. 关系运算符及表达式

关系运算符用于对操作数进行比较运算，常用的有 6 种，如表 2-8 所示。

表 2-8　关系运算符

运 算 符	说　　明	示　　例
>	大于	op1>op2，当 op1 大于 op2 时返回 true
>=	大于或等于	op1>=op2，当 op1 大于或等于 op2 时返回 true
<	小于	op1<op2，当 op1 小于 op2 时返回 true
<=	小于或等于	op1<=op2，当 op1 小于或等于 op2 时返回 true
==	等于	op1==op2，当 op1 等于 op2 时返回 true
!=	不等于	op1!=op2，当 op1 不等于 op2 时返回 true

用关系运算符将两个表达式连接起来，就是关系表达式。关系运算是比较简单的一种逻辑运算，其结果类型为 Boolean，值只能是 true 或 false，适合于所有基本数据类型。关系运算符的优先级如下。

- <、<=、>、>= 优先级相同（较高）。

- ==、!=优先级相同(较低)。

需要注意的是,在程序上对浮点数的比较是非常严格的,不能简单地用"=="或"!="进行浮点数的比较。

【例 2-5】 关系运算符。

```
class Program
{
    static void Main(string[] args)
    {
        Random rand = new Random(47);
        int i = rand.Next(100);
        int j = rand.Next(100);
        Console.WriteLine("i=" + i);
        Console.WriteLine("j=" + j);
        Console.WriteLine("i > j is" + (i > j));
        Console.WriteLine("i < j is" + (i < j));
        Console.WriteLine("i >=j is" + (i >= j));
        Console.WriteLine("i <=j is" + (i <= j));
        Console.WriteLine("i ==j is" + (i == j));
        Console.WriteLine("i !=j is" + (i != j));
        Console.WriteLine("(i<10) && (j<10) is" + ((i < 10) && (j < 10)));
        Console.WriteLine("(i<10) || (j<10) is" + ((i < 10) || (j < 10)));
    }
}
```

程序运行结果如图 2-3 所示。

图 2-3 例 2-5 程序运行结果

4. 逻辑运算符及表达式

逻辑运算符包括与(&&)、或(||)、非(!),如表 2-9 所示。操作只能应用于布尔值,如果在应该是 String 值的地方使用了 Boolean,布尔值会自动转换成适当的形式。

表 2-9 逻辑运算符

运算符	说明	示 例
&&	与	op1 && op2,当 op1 和 op2 都是 true 时,返回 true;如果 op1 的值是 false,则不运算右边的操作数
||	或	op1 || op2,当 op1 和 op2 有一个是 true 时,返回 true;如果 op1 的值是 true,则不运算右边的操作数
!	非	! op,当 op 是 false 时,返回 true;当 op 是 true 时,返回 false

短路原则:当使用逻辑运算符时会遇到一种短路状况,即一旦能够明确无误地确定整个表达式的值,就不再计算表达式余下的部分了。因此,整个逻辑表达式靠后的部分有可能不再计算。

【例 2-6】 逻辑运算符与表达式。

```
class Program
{
    static void Main(string[] args)
    {
        int i, j, k, l;
        i = 1; j = 2; k = 3; l = 4;
        Console.WriteLine("{0}>{1} && {2}>{3}  is:{4} ", i, j, k, l, i > j && k > l);
        Console.WriteLine("{0}>{1} && {2}<{3}  is:{4} ", i, j, k, l, i > j && k < l);
        Console.WriteLine("{0}<{1} && {2}<{3}  is:{4} ", i, j, k, l, i < j && k < l);
        Console.WriteLine("{0}<{1} && {2}>{3}  is:{4} ", i, j, k, l, i < j && k > l);
        Console.WriteLine("{0}>{1} || {2}>{3}  is:{4} ", i, j, k, l, i > j || k > l);
        Console.WriteLine("{0}>{1} || {2}<{3}  is:{4} ", i, j, k, l, i > j || k < l);
        Console.WriteLine("{0}<{1} || {2}<{3}  is:{4} ", i, j, k, l, i < j || k < l);
        Console.WriteLine("{0}<{1} || {2}>{3}  is:{4} ", i, j, k, l, i < j || k > l);
        Console.WriteLine("!({0}<{1}) is:{2} ", i, j, !(i < j ));
        Console.WriteLine("!({0}>{1}) is:{2} ", i, j, !(i > j ));
    }
}
```

程序运行结果如图 2-4 所示。

图 2-4 例 2-6 程序运行结果

5. 位运算符与表达式

位运算符用于对操作数进行的位运算,位运算是指进行二进制位的运算。C#语言提供的位运算符如表 2-10 所示。

表 2-10 位运算符

运算符	说明	示例
&	按位与	op1 & op2:如果两个操作数相应的二进制都为 1,则相应位为 0,否则为 0。例如,1&1=1,0&1=0,0&0=0
|	按位或	op1 | op2:如果两个操作数相应的二进制有一个为 1,则相应位为 0,否则为 0。例如,1|1=1,0|1=1,0|0=0
^	按位异或	op1^op2:如果两个操作数相应的二进制同为 0,则相应位为 1,否则为 0。例如,1^1=0,0^1=1,0^0=0
~	按位取反	~op:一元运算。它对二进制数进行按位取反。例如,~1=0,! 0=1
<<	左移	op>>n:将一个数 op 的二进制位全部向左移动 n 位,在后面的空位填 0,而前面的高位移除后被舍弃。例如,7<<2=28
>>	右移	op>>n:将一个数 op 的二进制位全部向右移动 n 位,在前面的空位填 0,而后面的低位移除后被舍弃。例如:7>>2=1

【例 2-7】 位运算。

```
class Program
{
    static void Main(string[] args)
    {
        int i, j, n;
        i = 6;j = 5;n = 2;
        Console.WriteLine("{0}&{1} is:{2} ", i, j, i & j );
        Console.WriteLine("{0}|{1} is:{2} ", i, j, i | j );
        Console.WriteLine("{0}^{1} is:{2} ", i, j, i ^ j);
        Console.WriteLine("{0}>>{1} is:{2} ", i, j, i >> n);
        Console.WriteLine("{0}<<{1} is:{2} ", i, j, i << n);
        Console.WriteLine("~{0} is:{1} ", i, ~j);
        Console.Read();
    }
}
```

图 2-5 例 2-7 程序运行结果

程序运行结果如图 2-5 所示。

6. 条件运算符与条件表达式

条件运算符(?:)根据布尔表达式的值返回两个值中的一个。条件运算符的格式如下。

表达式 1?表达式 2:表达式 3

功能：如果表达式 1 为 true，则计算表达式 2 并以它的计算结果为运算结果；如果为 false，则计算表达式 3 并以它的计算结果为运算结果，因此只计算表达式 2 或表达式 3 中的一个。

说明：

(1) 表达式 1 必须是 bool 类型，表达式 2 和表达式 3 可以是任何类型，且类型可以不同。

(2) 使用条件运算符可以更简洁地表达可能要求用 if-else 结构的计算。例如，为在 Sin()方法的计算中避免被零除，可编写为

```
if(x != 0.0) s = Math.Sin(x)/x; else s = 1.0;
```

或使用条件运算符

```
s = x != 0.0 ? Math.Sin(x)/x : 1.0;
```

(3) 条件运算符的优先级高于赋值运算符，低于逻辑运算符；结合方向为自右向左。因此表达式 a ? b : c ? d : e 按如下规则计算：

```
a ? b : (c ? d : e)
```

而不是按照下面这样计算：

```
(a ? b : c) ? d : e
```

(4) 不能重载条件运算符。

【例 2-8】 求两个数的最大值。

```
class Program
{
    static void Main(string[] args)
    {
        double a = 10,b = 20,max;
        max = a > b ? a : b;
        Console.WriteLine("a={0},b={1},max({2},{3})={4}",a,b,a,b,max);
    }
}
```

程序运行结果如图 2-6 所示。

7. 其他运算符

1) 测试运算符 is

is 是获取类型信息的运算符。is 运算符用于检查对象运行时的类型，即判定某变量是否为某个类型，其结果为布尔值 true 或 false。is 表达式的语法格式如下：

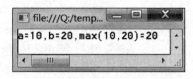

图 2-6　例 2-8 程序运行结果

```
<变量名或常量名> is <类型>
```

如果<变量名或常量名>的数据类型和<类型>相同或者相容,则 result 的值为 true;否则,result 的值为 false。

【例 2-9】 测试运算符。

```
class Test
{
  public static void Main()
  {
    Console.WriteLine(1 is int);
    Console.WriteLine(1 is float);
    Console.WriteLine(1.0f is float);
    Console.WriteLine(1.0d is double);
  }
}
```

图 2-7 例 2-9 程序运行结果

程序运行结果如图 2-7 所示。

2) as 运算符

as 运算符用于进行相关数据类型的判定,as 表达式的语法格式如下。

<表达式 1>=<表达式 2> as <数据类型>;

如果表达式 2 的值符合给定的数据类型,则将表达式 2 的值赋值给表达式 1,否则表达式 1 为 null。等价于

<表达式 1>=<表达式 2> is <数据类型>?<表达式 2>:null;

其中,"表达式 1"和"表达式 2"必须是一个引用类型的变量,或通过运算得到的引用类型的结构,如对象类型、字符串类型等。"数据类型"符合各种 C#的数据类型。

【例 2-10】 使用 as 运算符。

```
class Program
{
    static void Main(string[] args)
    {
        object obj1 = 123;
        object obj2 = 'a';
        object obj3 = "Hello";
        string s;
        s = obj1 as string;
        System.Console.WriteLine(s);
        s = obj2 as string;
        System.Console.WriteLine(s);
        s = obj3 as string;
        System.Console.WriteLine(s);
    }
```

程序运行结果如下。

(空行)
(空行)
Hello

在程序中 obj1、obj2 分别为整型和字符型,所以此时 s 的值为 null,输出为空行。obj3 为字符串类型,所以将 obj3 的值赋值给 s,输出为 Hello。

3) typeof 运算符

typeof 运算返回一个表示特定类型的 System.Type 对象。System.Type 是描述类型信息的类,所以可以用 System.Type 类的对象来检索该类型的完整信息。typeof 表达式格式如下。

Type 变量=typeof(类型)

相当于

变量=new 变量类型;
变量.GetType()   //object 类型的 GetType()方法,返回变量的数据类型

例如,typeof(int)返回表示 System.Int32 类型的 Type 对象,typeof(string) 返回表示 System.String 类型的 Type 对象。该运算符在使用反射动态查找对象信息时很有用。

【例 2-11】 typeof 运算符。

```
class Test
{
    static void Main()
    {
        Console.WriteLine(typeof(int));
        Console.WriteLine(typeof(System.Int32));
        Console.WriteLine(typeof(string));
        Console.WriteLine(typeof(double[]));
    }
}
```

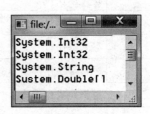

图 2-8 例 2-11 程序
运行结果

程序运行结果如图 2-8 所示。由输出可知 int 和 System.Int32 是同一类型。

4) sizeof 运算符

sizeof 是一元运算符,并不是方法。sizeof 运算符以字节形式给出了其操作数的存储空间大小。操作数可以是一个类型名,操作数的存储空间大小由操作数的数据类型决定。其格式如下。

sizeof(变量类型)   //返回一个整数,表示变量所占字节数

5) new 运算符

new 操作符可以创建值类型变量、引用类型对象,同时自动调用构造方法。其格式如下。

变量名=new 类型名

例如:

```
int x=new int();              //创建整型变量 x,调用默认构造方法
Person C1=new Person ();      /*创建 Person 类的对象 C1(对象的引用) */
int[] arr=new int[2];         //创建数组类的对象,arr 是数组对象的引用
```

注意:int x=new int()语句给 x 赋初值 0,x 仍是值类型变量,不会变为引用类型变量。

8. 运算符的优先级

C#语言运算符的详细分类及操作符从高到低的优先级顺序如表 2-11 所示。

表 2-11 运算符的优先级

优先级	类 别	操 作 符	结合性
1	初级操作符	(x)、x.y、f(x)、a[x]、x++、x--、new、typeof、sizeof、checked、unchecked	左→右
2	一元操作符	+、-、!、~、++x、--x、(T)x	右→左
3	强制转换类型	()	右→左
4	乘除操作符	*、/、%	左→右
5	加减操作符	+、-	左→右
6	移位操作符	<<、>>	左→右
7	关系操作符	<、>、<=、>=、is、as	左→右
8	等式操作符	==、!=	左→右
9	逻辑与操作符	&	左→右
10	逻辑异或操作符	^	左→右
11	逻辑或操作符	|	左→右
12	条件与操作符	&&	左→右
13	条件或操作符	||	左→右
14	条件操作符	?:	右→左
15	赋值操作符	=、*=、/=、%=、+=、-=、<<=、>>=、&=、^=、|=	右→左

2.1.5 类型转换

在编写C#语言程序时,当表达式中出现了多种类型数据的混合运算时,需要进行类型转换。C#语言中类型转换分为隐式转换、显式转换、装箱(boxing)和拆箱(unboxing)、Convert转换和Parse转换等。

1. 隐式转换

隐式转换是系统默认的、不需要加以声明就可以进行的转换。隐式转换时,数据类型范围低的向范围高的转换。在隐式转换过程中,转换一般不会失败,转换过程中也不会丢失信息。例如:

```
int  a  =  200;      //int 范围是-2147483648~2147483647
long b  =  a;        //long 范围是-9223372036854775808~9223372036854775807
```

由于long表示的整数范围更大,并且这个范围包含200,这两个数据类型转换是默认合法的,编译器隐式执行的转换如表2-12所示。

表2-12 隐式转换

类型	可隐式转换为的类型
byte	short、ushort、int、uint、long、ulong、float、double、decimal
sbyte	short、int、long、float、double、decimal
short	int、long、float、double、decimal
ushort	int、uint、float、ufloat、double、decimal
int	long、float、double、decimal
uint	float、double、decimal
long	float、double、decimal
ulong	float、double、decimal
float	double
char	ushort、int、uint、long、ulong、float、double、decimal

2. 显式转换

显式类型转换又称为强制类型转换。与隐式转换相反,显式转换需要明确地指定转换类型,显式转换可能导致信息丢失。例如,把长整型变量显式转换为整型:

```
long l=5000;
int i=(int)l;        //如果超过int取值范围,将产生异常
```

将高范围数据类型(简称高)转换成低范围数据类型(简称低)时,如果"高"变量的值

超出了"低"数据类型的范围,将导致数据类型溢出。例如:

```
long  a  =  3333333333;
/* long 范围是-9223372036854775808~9223372036854775807,3333333333 在这个范围中合法 */
int  b  =  (int)a;
/* int 范围是-2147483648~2147483647,3333333333 超出了这个范围,所以导致数据类型溢出 */
Console.WriteLine("a =" + a.ToString());
Console.WriteLine("b ="+b.ToString());   //类型溢出,这里会输出一个非常大的负数
```

3. 数值的转换原则

数值的转换有一个原则,即从低精度类型到高精度类型通常可以进行隐式转换;而从高精度类型到低精度类型则必须进行显式转换。

(1) 显式数值转换可能导致精度损失或抛出异常。

(2) 将 decimal 值转换为整型时,该值将舍入为与零最接近的整数值。如果结果整数值超出目标类型的范围,则会抛出 OverflowException 异常。

(3) 将 double 或 float 值转换为整型时,值会被截断。如果超出了目标值的范围,其结果将取决于溢出检查上下文。在 checked 上下文中,将抛出 OverflowException 异常;而在 unchecked 上下文中,结果将是一个未指定目标类型的值。

(4) 将 double 转换为 float 时,double 值将舍入为最接近的 float 值。如果 double 值因过小或过大而使目标类型无法容纳它,则结果将为零或无穷大。

(5) 将 float 或 double 转换为 decimal 时,源值将转换为 decimal 表示形式,并舍入为第 28 个小数位之后最接近的数(如果需要)。根据源值的不同,可能产生以下结果。

① 如果源值因过小而无法表示为 decimal,那么结果将为零。

② 如果源值为 NaN(非数字值)、无穷大或因过大而无法表示为 decimal,则会抛出 OverflowException 异常。

(6) 将 decimal 转换为 float 或 double 时,decimal 值将舍入为最接近的 double 或 float 值。

4. Convert 转换和 Parse 转换

1) Convert 类

Convert 类将一个基本数据类型转换为另一个基本数据类型,是专门进行类型转换的类,它能够实现各种基本数据类型之间的相互转换,如表 2-13 所示。

表 2-13 Convert 实现数据转换

命　　令	结　　果
Convert.ToBoolean(val)	转换为 bool 类型
Convert.ToByte(val)	转换为 byte 类型
Convert.ToChar(val)	转换为 char 类型

续表

命　　令	结　　果
Convert.ToDecimal(val)	转换为 decimal 类型
Convert.ToDouble(val)	转换为 double 类型
Convert.ToInt16(val)	转换为 short 类型
Convert.ToInt32(val)	转换为 int 类型
Convert.ToInt64(val)	转换为 long 类型
Convert.ToSByte(val)	转换为 sbyte 类型
Convert.ToSingle(val)	转换为 float 类型
Convert.ToString(val)	转换为 string 类型
Convert.ToUInt16(val)	转换为 ushort 类型
Convert.ToUInt32(val)	转换为 uint 类型
Convert.ToUInt64(val)	转换为 ulong 类型

其中，val 可以是各种类型的变量(如果这些命令不能处理该类型的变量，编译器就会告诉用户)。

【例 2-12】 使用 Convert 类转换数据类型。

```
class convertTest
{
  static void Main(string[] args)
  {
    float num1 = 82.26f;
    float num2 = 82.26f;
    int num3;
    string str, strdate;
    DateTime mydate = DateTime.Now;
    //Convert 类的方法进行转换
    num3 = Convert.ToInt32(num1);
    str = Convert.ToString(num2);
    strdate = Convert.ToString(mydate);
    Console.WriteLine("转换为整型数据的值{0}", num3);
    Console.WriteLine("转换为字符串{0}",str);
    Console.WriteLine("日期型数据转换为字符串值为{0}", strdate);
  }
}
```

程序运行结果如图 2-9 所示。

注意：

① 转换为 int 型数据后进行了四舍五入的计算。

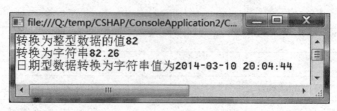

图 2-9　例 2-12 程序运行结果

② 用 Convert 类转换时注意数据表达方式的有效性,并不是任意类型之间都可以转换。

③ （int）和 C# Convert.ToInt32 是两个不同的概念,前者是类型转换,而后者则是内容转换,它们并不总是等效的。

2) 使用 Parse 和 TryParse 转换数字字符串

Parse()方法和 TryParse()方法的作用是把给定的内容转换为调用该方法的类类型数据,属于内容转换。

如将数值字符串转换为 double 类型,其语法如下。

```
public    static    double    Parse(string    s)
public    static    bool    TryParse(string    s,    out    double    result)
```

两者最大的区别是,如果字符串格式不满足转换的要求,Parse()方法将会抛出一个异常;TryParse()方法则不会抛出异常,它会返回 false,同时将 result 置为 0。例如:

```
int iParse = Int32.Parse("1000");
float fParse = float.Parse("1.2");
int result;
book ok = Int32.TryParse("100" , out result);
```

5. 装箱与拆箱

装箱(boxing)和拆箱(unboxing)是 C# 语言类型系统提出的核心概念。装箱是将值类型转换为 object(对象)类型,拆箱是将 object(对象)类型转换为值类型。有了装箱和拆箱的概念,可将任何类型的变量看作 object 类型。

1) 装箱

装箱是将值类型转换成引用类型,把一个值类型变量装箱也就是创建一个 object 对象,并将这个值类型变量的值复制给这个 object 对象。例如:

```
int i=10;
object obj=i;            //隐式装箱操作,obj 为创建的 object 对象的引用
```

也可以用显式的方法来进行装箱操作,例如:

```
int i =10;
object obj=object(i);    //显式装箱操作
```

值类型的值装箱后,值类型变量的值不变,仅将这个值类型变量的值复制给这个 object 对象。

【例 2-13】 装箱操作。

```
class Test
{
  public static void Main()
  {
    int n=200;
    object o=n;
    o=201;                              //不能改变 n
    Console.WriteLine("{0},{1}",n,o);
  }
}
```

程序运行结果如下。

200,201

这就证明了值类型变量 n 和 object 类对象 o 都是独立存在的。

2) 拆箱

拆箱与装箱相反,就是将引用类型还原回值类型。拆箱的过程分为两步:首先检查这个 object 对象,看它是否为给定的值类型的装箱值,如果是,则把这个对象的值复制给值类型的变量。

```
int a =10;
object obj =a;                    //将值类型转换为引用类型,装箱
int b =(int)obj;                  //将引用类型转换为值类型,拆箱
```

可以看出拆箱过程正好是装箱过程的逆过程,必须注意装箱操作和拆箱操作必须遵循类型兼容的原则。

3) 装箱与拆箱的作用

当需要分别显示 int、float、double 类型的值时,一般的设计方法如下。

```
class MyProgram
{
  //用来输出 int 类型的值
  public static void ShowInt(int a)
  {
      Console.WriteLine("a="+a.ToString());
  }
  //用来输出 float 类型的值
  public static void ShowFloat(float a)
  {
      Console.WriteLine("a="+a.ToString());
  }
```

```
        //用来输出 double 类型的值
    public static void  ShowDouble(double a)
    {
       Console.WriteLine("a="+a.ToString());
    }
    static void  Main(string[]  args)
    {
       int a=10;
       ShowInt(a);
       float b=2.2;
       ShowFloat(b);
       double c=2.22;
       ShowDouble(c);
    }
}
```

引入装箱与拆箱的概念后,可以设计一个通用的程序,实现对所有类型的数据输出。

```
class MyProgram
{
  //将参数类型改为 object
  public static void ShowObject((object obj)
  {
     Console.WriteLine("obj ="+obj.ToString());
  }
  static void Main(string[] args)
  {
    int a=10;
    ShowObject(a);                   //int a 被装箱
    float b=2.2;
    ShowObject(b);                   //float b 被装箱
    double c=2.22;                   //double c 被装箱
    ShowObject(c);
  }
}
```

任务 2-1 客户信息的输入与输出

1. 任务要求

编程描述客户的相关信息,通过控制台输入相关信息,并将结果显示出来。

2. 任务分析

(1) 定义客户信息,客户信息包括编号、姓名、性别、电话、工龄等。

(2) 输入客户信息,在输入时有提示信息。

(3) 按照一定的格式输出客户信息。

3. 任务实施

(1) 创建一个控制台项目,编写如下代码。

```
class Program
{
    static void Main(string[] args)
    {
        String ID, Name, Tel, Gender;        //定义变量
        float pay;
        int year;
        Console.WriteLine("请输入客户相关信息:");
        Console.Write("编号 :");
        ID = Console.ReadLine();
        Console.Write("姓名 :");
        Name = Console.ReadLine();
        Console.Write("性别 :");
        Gender = Console.ReadLine();
        Console.Write("电话 :");
        Tel = Console.ReadLine();
        Console.Write("工资 :");
        pay = float.Parse (Console.ReadLine());
        Console.Write("工龄 :");
        year = Convert.ToInt16(Console.ReadLine());
        Console.WriteLine("客户信息:");
        Console.Write("编号:{0}\t 姓名:{1}\r\n", ID, Name);
        Console.WriteLine("性别:{0}\t 电话:{1}", Gender, Tel);
        Console.WriteLine("工资:{0}\t 工龄:{1}", pay, year);
    }
}
```

(2) 编译并运行。

2.2 程序流程控制

流程控制是算法的基础和核心,对其熟练掌握、灵活应用是编程的基础。在实际应用中,要根据客户的类型统计客户数量,要实现这个功能,要求循环输入客户的信息,根据客户的类型分类统计,最后输出统计信息。本节介绍分支程序设计、循环程序设计的基本方法。

C#流程控制语句和 C 基本相同,使用方法基本一致。C#流程控制语句包括 if 语

句、switch 语句、while 语句、do-while 语句、for 语句、foreach 语句、break 语句、continue 语句、goto 语句、return 语句、异常处理语句等。

2.2.1 分支语句

条件语句可以根据条件是否满足或根据表达式的值控制程序执行的顺序。C♯有两个控制代码分支的结构：if 语句，测试特定条件是否满足；switch 语句，常用于多分支结构。

1. if 语句

C♯继承了 C 和 C++ 的 if-else 结构。其语法格式如下。

格式 1：

if （条件表达式） 语句；

格式 2：

if （条件表达式） 语句 1; else 语句 2;

功能：if 语句根据条件表达式的值选择要执行的语句。

说明：

（1）与 C 不同，条件表达式必须为布尔型，不能认为 0 为 false，非 0 为 true。

（2）格式 1 表示当条件表达式的值为 true 时，执行语句。格式 2 表示当条件表达式的值为 true 时执行语句 1，否则执行语句 2。

例如，将布尔标志 flagCheck 设置为 true，然后在 if 语句中检查该标志。

```
bool flagCheck = true;
if (flagCheck == true)   Console.WriteLine("The flag is set to true.");
else   Console.WriteLine("The flag is set to false.");
```

输出如下：

```
The flag is set to true.
```

（3）在测试条件时执行的语句可以是任何种类的，包括嵌套在原始 if 语句中的另一个 if 语句。在嵌套的 if 语句中，else 子句属于最后一个没有对应的 else 的 if，例如：

```
if (x > 10)
   if (y > 20)
      Console.Write("Statement_1");
   else
      Console.Write("Statement_2");
```

等价于

```
if (x>10 &&y>20) Console.Write("Statement_1");
```

```
if (x>10 && y<=20) Console.Write("Statement_1");
```

(4) 如果要执行的语句不止一条,可以通过使用 { } 将多条语句包含在块中,有条件地执行多条语句。

在上例中,如果条件(y＞20)计算为 false,将显示 Statement_2。但如果要使 Statement_2 与条件(x＞10)关联,可使用大括号。

```
if (x > 10)
   {if (y > 20)   Console.Write("Statement_1");}
else
     Console.Write("Statement_2");
```

等价于

```
if (x>10 &&y>20)
  Console.Write("Statement_1");
if (x<=10) Console.Write("Statement_2");
```

【例 2-14】 从键盘输入一个字符,程序检查输入字符是否为字母。如果输入的字符是字母,则程序检查是大写还是小写。在任何一种情况下,都会显示适当的消息。

```
class IfTest
{
    static void Main()
    {
        Console.Write("Enter a character: ");
        char c = (char)Console.Read();
        if (Char.IsLetter(c))
        {
            if (Char.IsLower(c))
                Console.WriteLine("The character is lowercase.");
            else
                Console.WriteLine("The character is uppercase.");
        }
        else
        {
            Console.WriteLine("Not an alphabetic character.");
        }
    }
}
```

(5) 还可以扩展 if 语句,使用 else if 来处理多个条件:

```
if (Condition_1)
{
  //Statement_1;
}
```

```
else if (Condition_2)
{
  //Statement_2;
}
else if (Condition_3)
{
  //Statement_3;
}
else
{
  //Statement_n;
}
```

改写例 2-14 的代码如下。

```
public class IfTest
{
  static void Main()
  {
    Console.Write("Enter a character: ");
    char c = (char)Console.Read();
    if (Char.IsUpper(c))
      Console.WriteLine("Character is uppercase.");
    else if (Char.IsLower(c))
      Console.WriteLine("Character is lowercase.");
    else if (Char.IsDigit(c))
      Console.WriteLine("Character is a number.");
    else
      Console.WriteLine("Character is not alphanumeric.");
  }
}
```

2. switch 语句

switch 语句适合于从一组互斥的分支中选择一个执行分支。其语法格式如下。

```
switch(表达式)
{
    case 常量表达式 1:    语句 1;break;
    case 常量表达式 2:    语句 2;break
    ...
    case 常量表达式 n:    语句 n;break
    [default:    语句 n+1; break]
}
```

功能：执行 switch 语句，首先计算 switch 表达式，然后与 case 后的常量表达式的值进行比较,执行第一个与之匹配的 case 分支下的语句。如果没有 case 常量表达式的值与之匹配,则执行 dafault 分支下的语句,如果没有 dafault 语句,则退出 switch 语句。

说明:

(1) 在 case 语句后面必须有 break 语句或 goto 跳转语句,不允许从一个 case 自动执行到相邻的 case 语句,否则编译时将报错。

(2) switch 语句的控制类型,即其中控制表达式的数据类型可以是 sbyte、byte、short、ushort、uint、long、ulong、char、string 或枚举类型。

(3) 每个 case 标签中的常量表达式必须属于或能隐式转换成控制类型。如果有两个或两个以上 case 标签中的常量表达式值相同,编译时将会报错。

(4) switch 语句中可以没有 default 语句,但最多只能有一个 dafault 语句。

【例 2-15】 输入月份,判断该月的天数。

```
class SwitchTest
{
  static void Main()
  {
    System.Console.WriteLine("请输入要计算天数的月份");
    string s=System.Console.ReadLine();
    string s1="";
    switch(s)
    {  case "1": case "3": case "5":
       case "7": case "8": case "10":
       case "12":                         //共用一条语句
              s1="31";break;
       case "2":   s1="28";break;
       case "4": case "6": case "9":
       goto case "11";                    //goto 语句仅为说明问题,无此必要
       case "11": s1="30";break;
       default:    s1="输入错误";break;
    }
    System.Console.WriteLine(s1);
  }
}
```

2.2.2 循环语句

C#提供了 4 种不同的循环机制(for、while、do-while 和 foreach),在满足某个条件之前,可以重复执行代码块。for、while 和 do-while 循环与 C++ 相同。

1. while 语句

while 循环与 C++ 和 Java 中的 while 循环相同,while 也是一个预测试的循环。其语

法格式如下。

```
while (表达式)
{
    循环体；
}
```

功能：当表达式的值为 true 时，循环执行循环体中的语句，直到表达式为 false 为止。

说明：

(1) 表达式的值必须是 bool 类型。在循环体中应该包含改变循环条件表达式值的语句，否则会出现无限循环(死循环)。

(2) 如果只重复执行一条语句，而不是一个语句块，可以省略大括号。许多程序员都认为最好在任何情况下都加上大括号。

(3) while 循环最常用于在循环开始前不知道重复执行一个语句或语句块的次数的情况。通常，在某次循环中，while 循环体中的语句使条件表达式的值为 false，以结束循环。

【例 2-16】 求 $1+2+3+\cdots+10$。

```
class WhileTest
{
    static void Main()
    {
        int i = 0;
        int sum = 0;
        while (i <= 10)
        {
            sum += i;
            i ++;
        }
        Console.WriteLine("sum={0}",sum);
    }
}
```

2. do-while 循环

do-while 循环是 while 循环的后测试版本。它与 C++ 和 Java 中的 do-while 循环相同。其语法格式如下。

```
do
{
    循环体；
}while (表达式);
```

功能：重复执行循环体中的语句，直到指定的表达式计算为 false。

说明：

(1) 表达式的值必须是 bool 类型。在循环体中应该包含改变循环条件表达式值的语句,否则会出现无限循环(死循环)。

(2) do-while 循环至少执行一次循环体。

(3) 循环体必须用花括号"{}"括起来。

【例 2-17】 使用 do-while 语句实现例 2-16 的功能。

```
public class TestDoWhile
{
    public static void Main ()
    {
        int i = 0;
        int sum=0;
        do
        {
          sum+=i;
          i++
        } while (x <= 10);
        Console.WriteLine("sum={0}",sum);
    }
}
```

3. for 语句

for 语句使用最为灵活,它完全可以取代 while 语句实现循环控制。其语法格式如下。

for (表达式 1; 表达式 2; 表达式 3)
      循环体;

功能:重复执行一条语句或一个语句块,直到表达式 2 计算为 false 值为止。

说明:

(1) 表达式 1、表达式 2、表达式 3 均为可选项,但其中的分号(;)不能省略。

(2) 表达式 1 仅在进入循环之前执行一次,通常用于循环变量的初始化,如"i = 0",其中 i 为循环变量。

(3) 表达式 2 为循环控制表达式,当该表达式的值为 true 时,执行循环体,为 false 时跳出循环。

(4) 表达式 3 通常用于修改循环变量的值,如"i++"。

(5) 循环体即重复执行的语句块。

【例 2-18】 使用 for 循环语句实现例 2-16 的功能。

```
class ForLoopTest
{
    static void Main()
    {
```

```
            int sum=0;
            for (int i = 1; i <= 10; i++)
            {
                sum+=i;
            }
            Console.WriteLine("sum={0}",sum);
        }
    }
```

for、while 和 do-while 循环可以嵌套使用,三种语句格式可以根据编程习惯和实际情况选择,在编写循环程序时要注意以下三个环节。

(1) 循环控制变量的初始化。
(2) 循环控制条件的判断。
(3) 如何修改循环控制条件。

当 break、goto、return 或 throw 语句将控制权转移到循环之外时,可以终止该循环。若要将控制权传递给下一次循环但不退出循环,可使用 continue 语句。

4. foreach 语句

在 C#集合内,foreach 可以隐藏集合类型的内部实现方法,从而更加有效地处理集合元素。通过 foreach 循环语句,可以循环列举某集合内的元素,并对各元素执行一次相关的语句。foreach 的语法格式如下。

foreach (类型 遍历变量 in 表达式)
{ 循环体; }

其中,类型和遍历变量用来声明循环变量,表达式则对应集合。每执行一次循环体,循环变量就依次取集合中的一个元素代入其中。直到取出集合中的所有元素。

在使用 foreach 语句时,必须注意如下三点。

(1) 如果运行循环体中试图修改遍历变量值,或将变量值作为 ref 参数或 out 参数传递,那么都会发生编译错误。
(2) foreach 语句的表达式必须有一个从该集合的元素类型到遍历变量类型的显式转换,如果表达式的结果为 null,则会抛出运行时异常。
(3) 如果某集合支持 foreach 语句,则这个集合必须能够实现 System. Collections. IEnumerable 接口,或者实现集合模式。

【例 2-19】 遍历数组中的所有元素。

```
class Test()
{
    public static void Main()
    {
        //定义一个二维数组
        int[,] nVisited = new int[3,3] { { 1, 2, 3 },{ 4,5,6 },{ 7, 8,9 } };
        //使用 for 语句
```

```
    for (int i = 0; i < nVisited.GetLength(0); i++)
    {
        Console.WriteLine();
        for (int j = 0; j < nVisited.GetLength(1); j++)
            Console.Write(nVisited[i, j].ToString()+",,");
    }
            //使用 foreach 语句
    Console.WriteLine();
    foreach (int i in nVisited)
        Console.Write(i.ToString() + ",");
    }
}
```

foreach 循环还可以通过 goto、return 或 throw 语句退出，或使用 continue 关键字直接进入下一次循环。

2.2.3 跳转语句

在 C♯ 中可以使用跳转语句来改变程序的执行顺序。在特定的场合使用跳转语句可以避免死循环。C♯ 中的跳转语句主要有 break 语句、continue 语句、goto 语句、return 语句、throw 语句等。

1. break 语句

break 常用于 switch、while、do-while、for 或 foreach 语句中。在循环语句中，break 用来从当前所在的循环内跳出。break 语句的语法格式如下。

```
break;
```

如果 break 放在 switch 语句或循环外部，就会发生编译错误。通常在循环中 break 语句总是与 if 语句联合使用，即满足条件时跳出循环。在多重循环中，则是跳出 break 所在的循环。

2. continue 语句

continue 语句类似于 break，也必须在 for、foreach、while 或 do-while 循环中使用。但它只退出当前循环，然后开始下一次循环，而不是退出循环。其语法格式如下。

```
continue;
```

3. goto 语句

goto 语句将程序控制直接传递到被标记的语句。goto 语句一般与标签搭配使用，将程序的执行跳转到标签所指定的代码行，其语法格式如下。

```
goto <标签标识符>;
...
<标签标识符>:
...
```

其中:
(1) 标签标识符的命名遵循 C# 的标识符规则。
(2) 标签由标签标识符和后面的冒号构成。
(3) 标签可以在 goto 语句之前,也可以在 goto 语句之后。
(4) goto 和标签必须同时出现在程序的有效区之内,否则会发生编译错误。

goto 语句有三个限制:①不能跳转到像 for 循环这样的代码块中;②不能跳出类的范围;③不能退出 try-catch 块后面的 finally 块。

goto 语句在大多数情况下不允许使用。一般情况下,使用 goto 语句肯定不是好编程习惯。

4. return 语句

return 语句终止它所在的方法的执行并将控制返回给调用方法。它还可以返回一个可选值。如果方法为 void 类型,则可以省略 return 语句。其语法格式如下。

```
return [表达式];
```

其中,表达式值的类型必须与方法的类型匹配。

【例 2-20】 猜数游戏。

```csharp
class Program
{
    static void Main(string[] args)
    {
        const int MIN = 1;                    //最小值
        const int MAX = 10;                   //最大值
        const int QUESSNUM = 3;               //允许猜的次数
        const String QUIT = "Q";              //退出键
        Random rnd = new Random();            //随机对象
        int corrent;                          //随机生成的数
        string inputString;                   //用户输入的数
        int userGuess = -1;
        do {
            int num = 0;
            corrent = (int)Math.Round(rnd.NextDouble() * MAX);
            Console.WriteLine("猜一个从{0}到{1}的数字,按{2}退出",MIN,MAX,QUIT);
            do {
                inputString = Console.ReadLine();
                if (QUIT == inputString) break;
                else
```

```
        {
            userGuess = Convert.ToInt16(inputString);
            if (userGuess > corrent && num < QUESSNUM - 1)
            {
                num++;
                Console.WriteLine("{0},猜大了...", userGuess);
                continue;
            }
            if (userGuess < corrent && num < QUESSNUM - 1)
            {
              num++;
              Console.WriteLine("{0},猜小了...", userGuess);
              continue;
            }
            if (userGuess == corrent || num == QUESSNUM - 1)
            {
                num++;
                break;
            }
        }
    } while (true);
    if (userGuess == corrent)
        Console.WriteLine("你答对了,你猜了{0}次", num);
      else
          Console.WriteLine("你答错了,正确答案是{0}", corrent);
  } while (true);
 }
}
```

2.2.4 异常处理

　　在编写程序时,不仅要关心程序的正常操作,还应该考虑程序运行时可能发生的各类不可预期的事件,如用户输入错误、内存不够、磁盘出错等,所有这些错误称作异常,不能因为这些异常使程序运行产生问题。各种程序设计语言经常采用异常处理语句来解决这类问题。

　　C#提供了一种处理系统级错误和应用程序级错误的结构化的、统一的、类型安全的方法。C#异常语句包含 try 子句、catch 子句和 finally 子句。

　　异常语句中不必一定包含所有3个子句,因此异常语句可以有以下3种可能的形式。

　　(1) try-catch 语句,可以有多个 catch 语句。

　　(2) try-finally 语句。

　　(3) try-catch-finally 语句,可以有多个 catch 语句。

1. 异常处理语句

1) throw 语句

格式:

throw new 异常类构造方法名(参数列表);

throw 语句用于在程序执行期间出现异常时抛出异常信号。通常,throw 语句与 try-catch 或 try-finally 语句一起使用。

2) try-catch

格式 1:带参数的 try-catch。

try { 可能发生异常的代码 }
catch (异常类 参数) { 异常处理代码 }

格式 2:不带参数的 try-catch。

try { 可能发生异常的代码 }
catch   { 异常处理代码 }

格式 3:不同异常进行不同处理的 try-catch-catch。

try { 可能发生异常代码 }
catch (异常类 1 参数) { 异常处理代码 1 }
catch (异常类 2 参数) { 异常处理代码 2 }
...
catch (异常类 n 参数) { 异常处理代码 n }

try-catch 语句由一个 try 块后跟一个或多个 catch 子句构成,这些子句指定不同的异常处理程序。try 块包含可能导致异常的代码。该块一直执行到抛出异常或成功完成为止。

【例 2-21】 异常处理 try-catch 结构。

```csharp
public class ThrowTest2
{
    static int GetDoubleNumber(int index)
    {
        int length = 3;
        if (index > length)
            throw new IndexOutOfRangeException();
        return index * 2;
    }
    static void Main()
    {
        try{
            int result = GetDoubleNumber(4);
```

}
catch (IndexOutOfRangeException e)
{
  System.Console.WriteLine(e.ToString());
}
}
}

3) try-finally

格式：

try { 可能发生异常的代码 }
finally { 最终代码 }

finally 块用于清除 try 块中分配的任何资源。catch 块用于处理程序中抛出的异常，而 finally 用于保证代码的执行，与前面的 try 块的退出方式无关。

异常语句捕捉和处理异常的机理是，当 try 子句中的代码抛出异常时，按照 catch 子句的顺序查找异常类。如果找到，执行该 catch 子句中的异常处理语句。如果没有找到，执行通用异常类的 catch 子句中的异常处理语句。由于异常的处理是按照 catch 子句出现的顺序逐一检查的，因此 catch 子句出现的顺序很重要。无论是否出现异常，一定会执行 finally 子句中的语句。

【例 2-22】 异常处理 try-finally 结构。

```
public class ThrowTest
{
  static void Main()
  {
    int i = 123;
    try{
      Console.WriteLine("\nThe try block  ");
      goto leave;
    }
    finally{
      Console.WriteLine("\nThe finally block  ");
      Console.WriteLine("i = {0}", i);
    }
    leave:
    Console.WriteLine("\nTheLeave block  ");
    Console.ReadLine();
  }
}
```

图 2-10 例 2-22 程序运行结果

程序运行结果如图 2-10 所示。

由此可见，finally 子句总能被执行。

如果在执行 finally 块时抛出了异常，这个异常将被传播到下一轮 try 语句中去。如果在异常传播的过程中又发生了另一个异常,那么这个异常将丢失。

4) try-catch-finally

格式:

```
try { 可能发生异常的代码 }
catch (异常类 1  参数) { 异常处理代码 1 }
catch (异常类 2  参数) { 异常处理代码 2 }
...
catch (异常类 n  参数) { 异常处理代码 n }
finally { 最终代码 }
```

catch 和 finally 一起使用的常见方式是:在 try 块中获取并使用资源,在 catch 块中处理异常情况,并在 finally 块中释放资源。

【例 2-23】 异常处理 try-catch-finally 结构。

```
public class ThrowTest
{
  static void Main()
  {
    int i = 123;
    string s = "Some string";
    object o = s;
    try{
      i = (int)o;                    //非法转换
        Console.WriteLine("try block.");
    }
    catch{
      Console.WriteLine("数据转换异常.");
      Console.WriteLine("Catch block.");
    }
    finally{
     Console.WriteLine("\nThe finally block .");
     Console.WriteLine("i = {0}", i);
    }
  }
}
```

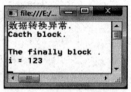

图 2-11 例 2-23 程序运行结果

程序运行结果如图 2-11 所示。

2. 异常处理的级别

1) 异常类的层次关系

当 try 语句中有多个异常抛出时,catch 语句也必须有多个,与异常相对应。多个 catch 语句的顺序对异常的处理有影响,因为程序是按照顺序检查 catch 语句,将先捕获特定程度较高的异常。所谓异常的特定程度,与 C#中异常类的层次结构(继承关系)

有关。

同时使用多个 catch 语句时,如果其中有两个 catch 语句所捕获的异常类存在继承关系,那么要保证捕获派生类的 catch 语句在前,而捕获基类的 catch 语句在后;否则,捕获派生异常类的 catch 语句不会起任何作用或者系统报错。

.NET 框架中异常类直接的派生关系如图 2-12 所示。

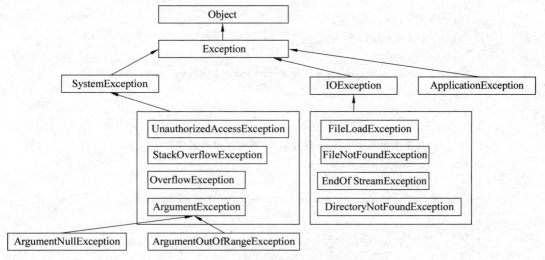

图 2-12 .NET 框架中异常类直接的派生关系

(1) Exception:是所有异常类的父类。

(2) SystemException:是 System 命名空间中所有其他异常类的基类。

(3) IOException:该类用于处理文件操作时所引发的异常。

(4) ApplicationException:该类用于处理应用程序发生非致命错误时所引发的异常,自定义异常派生自该类。

2) Exception 类的常用属性与方法

Exception 类的常用属性如表 2-14 所示。

表 2-14 Exception 类的常用属性

属 性 名	功 能
Data	给异常添加键/值对,以提供异常的额外信息
HelpLink	链接到一个帮助文件上,以提供该异常的更多信息
InnerException	如果此异常是在 catch 块中抛出的,它就会包含把代码发送到 catch 块中的异常对象
Source	导致异常的应用程序或对象名
StackTrace	堆栈中的方法调用信息,它有助于跟踪抛出异常的方法
TargetSite	描述抛出异常的方法的 .NET 反射对象

【例 2-24】 异常的特定程度低。

```csharp
public class ExceptionTest
{
  static void Main()
  {
    try {
      int b = int.Parse("abc");
      string str = null;
      if (str == null){
        ArgumentException ex = new ArgumentNullException();
        throw ex;
      }
    }
            //如果把第三个 catch 移置第一,观察结果有何变化
    catch (ArgumentException ex)
    {
        Console.WriteLine("ArgumentException " + ex.Message);
    }
    catch (FormatException ex)
    {
        Console.WriteLine("FormatException " + ex.Message);
    }
    catch (Exception ex)
    {
        Console.WriteLine("Exception " + ex.Message);
    }
    finally
    {
        Console.WriteLine("执行结束");
    }
  }
}
```

3. 预定义异常处理

C#预定义了一些异常,编程时可直接使用。

【例 2-25】 预定义异常处理(除以零异常)。

```csharp
public class RunTest
{
  static void Main()
  {
    try{
      Console.WriteLine("请输入被除数!");
```

```
        int num1 = int.Parse(Console.ReadLine());
        Console.WriteLine("请输入除数!");
        int num2 = int.Parse(Console.ReadLine());
        int result = num1 / num2;
        Console.WriteLine("运算结果是{0}", result);
    }
    catch (DivideByZeroException ex)
    {
        Console.WriteLine(ex.Message);
    }
    finally
    {
        Console.WriteLine("运行结束了!");
    }
}
```

4. 自定义异常

除了可以使用系统预定义的异常以外，还可以根据需要自定义异常，由 Exception 类或 Exception 类的子类派生即可。步骤如下。

（1）自定义异常类，继承自某个异常。
（2）重写构造方法和属性（Message 属性），或者声明方法。
（3）在可能出现问题的地方调用。

【例 2-26】 自定义异常，当输入的年龄超出范围时抛出异常。

```
class ageexception : Exception
{
    string _message;
    public ageexception()                //获得父类的错误信息内容
    {
        _message = base.Message;
    }
    public ageexception(string strmessage)
    {
        _message = strmessage;
    }
    public override string Message       //重写 Message 属性
    {
        get { return _message; }
    }
    public void OutMsg()                 //定义方法输出异常信息
    {
        Console.WriteLine(_message);
```

```
            }
        }
        class Program
        {
            static void Main(string[] args)
            {
              try{
               Console.WriteLine("请输入年龄");
               int age = int.Parse(Console.ReadLine());
                  if (age > 20 || age < 10)
                  {
                     string message = "你输入的年龄不符合要求!";
                     ageexception a = new ageexception(message);
                     throw a;                    //抛出异常
                  }
               }
               catch (ageexception a)
               {
                  a.OutMsg();                    //捕获异常
               }
            }
        }
```

2.2.5　溢出检查

在进行整型算术运算(如+、-、*、/等)或从一种整型显式转换到另一种整型时,有可能出现运算结果超出这个结果所属类型值域的情况,这种情况称为溢出。例如,int 型数的运算结果在最小值-2147483648 和最大值 2147483647 之外,便溢出了。小于最小值的是下溢,大于最大值的是上溢。

可用关键字 checked 启用整数运算结果的溢出检查,禁用溢出检查则使用关键字 unchecked。默认是禁用状态。checked 和 unchecked 都可用在表达式中,也可用在语句组成的代码块中。

checked 和 unchecked 用于表达式时,扮演一元运算符的角色,一般形式如下。

checked (表达式)
unchecked (表达式)

用于语句块时,checked 和 unchecked 后面不是跟圆括号,而是跟大括号。一般形式如下。

checked { 代码块 }
unchecked { 代码块 }

如果不启用溢出检查,则发生溢出时,运算结果与实际结果不符。启用检查,则发生溢出时,自动抛出"算术运算导致溢出"异常(OverflowException)。

【例 2-27】 创建控制台应用程序,编写带溢出检查的整数乘法运算程序。

```
class Program
{
  static void Main(string[] args)
  {
    string outString = "";
    try{
     int x, y, z;
    Console.Write("请输入整数的被乘数:");
     x = int.Parse(Console.ReadLine());
    Console.Write("请输入整数的乘数:");
     y = int.Parse(Console.ReadLine());
     z = checked(x * y);            //或 checked { z = x * y; }
     outString = "相乘结果:" + z;
    }
    catch (Exception e)
    {
     outString = "异常:" + e.Message;
    }
    finally
    {
     Console.WriteLine(outString);
    }
  }
}
```

三次按 Ctrl+F5 组合键进行不调试运行,每次输入不同的操作数。三次运行界面如图 2-13 所示。其中,如图 2-13(a)所示的是相乘结果没有溢出,因此没有发生异常,正常执行运算;如图 2-13(b)所示的是相乘结果溢出,自动引发"算术运算导致溢出"异常;如图 2-13(c)所示的是输入的被乘数已超出范围,这时还没执行乘法运算,便引发了消息为"值对于 Int32 太大或太小"的溢出异常(该异常也属于 OverflowException)。

(a) 正常执行运算　　　　　(b) 相乘结果溢出　　　　　(c) 溢出异常

图 2-13　带溢出检查的整数乘法运算程序运行结果

如果不作运算溢出检查,则要把例 2-27 的代码中 checked 表达式所在行替换为下面 3 行中的任一行:

```
z = unchecked(x * y);
unchecked { z = x * y; }
z = x * y;                          //默认不检查运算溢出
```

这时,再按 Ctrl+F5 组合键不调试运行,每次输入不同的操作数。三次运行界面如图 2-14 所示。

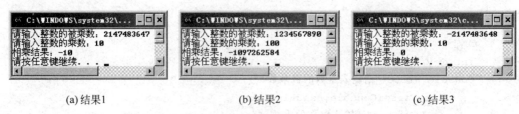

(a)结果1　　　　　　　　(b)结果2　　　　　　　　(c)结果3

图 2-14　不带溢出检查的整数乘法运算程序运行结果

可见,不做运算溢出检查,即使乘法运算结果溢出,也不会引发异常,但运算结果与实际结果不符。

注意:不论是否使用 checked 关键字,常量表达式溢出在编译时将产生错误。如果程序运行时执行该表达式产生溢出,将抛出异常。如果使用了 unchecked 关键字,即使表达式产生溢出,编译和运行时都不会有错误提示。但这往往会出现一些不可预期的结果,所以使用 unchecked 关键字时要小心。

启用或禁用整个项目的溢出检查,可在 Visual Studio 开发环境中进行设置。选择"项目"→"<项目名>属性"命令,出现如图 2-15 所示的项目属性窗格。选择"生成"标签,再单击右下角的"高级"按钮,打开图 2-16 所示的"高级生成设置"对话框,勾选或撤选其中的"检查运算上溢/下溢"复选框(默认为撤选状态)。

图 2-15　项目属性窗格

注意:在应用程序中使用关键字 checked 和 unchecked,可打开和关闭一部分代码的溢出检查,它们将覆盖 Visual Studio 开发环境中所设置的整个项目的溢出检查,即代码中的溢出检查设置的优先级高于整个项目的溢出检查设置。

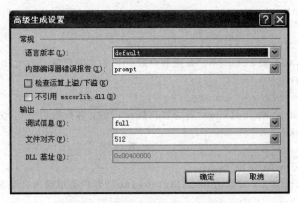

图 2-16 "高级生成设置"对话框

任务 2-2 客户信息的分类统计

1. 任务要求

分类统计客户数量,循环输入每个客户类型并统计每类客户的数量。

2. 任务分析与实施

(1) 输入的信息要有提示,客户类型采用编码方式,采用菜单提示的方式输入客户信息并显示,注意客户信息的内容及数据类型。

(2) 统计客户类型,采用循环输入的方式,分类统计。

(3) 编写如下代码。

```
class Program
{
  static void Main(string[] args)
  {
    char temp = ' ';
    int Counter = 1;
    int Ordinary = 0, VIP = 0;
    do
    {
      Console.WriteLine("请输入第{0}个客户类型:", Counter);
      Console.Write("客户类型 :1.VIP 客户 2.普通客户 Q.退出");
      try{
        temp = char.Parse(Console.ReadLine());
      }
      catch{
        temp = ' ';
        System.Console.WriteLine("输入有误,请输入一个字符");
      }
```

```
        switch (temp)
        {
          case '1': Ordinary++; Counter++;
            Console.WriteLine("普通客户数{0},VIP客户数{1}:", Ordinary, VIP);
            break;
          case '2':VIP++; Counter++;
            Console.WriteLine("普通客户数{0},VIP客户数{1}:", Ordinary, VIP);
            break;
          case 'q':
          case 'Q': break;
          default: System.Console.WriteLine("客户类型输入有误");
            break;
        }
      } while (temp != 'q' && temp != 'Q');
      Console.WriteLine("普通客户数{0},VIP客户数{1}:", Ordinary, VIP);
    }
  }
```

2.3 复杂构造类型

在实际应用中,一组数据中的每一个数据之间都存在密切的关系,它们作为一个整体来描述一个事物或实体对象的方方面面,它们有不同的数据类型。如客户信息(编号、姓名、客户类型、供货量)是一个整体,在描述一个客户信息时,可以用一种自定义类型即结构体来描述。客户类型可以是"普通客户"和"VIP客户",对这种有限且固定的情况,使用枚举类型就比较方便。

2.3.1 枚举类型

C#枚举类型的使用方法和C、C++中的枚举类型基本一致,主要用于表示一个逻辑相关联的项和组合。枚举类型是一种值类型,它用于声明一组命名的常数,但相对于常量来讲,枚举类型更加直观和类型安全。使用常量会有以下几个缺陷。

(1) 类型不安全。若一个方法中要求传入"客户类型"这个参数,用常量的话,形参就是 int 类型,开发者传入任意类型的 int 类型值即可,但是如果是枚举类型的话,就只能传入枚举成员。

(2) 没有命名空间。开发者要在命名时以特定的字母开头,这样另外一个开发者再看这段代码时,才知道所定义常量分别代表的含义。

1. 枚举的声明

声明枚举类型的语法格式如下。

```
[访问修辞符] enum [枚举名]:基础类型
{
    枚举成员
}
```

基础类型必须能够表示该枚举中定义的所有枚举值。枚举声明可以显式地声明 byte、sbyte、short、ushort、int、uint、long 或 ulong 类型作为其基础类型。没有显式声明时基础类型默认是 int。

2. 枚举成员

枚举成员是枚举类型中的命名常数,任意两个枚举成员不能具有相同的名称。每个枚举成员均具有相关联的常数值,此值的类型就是枚举的基础类型。每个枚举成员的常数值必须在该枚举的基础类型的范围之内。例如:

```
public enum TimeofDay:uint
{
    Morning=-3, Afternoon=-2, Evening=-1
}
```

以上代码产生编译时错误,原因是常数值-1、-2 和-3 不在基础整型 uint 的范围内。

3. 枚举成员默认值

在枚举类型中声明的第一个枚举成员的默认值为零。以后的枚举成员值是将前一个枚举成员(按照文本顺序)的值加 1 得到的。这样增加后的值必须在该基础类型可表示的值的范围内;否则,会出现编译时错误。例如:

```
public enum TimeofDay:uint{Morning, Afternoon, Evening}
```

Morning 的值为 0,Afternoon 的值为 1,Evening 的值为 2。

4. 为枚举成员显式赋值

允许多个枚举成员有相同的值。没有显式赋值的枚举成员的值,总是前一个枚举成员的值+1。例如:

```
public enum Number{a=1,b,c=1,d}
```

b 的值为 2,d 的值为 2。
注意:以上枚举值都不能超过它的基础类型范围,否则会报错。

5. 枚举类型与基础类型的转换

基础类型不能隐式转换为枚举类型,枚举类型也不能隐式转换为基础类型,而和枚举类型相关的显式转换包括以下 3 种。

(1) 从所有整数类型(包括字符类型)和实数类型到枚举类型的显式转换。
(2) 从枚举类型到所有整数类型(包括字符类型)和实数类型的显式转换。
(3) 从枚举类型到枚举类型的显式转换。

【例2-28】 枚举类型的转换。

```
public enum Number{a, b, c, d}
class Test
{
  public static void Main()
  {
    int i=Number.a;                    //错误,要强制类型转换(int)Number.a
    Number n;
    n=2                                //错误,要强制类型转换(Number)2
  }
}
```

【例2-29】 枚举的变量的赋值。

```
public  enum Days {Sun, Mon, Tue, Wed, Thu, Fri, Sat};
class program
{
  static void Main(string[] args)
  { Days day=Days.Tue;
    int x=(int)Days.Tue;                       //x=2
    Console.WriteLine("day={0},x={1}",day,x);  //显示结果为 day=Tue,x=2
  }
}
```

在此枚举类型 Days 中,每个元素的默认类型为 int,其中 Sun=0,Mon=1,Tue=2,以此类推。也可以直接给枚举元素赋值。例如:

enum Days{Sun=1,Mon,Tue,Wed,Thu,Fri,Sat};

在此枚举中,Sun=1,Mon=2,Tue=3,Wed=4,等等。和 C、C++ 中不同,C♯ 枚举元素类型可以是 byte、sbyte、short、ushort、int、uint、long 和 ulong 类型,但不能是 char 类型。例如:

enum Days:byte{Sun,Mon,Tue,Wed,Thu,Fri,Sat};   //元素为字节类型

6. System.Enum 类型

System.Enum 类型是所有枚举类型的抽象基类,并且从 System.Enum 继承的成员在任何枚举类型中都可用。System.Enum 本身不是枚举类型。相反,它是一个类类型,所有枚举类型都是从它派生的。System.Enum 从类型 System.ValueType 派生。

【例2-30】 应用枚举类型实现数据的输入/输出。

```
public enum Direction { left,right,top,bottom };
class Test
{
  static void Main()
  {
    Direction dir=Direction.bottom;
    Console.WriteLine("1:向左 2:向右 :3:向上 4:向下/r/n");
    Console.WriteLine("请选择移动方向(1-4)");
    int str=int.Parse(Console.ReadLine());
    dir = (Direction)str;
    Console.Write("你选择:");
    switch (dir)
    {
      case Direction.left:Console.WriteLine("向左移动");break;
      case Direction.right:Console.WriteLine("向右移动");break;
      case Direction.top:Console.WriteLine("向上移动");break;
      case Direction.bottom:Console.WriteLine("向下移动");break;
    }
  }
}
```

程序运行结果如图 2-17 所示。

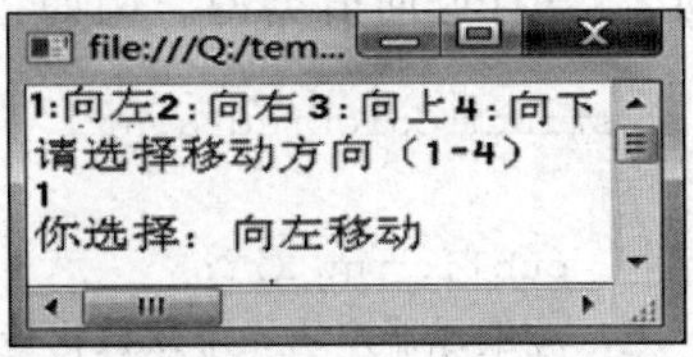

图 2-17 例 2-30 程序运行结果

2.3.2 结构体类型

把一系列相关的信息组织成一个单一实体的过程，就是创建一个结构体的过程。结构体类型可以声明构造方法、数据成员、方法、属性等。

1. 结构体的声明

结构体是用户自定义的值类型。声明它的语法格式如下。

```
struct 结构体名称
{
   成员列表;
}
```

成员可以包含构造方法、常数、字段、方法、属性、索引器、运算符和嵌套类型等。声明成员的语法格式如下。

[访问修饰符] 类型 名称

结构体成员的默认访问权限是 private(在 C++ 中是 public)。

例如：

```
struct ColouredPoint
{
    public int X, Y;
}
struct ColouredPoint
{
    private int x, y;
}
struct ColouredPoint
{
    int x, y;                              //默认的访问修饰符是 private
};                                         //可以有结尾分号
```

2. 结构体的构造方法

结构体有一个 public 的默认构造方法,不管有没有声明构造方法,编译器声明的 public 的默认构造方法总是存在的,所以不能定义默认构造方法。构造方法名与结构名同名,没有返回值类型。例如:

```
struct ColouredPoint
{
  public int X,Y;
  //编译器声明一个默认构造方法
}

struct ColouredPoint
{
    public int X,Y;
    public Pair()                          //错误,不能自己声明默认构造方法
    { ... }
}

struct ColouredPoint
{
    public int X,Y;
    public Pair(int x, int y)              //正确,但编译器声明的默认构造方法仍存在
    { X=x;Y=y; }
}
//一个构造方法可以调用另一个构造方法
struct ColouredColouredPoint
{
    public ColouredColouredPoint(int x, int y) : this(x, y, Colour.Red) { }
    public ColouredColouredPoint(int x, int y, Colour c) { ... }
    ...
```

```
        private int x, y;
        private Colour c;
}
```

结构体所有字段的初始化都必须在构造方法中进行,换句话说,如果要定义带参数的构造方法,必须对所有的字段赋值。对于不想赋值的字段用 default 进行赋值。例如:

```
struct ColouredPoint
{
    public int X,Y;
    public Pair(int x, int y)
    { X=x; }                              //错误,必须对所有字段赋值
}
```

可以按下面的方式声明。

```
struct ColouredPoint
{
  public int X,Y;
  public ColouredPoint (int  x,  int  y)
  {
      X =x;   Y = y;
  }
    //注意这里
  public  ColouredPoint (int  x):this(x,default(int))   /*一个构造方法调用另一
                                                          个构造方法 */
  {
    X =  x;
  }
}
```

3. 值的初始化

结构体变量使用默认构造方法来进行初始化,默认构造方法把所有的实例字段归零: bool 型初始化为 false、整型(包括字符型)初始化为 0、实型初始化为 0.0、枚举型初始化为 0、引用型(包括字符串)初始化为 null。

调用构造方法总是使用 new 关键字,结构体变量是值类型的,它直接存在于栈中,new 关键字的使用不会在堆中开辟内存。

```
static void Main()
{
    ColouredPoint p;
    Console.Write(p.X);                   //错误,p.X 没有初始化
}
static void Main()
{
```

```
        ColouredPoint p = new ColouredPoint ();
        Console.Write(p.X);                    //正确,p.X=0
}
```

注意:

(1) 在C#中调用默认构造方法必须使用括号。

```
ColouredPoint p = new ColouredPoint;         //错误
ColouredPoint p = new ColouredPoint ();      //正确
```

(2) 不能对字段进行赋值,以下的代码是错误的。

```
struct ColouredPoint
{
    private int x = 0;                       //错误,不能对字段赋初值
}
```

4. 结构体的使用

结构体变量存在于栈(stack)中,字段不是被预先赋值的,字段只有被赋值后才能访问,使用点操作符来访问成员。除了允许具有相同类型的结构体变量相互赋值以外,一般对结构体变量的使用,包括赋值、输入、输出、运算等都是通过结构变量的成员来实现的。

(1) 结构体变量中的每个成员都具有具体的数据类型。因此,结构体变量中的每个成员都可以像普通变量一样,对它们进行同类变量所允许的任何操作。

(2) 相同类型的结构体变量之间可以进行整体赋值。

【例 2-31】 结构体的定义与赋值。

```
struct ColouredPoint
{
  public int X,Y;
}
class program
{
    static void Main(string[] args)
    {
        ColouredPoint p1,p2;
        p1.X = 10; p1.Y = 20;
        p2 = p1;
        p1.X = 30; p1.Y = 40;
        Console.WriteLine("p1.x={0},p1.y={1}",p1.X,p1.Y);
        Console.WriteLine("p2.x={0},p2.y={1}",p2.X,p2.Y);
        Console.Read();
    }
}
```

在定义 p1、p2 后,各自分别分配存储空间,执行赋值语句 p1=p2;后,p2 中每个成员

的值都赋给了 p1 中对应的同名成员。

结构体与类共享大多数相同的语法,但结构体比类受到的限制更多。

(1) 在结构体声明中,除非字段被声明为 const 或 static,否则无法初始化。

(2) 结构体中不能声明默认构造方法(没有参数的构造方法)或析构方法。

(3) 结构体在赋值时进行复制。将结构体赋值给新变量时,将复制所有数据,并且对新副本所做的任何修改不会更改原始数据。

(4) 结构体是值类型,而类是引用类型。

(5) 结构体的实例化可以不使用 new 运算符。

(6) 结构体可以声明带参数的构造方法。

(7) 一个结构体不能从另一个结构体或类继承,而且不能作为一个类的基类。所有结构体都直接继承自 System.ValueType,类继承自 System.Object。

(8) 结构体可以实现接口。

(9) 可以对结构体赋 null 值。

(10) 简单类型也是结构体类型,因此有构造方法、数据成员、方法、属性等,因此语句 int i=int.MaxValue;string s=i.ToString()是正确的。即使一个常量,C#也会生成结构体类型的实例,因此也可以使用结构体类型的方法,例如,string s=13.ToString()是正确的。

2.3.3 数组

如果需要使用同一类型的多个对象,就可以使用数组。数组是一种数据结构,可以包含同一类型的多个元素。数组中包含的数据(又称数组的元素)具有相同的类型,该类型称为数组的元素类型。数组的元素类型可以是任意类型,包括数组类型。

数组有一个"秩",它确定和每个数组元素关联的索引个数。数组的秩又称数组的维度。"秩"为 1 的数组称为一维数组。"秩"大于 1 的数组称为多维数组。

1. 一维数组

1) 数组的声明

在声明数组时,应先定义数组中元素的类型,其后是一个空方括号和一个变量名。其语法格式如下:

数组类型[] 数组名;

例如,下面声明了一个包含整型元素的数组:

int[] myArray;

声明一个数组时,不需要指定数组的大小,因此在声明数组时并不分配内存,而只有在创建数组实例时,才指定数组的大小,同时给数组分配相应大小的内存,以保存数组的所有元素。数组是引用类型,所以必须给它分配堆上的内存。因此,使用 new 运算符来指定数组中元素的类型和数量来初始化数组的变量。其语法格式如下。

数组变量名=new 数组类型[数组长度]

例如：

```
int[]myArray                        //声明数组变量
myArray = new int[10];              //分配能存放10个整型值的存储空间
```

在声明和初始化后，变量 myArray 就引用了 10 个整型值，它们位于托管堆上，如图 2-18 所示。

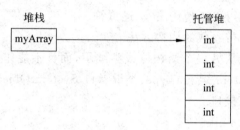

图 2-18　堆栈与托管堆

可以在一个语句中声明并初始化数组，其语法格式如下。

数组类型[] 数组名=new 数组类型[数组长度]

例如，声明并初始化数组，分配 10 个存储单元的存储空间。

```
int[] myArray = new int[10];
```

2) 数组元素的赋值

在创建数组实例时，系统会使用不同数据类型的默认值(0、null、false)对数组元素赋初值，对不同的数组元素，分别赋不同的初值，数字型初值为 0，引用类型初值为 null。

还可以在数组初始化时直接为数组的每个元素赋值，但只能在声明数组变量时进行，不能在声明数组之后进行。其语法格式如下。

数组类型[] 数组名=new 数组类型[数组长度 n]{元素 1,元素 2,...,元素 n}

例如：

```
int[] myArray = new int[4] {4,7,11,2};
```

在这里初始化数组元素的个数必须和定义的数组长度相等。

如果用大括号初始化数组，还可以不指定数组的大小，因为编译器会计算元素的个数。其语法格式如下。

数组类型[] 数组名=new 数组类型[]{元素 1,元素 2,...,元素 n}

例如：

```
int[] myArray = new int[] {4,7,11,2};
```

使用 C#编译器还有一种更简化的形式。使用大括号可以同时声明和初始化数组，编译器生成的代码与前面的例子相同,语法格式如下。

数组类型[] 数组名= {元素 1,元素 2,...,元素 n}

例如:

```
int[] myArray = {4, 7, 11, 2};
```

另外,大括号中的值不一定是常量,也可以是由运算(如方法、数学运算等)得来的值。例如:

```
int[] numbers = new int[10] { 1, 2, 3, (int) (System.Math.Pow(2, 2)),
                              5, 6, 7, 8, 9, 2 * 5 };
```

注意:大括号中的值的数量必须与指定的数组大小完全匹配,不能多也不能少,如下面的数组初始化方法是错误的。

```
int[] numbers = new int[10] { 1,2,3,4,5,6,7,8,9,10,11,12 };
string[] strs = new string[7] { "A","B","C","D","E" };
```

3) 访问数组元素

如果要访问数组中的数组元素,就需要将数组名与下标(即索引号)结合起来。下标用于标明数组元素在数组中的位置,只能是整数。数组元素的索引值是从 0 开始的,即 0,1,2,3,4,5,6,…。

访问一维数组中的单个数组元素的一般形式如下。

<数组名>[<下标>]

在下面的例子中,数组 myArray 用 4 个整型值声明和初始化。用下标 0、1、2、3 就可以访问该数组中的元素。

```
int[] myArray = new int[] {4,7,11,2};
int v1 = myArray[0];                //读第 1 个元素
int v2 = myArray[1];                //读第 2 个元素
myArray[3] = 44;                    //修改第 4 个元素的值
```

注意:如果使用错误的下标值,就会抛出 IndexOutOfRangeException 异常。如果不知道数组元素的个数,可使用 Length 属性获得。

```
int elemNum=myArray.length;
```

4) 数组的属性与方法

在 C#中,数组是对象。System.Array 是所有数组类型的抽象基类,提供了创建、操作、搜索和排序的方法。常用的属性和方法如下。

(1) Length 属性:数组包含多少个元素。

(2) Rank 属性:是只读属性,用于返回数组的维数。使用 Rank 属性的一般形式如下。

<数组名>.Rank

（3）Clear()方法：清除数组中所有元素的值，重新初始化数组中所有的元素，即把数组中的指定元素设置为 0、false 或 null，其语法格式如下。

`Array.Clear(<要清除的数组名>,<要清除的第一个元素的索引>,<要清除元素的个数>)`

（4）Copy()方法：是 System.Array 类提供的一个静态方法，作用于将一个数组的内容复制给另外一个数组，并指定复制元素的个数，其语法格式如下。

`Array.Copy(<被复制的数组>,<目标数组>,<复制元素的个数>)`

例如：

```
int[] numbers = new int[] { 1, 2, 3, 4, 5, 6, 7, 8, 9, 10 };
int[] copy = new int[numbers.Length];
Array.Copy(numbers, copy, copy.Length);
```

（5）CopyTo()方法：与 Copy()方法一样，作用于将一个数组的内容复制给另外一个数组，并从指定的下标处开始复制，其语法格式如下。

`<被复制的数组>.CopyTo(<目标数组>,<复制的起始索引>)`

例如：

```
int[] numbers = new int[] { 1,2,3, 4, 5, 6,7, 8, 9, 10 };
int[] copy = new int[numbers.Length];
numbers.CopyTo(copy,0);
```

（6）Clone()方法：是实例方法，用于在一次调用中创建一个完整的数组实例并完成复制。Copy()方法实现的数组复制操作，也可以使用 Clone()方法来实现。

Clone()方法和 Copy()方法有一个重要区别，Clone()方法会创建一个新数组，而 Copy()方法只是传送给维数相同、有足够元素空间的已有数组。

例如：

```
int[] numbers = new int[] { 1,2,3,4,5,6,7,8,9,10 };
int[] copy = (int[]) numbers.Clone();
```

（7）Sort()方法：用于将数组中的元素按升序排列。其语法格式如下。

`Array.Sort(数组名称)`

（8）Reverse()方法：将该方法与 Sort()方法结合，可以实现降序排序，其语法格式如下。

`Array.Reverse(数组名称,起始位置,反转范围);`

（9）GetLowerBound() 与 GetUpperBound() 方法：GetLowerBound() 方法和 GetUpperBound()方法用于返回数组指定维度的下限与上限，其中维度是指数组的维的下标，维度的索引也是从 0 开始的，即第一维的维度为 0，第二维的维度为 1，……。GetLowerBound()方法和 GetUpperBound()方法的语法格式如下。

```
<数组名>.GetLowerBound(<维度>)
<数组名>.GetUpperBound (<维度>)
```

【例 2-32】 数组元素的排序与倒置。

```
class Program
{
   static void Main(string[] args)
   {
      int[] a = { 12,5,2,3,10 };
      int[] b = new int[5];
      Array.Copy(a,b,a.Length);
      Console.WriteLine("{0},{1},{2},{3},{4}", b[0], b[1], b[2], b[3], b[4]);
      Array.Sort(b);
      Console.WriteLine("{0},{1},{2},{3},{4}", b[0], b[1], b[2], b[3], b[4]);
      Array.Reverse(b);
      Console.WriteLine("{0},{1},{2},{3},{4}", b[0], b[1], b[2], b[3], b[4]);
   }
}
```

程序运行结果如图 2-19 所示。

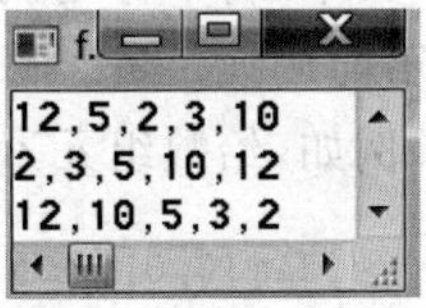

图 2-19 例 2-32 程序运行结果

2. 多维数组

1) 多维数组的声明

多维数组的声明方法与一维数组类似,只是在<数组类型>后的方括号中,添加若干个逗号,逗号的个数由数组的维数决定。其语法格式如下。

<数组类型>[<若干个逗号>] <数组名>

因为一个逗号能分开两个下标,而二维数组有两个下标,所以声明二维数组需要使用一个逗号。

例如,如果使用数组来处理矩阵,则可以声明以下二维数组。

```
int[,] twodim
```

二维数组的实例化也是类似的,如前面声明的用来表示矩阵的二维数组 twodim,其实例化的语句如下。

```
twodim= new int[4,4];
```

三维或三维以上的多维数组的实例化方法以此类推。同样,也可以在声明数组时就实例化。例如:

```
int[,] twodim =new int[4,4];
```

注意:数组声明之后,不能修改其维数。

2) 多维数组的赋值

如果事先知道元素的值，可以在初始化数组时使用一个外层的大括号，每一行用包含在外层大括号中的内层大括号来初始化。

int[,] twodim = {{1, 2, 3},{4, 5, 6},{7, 8,9},};

注意：使用这种方法初始化数组时，必须初始化数组的每个元素，不能遗漏任何元素。

在大括号中使用两个逗号，就可以声明一个三维数组。

int[,,] threedim = { { {1,2},{3,4} },{ {5,6},{7,8} },{ {9,10},{11,12} }};

3) 多维数组的访问

多维数组元素的访问与一维数组元素的访问类似，只是需要使用多个下标，并用逗号隔开。例如，访问二维数组元素的一般形式如下。

<数组名>[<行下标>, <列下标>]

其中，行下标与列下标均从 0 开始，中间用","隔开，并且必须先写行下标再写列下标，不能调换位置。

例如，给数组元素赋值：

twodim[0,0] = 1;twodim[0,1] = 2;twodim[0,2] = 3;...twodim[2,2] = 9;

3. 锯齿数组

二维数组的大小是矩形的，如 3×3 个元素。而锯齿数组的大小是比较灵活的，在锯齿数组中，每一行都可以有不同的大小。

图 2-20 比较了有 3×3 个元素的二维数组和锯齿数组。图中的锯齿数组有 3 行，第一行有 2 个元素，第二行有 6 个元素，第三行有 3 个元素。

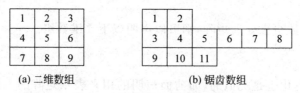

(a) 二维数组　　　　　　(b) 锯齿数组

图 2-20　二维数组与锯齿数组

在声明锯齿数组时，要依次放置开闭括号。在初始化锯齿数组时，先设置该数组包含的行数。定义各行中元素个数的第二个括号设置为空，因为这类数组的每一行包含不同的元素数。之后，为每一行指定行中的元素个数。

```
int[][] jagged = new int[3][];
jagged[0] = new int[2] {1,2};
jagged[1] = new int[6] {3, 4, 5, 6, 7, 8};
jagged[2] = new int[3] {9, 10, 11};
```

4. 数组元素的遍历

将数组中的每一个数组元素都访问一次的过程称为遍历数组,使用数组名和下标的结合可以访问数组元素。

一维数组的遍历只需要使用一个循环语句就可以了。例如:

```
int i;                                  //声明循环变量
int[] numbers;
numbers = new int[10];
for (i = 0; i <= numbers.length; i++)   //遍历数组
    numbers[i] = i + 1;                 //给数组元素赋值
```

然而,多维数组的遍历必须使用循环语句的嵌套才能够实现。

遍历锯齿数组中所有元素的代码可以放在嵌套的 for 循环中。在外层的 for 循环中,遍历每一行,内层的 for 循环遍历一行中的每个元素。对前面定义的锯齿数组,可用以下代码。

```
for ( int row = 0; row < jagged.Length; row++)
{
  for ( int e= 0; e<jagged[row].Length; e++)
    Console.WriteLine("row:{0},e:[1],value:{2}",row,e,jagged[row][e]);
}
```

2.3.4 字符串类

1. string 类

C#还定义了一个基本的类 string,专门用于对字符串的操作。这个类也是在命名空间 System 中定义的,是类 System.String 的别名。字符串应用非常广泛,在 string 类的定义中封装了许多方法,下面的一些语句展示了 string 类的一些典型用法。

1) 字符串定义

```
string s;                               //定义一个字符串引用类型变量 s
s="Zhang";                              //字符串引用类型变量 s 指向字符串"Zhang"
string   Name=FirstName+" "+LastName;   //运算符+已被重载
string   SameName=Name;
char[] s2={'计','算','机','科','学'};
string s3=new String(s2);
```

2) 字符串搜索

```
string s="ABC科学";
int i=s.IndexOf("科");
```

3) 字符串比较

```
string s1="abc",s2="abc";
int n=string.Compare(s1,s2);          //n=0
```

n=0 则 s1=s2；n<0 则 s1<s2；n>0 则 s1>s2。此方法区分大小写。也可用如下办法比较字符串：

```
string s1="abc";
string s="abc";
if(s==s1)              //还可用!=。虽然 string 是引用类型,但这里比较的是两个字符串的值
{...}
```

4) 判断字符串是否为空

```
string s="";
if(s.Length==0)   {     }
```

5) 取子串或字符

```
string s="取子字符串";
string sb=s.Substring(2,2);  /*从第 2 个字符开始取 2 个字符,Sb="字符",s 内容不变*/
char sb1=s[0];                        //sb1='取'
Console.WriteLine(sb1);               //显示:取
```

6) 删除子串

```
string s="取子字符串";
string sb=s.Remove(0,2);
                    /*从第 0 个字符开始删除 2 个字符,Sb="字符串",s 内容不变*/
```

7) 插入子串

```
string s="计算机科学";
string s1=s.Insert(3,"软件");         //s1="计算机软件科学",s 内容不变
```

8) 替换子串方法

```
string s="计算机科学";
string s1=s.Replace("计算机","软件");   //s1="软件科学",s 内容不变
```

9) 把字符串转换为字符数组

```
string S="计算机科学";
char[] s2=S.ToCharArray(0,S.Length);   //属性 Length 为字符数组的长度
```

10) 其他数据类型转换为字符串

```
int i=9;
string s8=i.ToString();               //s8="9"
float n=1.9f;
```

```
string s9=n.ToString();          //s8="1.9"
```

11) 大小写转换

```
string s="AaBbCc";
string s1=s.ToLower();           //把字符转换为小写,s 内容不变
string s2=s.ToUpper();           //把字符转换为大写,s 内容不变
```

12) 删除所有的空格

```
string s="A   bc ";
s.Trim();                        //删除所有的空格
```

2. StringBuilder 类

字符串对象是不可改变的,每次使用 System.String 类的方法时,都要在内存中创建一个新的字符串对象,这就需要为该对象分配新的空间。在需要对字符串执行重复修改的情况下,与创建新的字符串对象相关的系统开销可能会非常大。如果要修改字符串而不创建新的对象,则可以使用 System.Text.StringBuilder 类,使用 StringBuilder 类可以提升性能。StringBuilder 类有如下的属性和方法。

1) 设置容量与长度

方式 1:

```
StringBuilder MyString = new StringBuilder("Hello World!",25);
```

方式 2:

```
MyString.Capacity = 25;
```

EnsureCapacity()方法用于检查当前 StringBuilder 对象的容量。如果容量大于传递的值,则不进行任何更改;但是,如果容量小于传递的值,则会更改当前的容量以使其与传递的值匹配。

也可以查看或设置 Length 属性。如果将 Length 属性设置为大于 Capacity 属性的值,则自动将 Capacity 属性更改为与 Length 属性相同的值。如果将 Length 属性设置为小于当前 StringBuilder 对象内的字符串长度的值,则会缩短该字符串。

2) Append()方法

Append()方法用于将文本或对象的字符串表示形式添加到由当前 StringBuilder 对象表示的字符串的结尾。下面的示例将一个 StringBuilder 对象初始化为"Hello World!",然后将一些文本追加到该对象的结尾处。操作时将根据需要自动分配空间。

```
StringBuilder MyStringBuilder = new StringBuilder("Hello World!");
MyStringBuilder.Append(" What a beautiful day.");
```

3) AppendFormat()方法

AppendFormat()方法将文本添加到 StringBuilder 对象的末尾。下面的示例使用 AppendFormat()方法,将一个设置为货币值格式的整数值放到 StringBuilder 对象的

末尾。

```
int MyInt = 25;
StringBuilder MyStringBuilder = new StringBuilder("Your total is ");
MyStringBuilder.AppendFormat("{0:C} ",MyInt);
```

4）Insert()方法

Insert方法将字符串或对象添加到当前StringBuilder对象中的指定位置。下面的示例使用此方法将一个单词插入StringBuilder对象的第6个位置。

```
StringBuilder MyStringBuilder = new StringBuilder("Hello World!");
MyStringBuilder.Insert(6,"Beautiful ");
```

5）Remove()方法

可以使用Remove方法从当前StringBuilder对象中移除指定数量的字符。下面的示例使用Remove()方法缩短StringBuilder对象。

```
StringBuilder MyStringBuilder = new StringBuilder("Hello World!");
MyStringBuilder.Remove(5,7);
```

6）Replace()方法

Replace()方法用于另一个指定的字符来替换StringBuilder对象内的字符。下面的示例使用Replace()方法搜索StringBuilder对象,查找所有的感叹号字符(!),并用问号字符(?)来替换它们。

```
StringBuilder MyStringBuilder = new StringBuilder("Hello World!");
MyStringBuilder.Replace('!', '?');
```

7）将Stringbuilder对象转换为string形式

```
string = StringBuilder.toString();
```

任务2-3　客户记录的组织

1. 任务要求

创建客户信息表,客户信息包括客户编号、客户姓名、客户类型,输入客户信息并输出。

2. 任务分析

（1）定义一个枚举类型clientType,其成员为"普通客户"和"VIP客户"。
（2）定义一个结构体类型client,其成员为编号ID、姓名Name、客户类型clientType。
（3）用客户数组来存放客户信息。
（4）输入客户类型时要效验输入的正确性。

3. 任务实施

(1) 创建一个控制台项目。

(2) 编写如下代码。

```csharp
//定义枚举,客户类型
enum clientType { 普通客户,VIP };
//定义一个结构类型,描述客户信息
struct client
{
    public string ID,Name;              //编号,姓名
    public clientType cType;            //类型
}
//主程序
class Program
{
    static void Main(string[] args)
    {
        client[] clients = new client[10];
        char temp = ' ';
        int Counter = 0;
        string answer = "";
        //循环输入客户信息
        do{
          Console.WriteLine("请输入第{0}个客户信息:",Counter+1);
          Console.Write("编号:");
          clients[Counter].ID = Console.ReadLine();
          Console.Write("姓名:");
          clients[Counter].Name = Console.ReadLine();
          //校验输入客户类型,只允许输入1或2
          do{
            Console.Write("客户类型:1.VIP客户 2.普通客户");
            try {
                temp = char.Parse(Console.ReadLine());
            }
            catch{
                temp = ' ';
                System.Console.WriteLine("输入有误,请输入一个字符");
            }
             switch (temp){
              case '1': clients[Counter].cType = clientType.普通客户; break;
              case '2': clients[Counter].cType = clientType.VIP; break;
```

109

```
                }
            } while (temp != '1' && temp != '2');
            Counter++;
            Console.WriteLine("继续吗? (y/n)");
            answer=Console.ReadLine();
            if (answer == "n" || answer == "N") break;
        } while (true);
        //当输入结束后,显示客户信息
        System.Console.WriteLine("编号\t 姓名\t 客户类型");
        client c;
        for (int i=0;i<Counter;i++)
        {
          c=clients[i];
          System.Console.WriteLine(c.ID+"\t"+c.Name+"\t"+c.cType);
         }
        System.Console.ReadLine();
      }
   }
```

项目实践2　客户信息管理

1. 项目任务

创建客户基本信息,并实现客户信息的增加、删除、修改、查找的功能。

2. 需求分析

（1）定义一个客户结构体类型,包括客户编号、姓名、电话等信息。
（2）定义一个客户结构体数组,用于保存客户信息。
（3）实现客户信息的增加、删除、修改、查找等功能。

3. 项目实施

（1）创建一个控制台项目。
（2）编写如下代码。

```
//客户类型
enum ClientType { 普通客户, VIP };
//定义客户
struct Client
{
```

```csharp
    public string ID;                        //编号
    public string Name;                      //姓名
    public ClientType cType;                 //类型
}
//定义客户集合,用结构体数组表示
struct ClientList
{
    public Client[] Records;                 //客户数组集合
    public int Length;                       //当前客户人数
    public const int MAXSIZE=100;            //数组的最大容量
    //初始化结构体中的参数
    public void Init()
    {
        Length = 0;
        Records = new client[MAXSIZE];
    }
     //增加一个客户
    public void Add(Client c)
    {
        if (Length < MAXSIZE) Records[Length++] = c;
    }
    //按照客户编号查找
    public int Locate(string id)
    {
      int i;
      for (i = 0; i < Length && id != Records[i].ID; i++)
                ;
      if (i < Length)   return i+1;
      else    return 0;
    }
    //按照客户编号删除
    public bool Delete(String id)
    {
      int p;
      p = Locate(id);
      if (p==0) return false;
      else
      {
        int i;
        for (i=p;i<Length;i++)
          Records[p-1]=Records[p];
        Length--;
        return true;
      }
```

        }
    }

在类中,编写一个静态方法 Add(),通过这个方法给 clientList 类型的客户列表 L 增加数据,注意,由于结构体是值类型,所以其参数必须是引用类型。

编写一个静态方法 Travser(),用于遍历并显示 clientList 中的所有客户信息。

```csharp
class Program
{
    //增加客户信息
    static void Add(ref clientList L)
    {
        int temp;
        string id,name,answer;
        ClientType type = clientType.普通客户;
        Client c;
        do{
            Console.Write("编号 :"); id = Console.ReadLine();
            Console.Write("姓名:");name = Console.ReadLine();
                //校验输入客户类型,只允许输入 1 或 2
            do{
              Console.Write("客户类型 :1.VIP 客户 2.普通客户");
              try{
                  temp = char.Parse(Console.ReadLine());
              }
              catch{
                 temp = ' ';
                 System.Console.WriteLine("输入有误,请输入一个字符");
              }
              switch (temp)
              {
                 case '1': type = clientType.普通客户; break;
                 case '2': type = clientType.VIP; break;
              }
            } while (temp != '1' && temp != '2');
            c.ID = id;c.Name = name;
            c.cType = type;
            L.Add(c);                        //调用结构体中的增加方法
            Console.WriteLine("继续吗? (y/n)");
            answer = Console.ReadLine();
            if (answer == "n" || answer == "N") break;
        } while (true);
    }
    //浏览显示客户信息
    static void Travser(ClientList L)
```

```
    {
        int i;
        Client c;
        for (i = 0; i < L.Length; i++)
        {
            c = L.Records[i];
            System.Console.WriteLine(c.ID + "\t" + c.Name + "\t" + c.cType);
        }
    }
    //程序入口
    static void Main(string[] args)
    {
        ClientList all;
        all.Init();
        string ch;
        bool flage=true;
        while (flage)
        {
            Console.WriteLine("1.增加 2.删除 3.查找 4.修改 5.浏览 0.退出");
            ch = System.Console.ReadLine();
            switch (ch)
            {
                case "1": Add(ref all); break;;
                case "5": Travser(all); break;
                case "0": flage = false; break;
            }
        }
    }
}
```

习　题

一、判断题

1. 不能在类的字段或方法的参数中使用隐式类型。　　　　　　　　　　　（　　）
2. 可以用从一个变量中提取的值来初始化常量。　　　　　　　　　　　　（　　）
3. 装箱将值类型转换成引用类型，拆箱将引用类型还原回值类型。　　　　（　　）
4. 在 C# 中，枚举元素的值是不能重复的。　　　　　　　　　　　　　　（　　）
5. (int)和 Convert.ToInt32 是两个不同的概念，前者是类型转换，而后者则是内容转换。　　　　　　　　　　　　　　　　　　　　　　　　　　　　　　　（　　）
6. while 的循环体可以是一个单语句也可以是一个程序块。　　　　　　　（　　）

7. C#是完全面向对象程序设计的,它没有顺序结构。　　　　　　　　(　　)
8. switch 结构中必须要有 default 语句。　　　　　　　　　　　　　(　　)
9. 在 C#中,Array 类是所有数组类的抽象基类。　　　　　　　　　　(　　)
10. 定义枚举类型时,其基础类型必须是有序的数据类型。　　　　　　(　　)

二、填空题

1. C#数组类型是一种引用类型,所有的数组都是从 System 命名空间的_____类继承而来的引用对象。

2. 把声明为类级的变量看作_____,而把在方法中声明的变量看作_____。

3. C#与大多数编程语言数据类型一样,分为_____类型与_____类型两种。

三、选择题

1. 在 for 循环结构中初始化一个控制变量,该控制变量仅能在该循环体内使用。这称为变量的(　　)。
   A. 结构体　　　　　B. 循环体　　　　　C. 控制语句　　　　D. 作用范围

2. 在 C#中,定义了一个如下的交错数组

myArray3:int[][] myArray3 = new int[3][] { new int[3] { 5, 6, 2 },
　　　　　　　　　　　new int[5] { 6, 9, 7, 8, 3 }, new int[2] { 3, 2 } };

则 myArray3[2][2]的值是(　　)。
   A. 9　　　　　　　　　　　　　　　　　B. 2
   C. 6　　　　　　　　　　　　　　　　　D. 产生异常:"索引超出了数组界限"

3. 以下枚举类型的定义中正确的是(　　)。
   A. enum a={one,two,three}　　　　　B. enum a{a1,a2,a3};
   C. enum a={'1','2','3'};　　　　　　D. enum a{"one","two","three"}

4. 下面定义并初始化二维数组的语句中正确的是(　　)。
   A. int arr3[ ][ ]=new int[4,5];　　　B. int [ ][ ] arr3=new int[4,5];
   C. int arr3[,]=new int[4,5];　　　 D. int[,] arr3=new int[4,5]

5. 可以将表和表格的值存储在(　　)中。
   A. 字段　　　　　B. 数组　　　　　C. 字符串　　　　D. 方法

6. 在 C#中,使用(　　)语句抛出系统异常或自定义异常。
   A. run　　　　　B. throw　　　　　C. catch　　　　D. finally

7. 下列语句执行的结果是(　　)。

string str="How are you!";
Console.WriteLine(str.Length);

   A. 10　　　　　B. 11　　　　　C. 12　　　　D. 13

8. 定义枚举类型的语句是(　　)。
   A. enum WeekDays {Sun,Mon,Tue,Wed,Thu,Fri,Sat};

B. struct PhoneBook;

C. class Test

D. public Main()

9. 下列语句中,变量 i 运算的结果是(　　)。

```
int i,a=31,b=10;
i=a/b;
```

A. 3.1　　　　　　B. 1　　　　　　C. 3.0　　　　　　D. 3

10. 以下程序的输出结果是(　　)。

```
class Example1
{
    static void Main(string[] args)
    {
        int i;
        int[] a = new int[10];
        for (i = 9; i >= 0; i--) a[i] = 10 - i;
            Console.WriteLine("{0},{1},{2}", a[2], a[5], a[8]);
    }
}
```

A. 2,5,8　　　　B. 8,5,2　　　　C. 4,7,1　　　　D. 3,6,9

四、编程题

1. 编写一个程序,模拟用户登录。输入用户名和密码,若输入正确,输出"登录成功";否则输出"登录失败"。允许用户登录3次。

2. 输入学生的学号、姓名、考试成绩,编程实现按照考试成绩的升序排列输出。

3. 班级的学生信息包括学号、姓名,编程实现按照学生姓名查找,将查找的结果保存到数组中,并显示查找结果。注意:有同名的学生。

4. 编程实现删除班级中的学生信息,学生信息包括学号、姓名。按照学生编号查找并删除。

第 3 章　图形用户界面基础

项目背景

良好的用户界面是衡量一个软件质量的重要指标,窗体应用程序的产生使应用程序的设计更加简单,功能也更强大,用户使用更方便、更灵活。Visual Studio .NET 提供了许多窗体控件,使开发人员能快速地建立应用程序的用户界面。本章建立客户管理系统的相关用户界面。要求界面简洁、操作简单、界面的功能设计表达明了。

项目任务

(1) 任务 3-1　用户登录界面的设计。
(2) 任务 3-2　用户注册界面的设计。

知识目标

(1) 掌握窗体的基本布局和窗体属性设置与事件的编程。
(2) 熟悉 Windows 应用程序界面的设计。
(3) 掌握各类控件属性的设置和事件的编程。

技能目标

(1) 掌握用户界面的设计方法。
(2) 熟悉程序调试的基本方法。

关键词

控件(control),窗体(Form)

3.1　Windows 窗体

一个应用程序除了需要实现应有的功能外,还必须具有良好的用户界面。Windows 应用程序是以窗体(Form)为基础的,窗体是 Windows 应用程序的基本单位,是屏幕的区域,用来向用户展示用户信息和接收用户输入。本节创建一个用户欢迎页面。

3.1.1 窗体概述

窗体可以是标准窗口、多文档界面窗口、对话框。C♯应用程序运行时,一个窗体及其上的其他对象就构成一个窗口。窗体是基于.NET框架的一个对象,通过定义其外观的属性,定义其行为的方法以及定义其与其他对象交互的事件,可以使窗体对象满足应用程序的要求。

窗体就像一个容器,其他元素都可以放置在窗体中。C♯中以Form类来封装窗体,一般用户设计的窗体都是Form的派生类,向窗体中添加其他界面元素的操作实际上就是向派生类中添加私有成员。

Windows窗口的组成如下。

(1) 标题栏:窗口上方的蓝条区域,标题栏左边有控制菜单图标和程序的名称。
(2) 菜单栏:位于标题栏的下边,包含很多菜单。
(3) 工具栏:位于菜单栏下方,它以按钮的形式给出了用户最经常使用的一些命令。
(4) 窗格:窗口中间的区域,是窗口的主要部分,输入/输出都在它里面进行。
(5) 状态栏:位于窗口底部,显示程序的当前状态,通过它用户可以了解到程序运行的情况。
(6) 滚动条:如果窗口中显示的内容过多,当前可见的部分不够显示时,窗口就会出现滚动条,有水平与垂直两种。
(7) 控制按钮:即"最大化""最小化""关闭"按钮。

3.1.2 创建窗体

1. 新建一个窗体

创建一个Windows应用程序项目时,系统将自动创建一个默认名称为Form1的窗体。Windows窗体主要用于开发本地化的.NET应用程序。下面用Visual Studio 2010开发一个Windows窗体应用程序。首先创建一个项目,如图3-1所示。

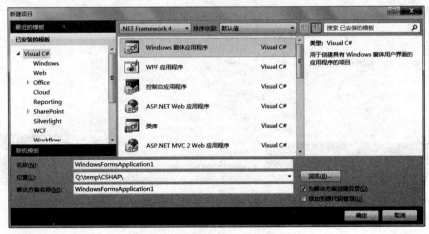

图3-1 新建Windows项目

创建成功后,如图 3-2 所示。

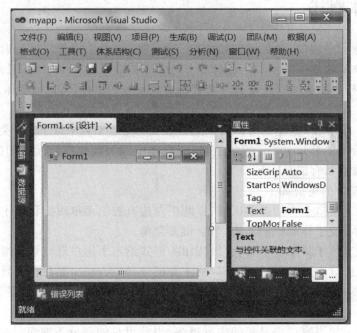

图 3-2　Windows 窗体的设计视图

2. 添加一个窗体

选中所设计的项目,右击,选择"添加"→"新建项"命令,如图 3-3 所示。

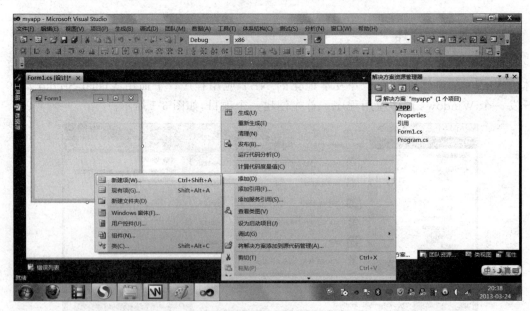

图 3-3　"添加"→"新建项"命令

在模板列表中,选择"Windows 窗体"模板,然后单击"添加"按钮,就可以添加一个新的 Windows 窗体,如图 3-4 所示。

图 3-4　添加新的 Windows 窗体

添加窗体完成后,在解决方案资源管理器窗口中双击对应的窗体,即可开始设计该窗体。

3.1.3　窗体的属性、事件和方法

1. 常用属性

窗体的属性决定窗体的外观和行为。当窗体创建后,窗体的属性都有默认值。窗体的属性可以在窗体设计时使用"属性"窗口中进行设置,也可以在代码中设置。

默认情况下,属性窗口在集成环境中处于激活状态,如果没有,可以选择"视图"→"属性"命令(或按 F4 键)打开属性窗口,如图 3-5 所示,其中列出了窗体的所有属性。

注意:属性窗口列出的是当前选定对象的属性,并且属性可以按分类和字母顺序显示。

窗体的常用属性有名称属性、外观属性、布局属性、设计属性和样式属性。

(1) Name:用来获取或设置窗体的名称。

(2) Text:用来设置或返回在窗口标题栏中显示的文字。

(3) BackColor:用来获取或设置窗体的背景色。

(4) BackgroundImage:用来获取或设置窗体的背景图像。

(5) BackgroundImage Layout:用来设置图片的显示方式。显示方式有 None、tile、Stretch、Center、Zoom 方式。

(6) Font:用来获取或设置控件显示的文本的字体,包括字体的名称、字形、大小和

图 3-5 "属性"窗口

效果。

(7) Size：设置窗体的大小。

(8) WindowState：用来获取或设置窗体的窗口状态。取值有 Normal、Minimized 和 Maximized 三种。

(9) Location：用来设置窗体的左上角位置相对于容器（通常指屏幕）的位置。

(10) Locked：在设计窗体时，用来确定是否可以改变窗体的大小。默认情况下，该属性值为 false，可以调整窗体大小；如果将其设置为 true，则不能调整窗体大小。

(11) Icon：用来设置窗体标题栏上显示的图标。

(12) ControlBox：用来获取或设置一个值，该值指示在该窗体的标题栏中是否显示控制框。值为 true 时将显示控制框；值为 false 时不显示控制框。

(13) MaximizeBox：用来获取或设置一个值，该值指示是否在窗体的标题栏中显示"最大化"按钮。值为 true 时显示"最大化"按钮；值为 false 时不显示"最大化"按钮。

(14) MinimizeBox：用来获取或设置一个值，该值指示是否在窗体的标题栏中显示"最小化"按钮。值为 true 时显示"最小化"按钮；值为 false 时不显示"最小化"按钮。

(15) Enabled：用来获取或设置一个值，该值指示控件是否可以对用户交互作出响应。如果控件可以对用户交互作出响应，则为 true；否则为 false。默认值为 true。

(16) IsMdiContainer：获取或设置一个值，该值指示窗体是否为多文档界面（MDI）中的子窗体的容器。值为 true 时，是子窗体的容器；值为 false 时，不是子窗体的容器。

(17) Parent：获取或设置控件的父容器。

(18) MdiParent：获取 MDI 界面中的父窗体。

(19) MdiChild：获取 MDI 界面中的子窗体。

2. 常用方法

(1) Show()：让窗体显示出来。

(2) Hide()：把窗体隐藏出来。

(3) Close()：关闭窗体。

(4) ShowDialog()：将窗体显示为模式对话框。

3. 常用事件

(1) Load：在窗体加载到内存时发生，即在第一次显示窗体前发生。

(2) Resize：在改变窗体大小时发生。

(3) Paint：在重绘窗体时发生。

(4) Click：在用户单击窗体时发生。

(5) DoubleClick：在用户双击窗体时发生。

(6) Closed：在关闭窗体时发生。

窗体事件列表如图 3-6 所示。

图 3-6 窗体事件列表

3.1.4 使用消息框

在程序中，经常使用消息框给用户一定的信息提示，如在操作过程中遇到错误或程序异常，经常使用这种方式给用户以提示。在 C♯ 中，MessageBox 消息框位于 System.Windows.Forms 命名空间中。一般情况下，一个消息框包含信息提示文字内容、消息框的标题文字、用户响应的按钮及信息图标等内容。其语法格式如下。

MessageBox.Show(text[,caption][,buttons][,icon][,defaultbutton])

说明：

(1) Show()为 MessageBox 类的方法，其作用是在屏幕上显示消息框。

(2) text 字符串表示消息框输出的信息。

(3) caption 字符串为可选参数，表示消息框的标题。若省略该参数，则表示消息框的标题为空。

(4) buttons 为可选参数，表示在消息框上显示的按钮类型，使用符号常量来表示，如表 3-1 所示。

表 3-1 buttons 参数可选值

符 号 常 量	含 义
AbortRetryIgnore	显示"终止""重试"和"忽略"按钮
Ok	只显示"确定"按钮
OkCancel	显示"确定""取消"按钮
RetryCancel	显示"重试""取消"按钮
YesNo	显示"是""否"按钮
YesNoCancel	显示"是""否"和"取消"按钮

(5) icon 为可选参数，表示消息框上显示的图标，如信息图标、错误图标、警告图标等，如表 3-2 所示。

表 3-2 icon 参数可选值

符 号 常 量	图 标	符 号 常 量	图 标
Asterisk		None	无（默认情况）
Error		Question	
Exclamation		Stop	
Hand		Warning	
Information			

(6) defaultbutton 为可选参数，表示消息框上的按钮哪个为默认的，有 Button1、Button2 和 Button3 三个值，如表 3-3 所示。

表 3-3 defaultbutton 参数可选值

符 号 常 量	含 义
Button1	第一个按钮为默认按钮
Button2	第二个按钮为默认按钮
Button3	第三个按钮为默认按钮

单击消息框上的按钮后，MessageBox 会返回相应的值，可以通过返回值来判断单击了哪个按钮，常用于选择结构中，如表 3-4 所示。

表 3-4　MessageBox 的返回值

符号常量	含　义	符号常量	含　义
Ok	单击"确定"按钮	Ignore	单击"忽略"按钮
Cancel	单击"取消"按钮	Yes	单击"是"按钮
Abort	单击"终止"按钮	No	单击"否"按钮
Retry	单击"重试"按钮	None	null

【例 3-1】　新建一个 Windows 应用程序，从工具箱中拖曳一个按钮到窗口里，把按钮的 Text 属性修改为"[&S]保存"，双击该按钮，添加如下代码。

```
private void button1_Click(object sender, EventArgs e)
{
    DialogResult dr;
    dr = MessageBox.Show("信息已修改,数据保存吗!", "提示", MessageBoxButtons.YesNoCancel,MessageBoxIcon.Warning,MessageBoxDefaultButton.Button1);
    if (dr == DialogResult.Yes)
        MessageBox.Show("你单击的为"是"按钮", "保存");
    else if (dr == DialogResult.No)
        MessageBox.Show("你单击的是"否"按钮", "放弃");
    else if (dr == DialogResult.Cancel)
        MessageBox.Show("你单击的是"取消"按钮", "取消");
    else MessageBox.Show("你没有进行任何的操作!", "系统提示");
}
```

编译并运行，其效果如图 3-7 所示。

图 3-7　例 3-1 程序运行结果

任务 3-1　用户登录界面的设计

1. 任务需求

创建一个用户登录时的欢迎界面。

2. 任务分析

系统的欢迎界面如图 3-8 所示。当单击"登录"按钮时打开"登录"窗口,并隐藏欢迎界面,当关闭"登录"窗口时,又显示欢迎界面。

图 3-8 欢迎界面

3. 任务实施

(1) 建立一个新项目,生成一个空白窗体(Form1)。

(2) 在工具箱窗口中找到 Windows 窗体类控件 Label,在窗体 Form1 中放两个 Label 控件、两个 TextBox 控件、两个按钮控件,如图 3-8 所示。其属性的设置如表 3-5 所示。

表 3-5 控件属性设置

控件名	属性	属性值	控件名	属性	属性值
Form1	name	Form1	Form1	BackgroundImage	背景图片文件
	text	用户管理系统		BackgroundImage	Stretch
	icon	设置图标文件	Button1	Name	lb_login
	MaximizeBox	false		text	登录
	MinimizeBox	false		BackColor	Transparent

(3) 选择"项目"→"添加新项"命令,添加一个 Windows 窗体 Form2。

(4) 双击 Form1 中的标签 lb_login,编写 Form1 窗体代码如下。

```
public partial class Form1 : Form
{
    public Form1()
    {
        InitializeComponent();
    }
    //lb_logig 的 clicked 事件代码
    private void lb_login_Click(object sender, EventArgs e)
```

```
    {
        Form1 loginwin = new Form1();
        loginwin.Owner = this;
        loginwin.Show();
        this.Hide();
    }
}
```

(5) 选择 Form2 的 Closed 事件，双击，编写如下代码。

```
private void Form2_FormClosed(object sender, FormClosedEventArgs e)
{
    this.Owner.Show();
}
```

(6) 编译并运行。

(7) 将 Form1 的 IsMdiContainer 属性值设置为 true，改写 lb_login 的 clicked 事件代码如下。

```
private void lb_login_Click(object sender, EventArgs e)
{
    Form1 loginwin = new Form1();
    loginwin.MdiParent = this;
    loginwin.Show();
}
```

(8) 删除 Form2 的 Closed 事件的代码，编译并运行。

3.2 常 用 控 件

控件通常用来完成特定的输入/输出，控件与窗体一起构成用户界面。如何设计一个良好的用户交互界面，是本节的目标。设计用户界面时，要根据输入/输出的数据类型选择不同的控件，以便设计出满足用户需求的界面。

3.2.1 控件概述

要使用 Windows 窗体，就必须引入 System. Windows. Forms 命名空间。这个命名空间包含在存储 Form 类的一个文件中。.NET 中的大多数控件都继承自 System. Windows. Forms. Control 类。控件的继承关系如图 3-9 所示。这个类定义了控件的基本功能，这就是控件中的许多属性和事件都相同的原因。

1. 控件的定位、停靠和对齐

在 Visual Studio 2010 中，窗体设计器默认使用栅格状的界面，并使用捕捉线来定位

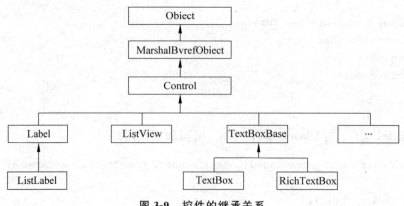

图3-9 控件的继承关系

控件,使控件能够整齐地排列在界面上。

Anchor属性用于设置在用户重新设置窗口大小时控件该如何响应。可以指定如果控件重新设置了大小,就根据控件的边界锁定它,或者其大小不变,但根据窗口的边界来确定它的位置。

Dock属性用于设置控件摆放在容器的边框上。如果用户重新设置了窗口的大小,该控件将继续摆放在窗口的边框上。例如,如果指定控件摆放在容器的底部边界上,则无论窗口的大小如何改变,该控件都将改变大小,或移动其位置,确保总是位于窗口的底部。

2. Tab 键序

Tab 键序是指当用户按 Tab 键时,焦点在对象(控件)间移动的顺序,每个窗体都有自己的 Tab 键序。

默认状态下的 Tab 键序与添加控件的顺序相同。例如,在窗体上先后添加了3个按钮 Button1、Button2 和 Button3,则程序启动后 Button1 首先获得焦点。当用户按 Tab 键时,焦点依次转移向 Button2、Button3,然后回到 Button1,如此循环。具有焦点的控件有两个控制 Tab 键序的属性,分别是 TabIndex 和 TabStop 属性。

(1) TabIndex 属性。TabIndex 属性决定控件获得焦点的顺序,Visual Studio 2010 按照控件添加的顺序依次将 0、1、2、3、…分配给相应控件的 TabIndex 属性。用户在运行程序时按 Tab 键,焦点将根据 TabIndex 属性值在控件之间转移。如果希望更改 Tab 键序,可以通过设置 TabIndex 属性来进行。

注意:不能获得焦点的控件及无效或不可见的控件,不具有 TabIndex 属性,因而不包含在 Tab 键序中,按 Tab 键时这些控件将被跳过。

(2) TabStop 属性。TabStop 属性决定焦点是否能够在该控件上停留。它有 true 和 false 两个属性值,默认为 true;如果设为 false,则焦点不能停在该控件上。

如果希望 Button2 不能获得焦点,只要将 Button2 的 TabStop 属性设为 false 即可,代码如下:

```
Button2.TabStop = false;
```

这样在按 Tab 键时将跳过 Button2 控件,但是它仍然保留在 Tab 键序中的位置。

3. 常用事件

控件的常用事件如表 3-6 所示。

表 3-6 控件的常用事件

名 称	描 述
Click	在单击控件时触发。在某些情况下,这个事件也会在用户按 Enter 键时触发
DoubleClick	在双击控件时触发。处理某些控件上的 Click 事件,如 Button 控件,表示永远不会调用 DoubleClick 事件
DragDrop	在完成拖放操作时触发。换言之,当一个对象被拖曳到控件上,然后用户释放鼠标按键后,触发该事件
DragEnter	在被拖动的对象进入控件的边界时触发
DragLeave	在被拖动的对象移出控件的边界时触发
DragOver	在被拖动的对象放在控件上时触发
KeyDown	当控件获得焦点时,按一个键时触引发该事件,这个事件总是在 KeyPress 和 KeyUp 之前触发
KeyPress	当控件获得焦点时,按一个键时触发该事件,这个事件总是在 KeyDown 之后、KeyUp 之前触发。KeyDown 和 KeyPress 的区别是 KeyDown 传送被按的键的键盘码,而 KeyPress 传送被按的键的 char 值
KeyUp	当控件获得焦点时,释放一个键时触发该事件,这个事件总是在 KeyDown 和 KeyPress 之后触发
GotFocus	在控件获得焦点时触发。不要用这个事件执行控件的有效性验证,而应使用 Validating 和 Validated
LostFocus	在控件失去焦点时触发。不要用这个事件执行控件的有效性验证,而应使用 Validating 和 Validated
MouseDown	在鼠标指针指向一个控件且鼠标键被按下时引发。这与 Click 事件不同,因为在按键被按下之后,且未被释放之前触发 MouseDown
MouseMove	在鼠标滑过控件时触发
MouseUp	在鼠标指针位于控件上且鼠标键被释放时触发
Paint	绘制控件时触发
Validated	当控件的 CausesValidation 属性设置为 true,且该控件获得焦点时触发。它在 Validating 事件之后触发,表示有效性验证已经完成
Validating	当控件的 CausesValidation 属性设置为 true,且该控件获得焦点时触发。注意,被验证有效性的控件是失去焦点的控件,而不是获得焦点的控件

编写事件代码的方法有以下三种。

(1) 双击控件,进入控件默认事件的处理程序,就可以开始编写代码。

(2) 使用属性窗口中的事件列表。单击闪电状图标,就会显示事件列表。灰显的事件就是控件的默认控件。要给事件添加处理程序,只须在事件列表中双击该事件,就会生成给控件订阅该事件的代码以及处理该事件的方法签名。另外,还可以在"事件"列表中该事件的旁边,为处理该事件的方法输入一个名称。按 Enter 键,就会用输入的名称生成一个事件处理程序。

(3) 自己添加订阅该事件的代码,即编写相应的方法,把代码添加到窗体构造方法的 InitializeComponent()调用之后。然后通过属性窗口的事件列表,在对应的事件处输入该方法名来签名所编写的方法,订阅该事件。

事件处理方法一般有两个参数,第一个参数 object sender 为触发该事件的对象的 Name 属性值,它表示事件发送者。

事件处理方法第二个参数 System.EventArgs e 代表事件的一些附加信息,事件不同,所代表的信息也不相同。它表示传递的消息。例如:

```
private void button1_Click(object sender, EventArgs e)
{
    ...
}
```

一个事件方法(方法)可以订阅多个事件,可以在属性窗口中选择事件来指定相应的事件方法。

3.2.2 Lable 控件

Lable(标签)控件,是 Visual C# 控件中最基本的控件。Label 控件可以用来显示用户不能改变的文本信息。可以在属性窗口中设置控件上显示的文本信息,也可以通过编写代码来改变控件上显示的文本信息。

大多数属性都派生于 Control,但有一些属性是新增的。所有属性都可以通过控件的属性窗口来设置,下面是 Lable 控件的常用属性。

(1) Text:确定标签控件中显示的文本内容。
(2) BorderStyle:指定标签边框的样式。
(3) BackColor:设置背景颜色。
(4) Image:设置背景图片。
(5) Font:设置或返回对象的字体。

3.2.3 PictureBox 控件

1. 常用属性

PictureBox 控件用于显示图像。图像可以是 BMP、JPEG、GIF、PNG、meta 文件或图标。PictureBox 控件的常用属性如下。

(1) BorderStyle:emun 型,none 表示无边框;FixedSingle 表示单线边框;Fixed3D 表示立体边框。

（2）Image：在 PictureBox 上显示的图片，可在程序运行时用 Image.FromFile()方法加载。

（3）SizeMode：emun 型，使用 PictureBoxSizeMode 枚举确定图像在控件中的大小和位置。SizeMode 属性可以是 AutoSize、CenterImage、Normal 和 StretchImage。

① Normal：表示图像被置于空间左上角，如果图片比图片控件大，则图像将被裁切。

② AutoSize：自动调整图片框大小，使其等于所包含的图像大小。

③ CenterImage：如果图片框比图片大，则居中显示；如果图片比图片框大，则裁切边沿。

④ StretchIamge：将图片框中的图像拉伸或收缩，以适合图片框的大小。

（4）Region：获取或设置与控件关联的窗口区域。

（5）ClientSize：设置 PictureBox 控件的显示区域大小。

2. 常用方法

Image.FromFile(string filename)方法从指定的文件创建 Image 对象，其中 filename 为字符串，它包含要从中创建 Image 对象的文件的名称。此方法的返回值为创建的 Image 对象。

3.2.4 Button 控件

Button(按钮)控件是 Windows 应用程序中最常用的控件之一，通常用它来执行命令。如果按钮具有焦点，就可以使用鼠标左键、Enter 键或空格键触发该按钮的 Click 事件。通过设置窗体的 AcceptButton 或 CancelButton 属性，无论该按钮是否有焦点，都可以使用户通过按 Enter 或 Esc 键来触发按钮的 Click 事件。Button 控件也具有许多如 Text、ForeColor 等的常规属性。

1. 常用属性

Button 控件的常用属性如下。

（1）FlatStyle：按钮的样式可以用这个属性改变。如果把样式设置为 PopUp，则该按钮就显示为平面的，直到用户再把鼠标指针移动到它上面为止。此时，按钮会弹出，显示为 3D 外观。

（2）Enabled：这个属性派生于 Control 类，把 Enabled 设置为 false,则该按钮就会灰显，单击它，不会起任何作用。

（3）Image：指定一个在按钮上显示的图像（位图、图标等）。

2. 常用事件

Button 控件的常用事件如下。

（1）Click：当用户单击按钮控件时触发。

（2）MouseDown：在按钮控件上按下鼠标键时触发。

（3）MouseUp：当用户在按钮控件上释放鼠标键时触发。

3.2.5 RadioButton 控件

1. 常用属性

RadioButton 控件的常用属性如下。

（1）Text：设置或返回单选按钮控件内显示的文本，该属性也可以包含访问键，即前面带有"&"符号的字母，这样用户就可以通过同时按 Alt 键和访问键来选中控件。

（2）CheckAlign：使用这个属性，可以改变单选按钮的复选框的对齐形式，默认是 ContentAlignment.MiddleLeft。

（3）Checked：设置或返回单选按钮是否被选中，选中时值为 true，没有选中时值为 false。

2. 常用事件

RadioButton 控件的常用事件如下。

（1）CheckChanged：当 RadioButton 控件的选中选项发生改变时触发。

（2）Click：每次单击 RadioButton 控件时都会触发。

3.2.6 TextBox 控件

1. 常用属性

TextBox 控件的常用属性如下。

（1）Text：可以在运行时通过读取 Text 属性来获得文本框的当前内容，也可以通过设置 Text 属性来设置文本框中显示的内容。

（2）MaxLength：这个值指定输入 TextBox 中的文本的最大字符长度。把这个值设置为 0，表示最大字符长度仅受限于可用的内存。

（3）Multiline：表示该控件是否是一个多行控件。多行控件可以显示多行文本。默认情况下，最多可在一个文本框中输入 2048 个字符。如果将 MultiLine 属性设置为 true，则最多可输入 32KB 的文本。可以在设计时使用属性窗口设置，也可以在运行时用代码设置或者通过用户输入来设置。如果 Multiline 属性设置为 true，通常也把 WordWrap 也设置为 true。

（4）PasswordChar：指定是否用密码字符替换在单行文本框中输入的字符。如果 Multiline 属性为 true，这个属性就不起作用。

（5）ReadOnly：它有 true 和 false 两个值，默认值为 false，即文本内容是可读写的；如果设为 true，则该文本框的文本内容只读，不可编辑，同时该文本框变成灰色。

（6）ScrollBars：指定多行文本框是否显示滚动条。

（7）SelectedText：在文本框中选定的文本。

（8）TextLength：获取控件中文本的长度。

2. 常用方法

TextBox 控件的常用方法如下。

(1) AppendText()：把一个字符串 str 添加到文件框中文本的后面。

(2) Clear()：从文本框控件中清除所有文本。

(3) Copy()：将文本框中的当前选定内容复制到剪贴板中。

(4) Cut()：将文本框中的当前选定内容删除并复制到剪贴板中。

(5) Paste()：用剪贴板中的内容替换文本框中的当前选定内容。

(6) Undo()：撤销文本框中的上一个编辑操作。

(7) ClearUndo()：从该文本框的撤销缓冲区中清除关于最近操作的信息，根据应用程序的状态，可以使用此方法防止重复执行撤销操作。

(8) Select()：在文本框中设置选定文本。第一个参数 start 用来设置要选定文本的第一个字符的位置，第二个参数 length 用来设定要选择的字符数。

(9) SelectAll()：选定文本框中的所有文本。

【例 3-2】 创建用户登录窗体。

(1) 建立一个新项目，生成一个空白窗体(Form1)。

(2) 在 Windows 窗体工具箱中选择相应的控件，在窗体 Form1 放两个 Label 控件、两个 TextBox 控件、两个按钮控件，如图 3-10 所示。其属性的设置如表 3-7 所示。

图 3-10 登录窗体界面设计

表 3-7 登录窗体控件属性

控件名	属性	属性值	控件名	属性	属性值
Form1	Name	Form1	TextBox1	Name	tb_name
	Text	用户登录	TextBox2	Name	tb_pwd
Lable1	Name	lb_name	Button1	Name	button1
	Text	用户名		Text	登录
Lable2	Name	lb_pwd	Button2	Name	button2
	Text	密码		Text	放弃

(3) 编写如下代码。

```
static class Program
{
```

```
        [STAThread]
        static void Main()
        {
            Application.EnableVisualStyles();
            Application.SetCompatibleTextRenderingDefault(false);
            Application.Run(new Form1());
        }
    }
    public partial class Form1 : Form
    {
      public Form1()
      {
         InitializeComponent();
      }
            //"登录"按钮
      private void button1_Click(object sender, EventArgs e)
      {
        if (tb_name.Text.Equals("admin") && tb_pwd.Text.Equals("123"))
           MessageBox.Show("成功登录");
        else
           MessageBox.Show("用户名或密码有误,登录失败!");
      }
            //"放弃"按钮
      private void button2_Click(object sender, EventArgs e)
      { Close();              //关闭窗体
      }
    }
```

(4) 编译并运行。

3.2.7 CheckBox 控件

1. 常用属性

CheckBox 控件的属性和事件类似于 RadioButton 控件,其常用属性如下。

(1) CheckState:用来设置或返回复选框的状态。在 ThreeState 属性值为 false 时,取值有 CheckState.Checked 或 CheckState.Unchecked。在 ThreeState 属性值被设置为 true 时,CheckState 还可以取值 CheckState.Indeterminate,此时,复选框显示为浅灰色选中状态,该状态通常表示该选项下的多个子选项未完全选中。

(2) ThreeState:用来返回或设置复选框是否能表示三种状态,如果属性值为 true,表示可以表示三种状态——选中(CheckState.Checked)、没选中(CheckState.Unchecked)和中间态(CheckState.Indeterminate),属性值为 false 时,只能表示两种状态——选中和没选中。

(3) Checked：用来设置或返回复选框是否被选中，值为 true 时，表示复选框被选中，值为 false 时，表示复选框没被选中。

(4) TextAlign：用来设置控件中文字的对齐方式。

2．常用事件

一般只使用这个控件的一两个事件。注意，RadioButton 控件和 CheckBox 控件都有 CheckedChanged 事件，但其结果是不同的。

(1) CheckedChanged 事件：当复选框的 Checked 属性发生改变时，就触发该事件。

(2) CheckedStateChanged 事件：当 CheckedState 属性改变时，触发该事件。

3.2.8 GroupBox 控件

把多个控件组合在一起，给它们创建一个逻辑单元，此时必须使用 GroupBox 控件或其他容器。GroupBox 控件又称分组框，它在工具箱中的图标是 GroupBox 。该控件常用于为其他控件提供可识别的分组，其典型的用法之一就是给 RadioButton 控件分组。可以通过分组框的 Text 属性向用户提供分组框中的控件的提示信息。

设计时，向 GroupBox 控件中添加控件的方法有两种：①直接在分组框中绘制控件；②把某个已存在的控件复制到剪贴板上，然后选中分组框，再执行粘贴操作。位于分组框中的所有控件随着分组框的移动而一起移动，随着分组框的删除而全部删除。分组框的 Visible 属性和 Enabled 属性也会影响到分组框中的所有控件。

分组框控件最常用的属性是 Text，一般用来给出分组提示。

【例 3-3】 设计个人信息录入界面，如图 3-11 所示。

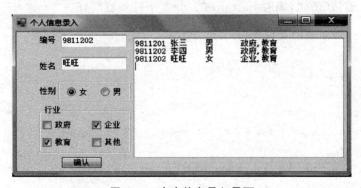

图 3-11　个人信息录入界面

(1) 建立一个新项目，生成一个空白窗体(Form1)。

(2) 在工具箱窗口中 Windows 窗体类别下选择相应的控件。在窗体 Form1 中放置两个 Label 控件、三个 TextBox 控件、两个 GroupBox 控件，并在一个 GroupBox 控件中放置两个 RadioButton 控件，在另一个 GroupBox 控件中放置 4 个 CheckBox 控件、一个按钮控件,如图 3-11 所示。其属性设置如表 3-8 所示。

表 3-8 个人信息录入界面中的控件属性

控件名	属性	属性值	控件名	属性	属性值
Form1	Name	Form1	RadioButton1	Name	rb_man
	Text	个人信息录入		Text	男
Lable1	Name	lb_id	RadioButton2	Name	rb_wman
	Text	编号		Text	女
Lable2	Name	lb_name	GroupBox2	Name	gr_trade
	Text	姓名		Text	行业
TextBox1	Name	tb_id	Checkbox1	Name	chk_gov
TextBox2	Name	tb_name		Text	政府
TextBox3	Name	tb_list	Checkbox2	Name	chk_cor
	Multiline	true		Text	企业
	ReadOnly	true	Checkbox3	Name	chk_edu
	ScrollBars	Vertical		Text	教育
Button1	Name	button1	Checkbox4	Name	chk_other
	Text	确认		Text	其他
GroupBox1	Name	gr_sex			
	Text	性别			

(3) 双击"确认"按钮,编写 button1 的 click 事件处理程序。

```
private void button1_Click(object sender, EventArgs e)
{
    string id, name, sex, trade;
    id = tb_id.Text;
    name = tb_name.Text;
    if (rb_man.Checked) sex = "男"; else sex = "女";
    trade = "";
    if (chk_gov.Checked) trade += "政府";
    if (chk_cor.Checked) trade += "企业";
    if (chk_edu.Checked) trade += "教育";
    if (chk_other.Checked) trade += "其他";
    tb_List.Text += id + "\t" + name + "\t" + sex + "\t" + trade + "\r\n";
}
```

任务 3-2　用户注册界面的设计

1. 任务要求

设计用户注册界面。

2. 任务分析

用户注册时,要求输入用户名、密码及确认密码,用户名和密码不能为空,当输入的密码和确认密码不一致时,要求重新输入。

3. 任务实施

(1) 建立一个新项目,生成一个空白窗体(Form1)。

(2) 在工具箱窗口中 Windows 窗体类别下选择相应的控件。在窗体 Form1 中放置三个 Leble 控件、三个 TextBox 控件、两个 Button 按钮控件,如图 3-12 所示。其属性的设置如表 3-9 所示。

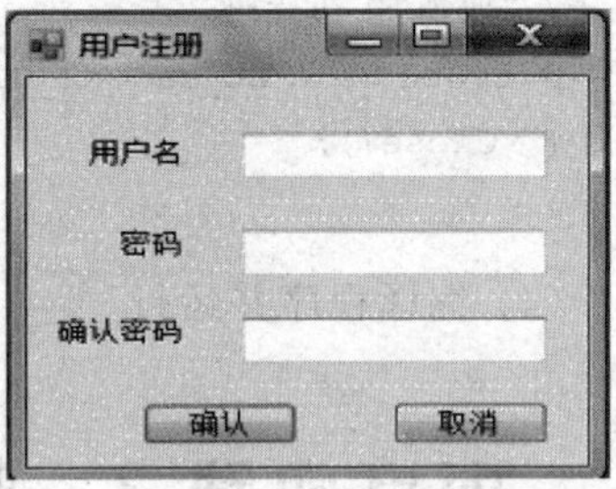

图 3-12　用户注册界面

表 3-9　用户注册界面中的控件属性

控件名	属性	属性值	控件名	属性	属性值
Form1	Name	Form1	TextBox2	Name	tb_pwd
	Text	用户注册		PasswordChar	*
Lable1	Name	Lable1	TextBox3	Name	tb_affirm
	Text	用户名		PasswordChar	*
Lable2	Name	Lable2	Button1	Name	bt_ok
	Text	密码		Text	确认
Lable2	Name	Lable3	Button2	Name	bt_cancel
	Text	确认密码		Text	取消
TextBox1	Name	tb_name			

(3) 选择 bt_ok 按钮的 click 事件,双击,编写 bt_ok 按钮的 click 事件处理程序。

```
//"确认"按钮 click 的代码
private void bt_ok_Click(object sender, EventArgs e)
{
  if (tb_name.Text.Equals("") || tb_pwd.Text.Equals(""))
    MessageBox.Show("用户名或密码不能为空", "提示",MessageBoxButtons.OK);
  else  if (!tb_pwd.Text.Equals(tb_affirm.Text))
  {
```

```
            MessageBox.Show("密码不一致", "提示", MessageBoxButtons.OK);
            tb_pwd.Text.clear();
            tb_affirm.Text="";
        }
        else{                                                          //相关注册代码
            MessageBox.Show("成功注册", "提示", MessageBoxButtons.OK);
        }
    }
```

选择按钮 bt_cancel 的 click 事件，双击，编写 bt_cancel 的 click 事件方法。

```
//"取消"按钮代码
private void bt_cancel_Click(object sender, EventArgs e)
{   Close();
}
```

（4）编译程序并运行。

项目实践 3　基于窗体界面的客户管理系统

1. 项目任务

设计一个简单功能的客户管理系统，其界面如图 3-13 所示，用于完成客户信息的添加、删除、列表显示等功能。

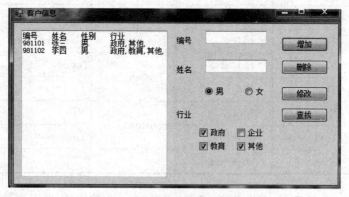

图 3-13　客户管理系统界面

2. 需求分析

首先定义一个客户结构体类型，利用项目实践 2 中的 ClientList 结构体中的方法实现对客户信息的增、删、改、查的功能。

3. 项目实施

(1) 建立一个新项目,生成一个空白窗体(Form1)。
(2) 在工具箱窗口中选择相应的控件,按照需求设计一个 Windows 界面。
(3) 参照项目实践 2 中的 ClientList 结构体的代码,新建一个文件,将代码编写在该文件中。

```
enum ClientType {政府=1,教育,企业,其他 };
enum Grander { 男,女 };
struct Client                                    //定义结构体
{
   public string ID, Name;
   public Grander Gender;
   public ClientType[] trade;                    //编号、姓名、性别、行业
}
//Form 代码
public partial class Form1 : Form
{
        //定义一个 ClientList 结构体类型变量,见项目实践 1 中的代码
   ClientList cList;
   public Form1()
   {
       InitializeComponent();
       cList.Init();                             //初始化结构体数组
   }
        //在文本框中显示 clientList 客户的信息
   void ListClient()
   {
      tb_list.Text = "编号\t 姓名\t 性别\t 行业\r\n";
      Client c;
      for (int i = 0; i < cList.Length; i++){
         c =clientList.Records[i];
                //显示文本框 tb_list
        tb_list.Text += c.ID + "\t" + c.Name + "\t"+c.Gender;
        string temp = "";
        ClientType ct;
            //获取客户类型
        for (int j = 0; j < 4; j++){
          ct = c.trade[j];
          if (ct == 0) temp += ""; else  temp += ct+",";
        }
        tb_list.Text += "\t" + temp+"\r\n";
      }
   }
```

```csharp
            //"增加"按钮的click事件代码
private void button1_Click(object sender, EventArgs e)
{
    Client c;
    c.trade = new ClientType[4];
    if (tb_ID.Text == ""){
        MessageBox.Show("请输入编号","提示");
        return;
    }
    c.ID = tb_ID.Text;                              //tb_id:"编号"文本框
    c.Name = tb_name.Text;                          //tb_name:"姓名"文本框
    int i = 0;
    if (rb_man.Checked) c.Gender = Grander.男;    //rb_man性别"男"单选按钮
    else c.Gender = Grander.女;
    if (chk_gov.Checked) c.trade[i++] = ClientType.政府;    //chk_gov复选框
    if (chk_edu.Checked) c.trade[i++] = ClientType.教育;
    if (chk_cor.Checked) c.trade[i++] = ClientType.企业;
    if (chk_other.Checked) c.trade[i++] = ClientType.其他;
    cList.Add(c);                                   //增加客户
    ListClient();                                   //列表显示
    tb_ID.Text = "";  tb_name.Text= "";            //清空文本框
}
            //"删除"按钮的click事件代码
private void button2_Click(object sender, EventArgs e)
{   if (!cList.Delete(tb_ID.Text))
    {   MessageBox.Show("没有找到", "提示");
            return;
    }
    ListClient();                                   //显示客户信息
}
```

习 题

一、填空题

1. GDI 是_____的英文缩写。
2. 在 C# 的图形编程中,最常用的命名空间是_____。
3. 在 C# 窗体编程中,如果想在文本框中输入密码,通常要设置_____属性。

二、选择题

1. 改变窗体的标题,需要修改的窗体属性是(　　)。

  A. Text　　　　　　B. Name　　　　　C. Title　　　　　D. Index

2. 要使窗体运行时,显示在屏幕的中央,应设置窗体的(　　)属性。

  A. WindowsState　　　　　　　　　B. StartPostion

  C. CenterScreen　　　　　　　　　D. CenterParent

3. PictureBox 类的 SizeMode 属性可设置为(　　),表示将图片在图片框中拉伸。

  A. Center　　　　B. None　　　　C. Room　　　　D. StretchImage

4. 窗体的标题栏中显示的文本由窗体的(　　)属性决定。

  A. BackColor　　　B. Text　　　　C. ForeColor　　　D. Opacity

5. 要使控件不可用(呈灰色显示),需要将(　　)属性设置为 false。

  A. Enabled　　　　　　　　　　　B. Visible

  C. Locked　　　　　　　　　　　　D. CausesValidation

6. C♯的 Windows 应用程序的入口点是(　　)。

  A. Main()方法　　　　　　　　　　B. 某个窗体的 Load 事件

  C. 某个窗体的 Init 事件　　　　　　D. 某个窗体的构造方法

三、编程题

1. 设计一个输入学生信息的 Windows 应用程序界面,学生信息包括学号、姓名、性别、地址,输入相关信息并在 TextBox(多行文本框)中显示。

2. 编写一个模拟摇号程序,将要抽取的号码保存在数组中,设计一个 Windows 应用程序界面,单击按钮,在 TextBox(文本框)中显示摇号结果。

第4章 类与对象

项目背景

面向对象程序设计是一种全新的程序设计思想,其解决问题的方法更符合人们的思维习惯,C#通过类、对象、继承、多态等构成一个完整的面向对象的编程体系。对于客户管理系统,要求用户操作简单、程序代码具有较好的可复用性、可维护性。在项目实施中,要求利用面向对象的程序设计方法,实现对客户信息的增加、删除、修改、查找等功能。

项目任务

(1) 任务 4-1 客户对象的定义。
(2) 任务 4-2 客户信息的组织。
(3) 任务 4-3 客户信息的初始化。
(4) 任务 4-4 模拟客户订货处理。
(5) 任务 4-5 客户信息的分类排序。
(6) 任务 4-6 客户信息的索引。

知识目标

(1) 掌握类及方法的编程与应用。
(2) 掌握运算符重载的编程。
(3) 掌握静态成员的应用。
(4) 熟悉对象的交互编程。

技能目标

掌握类的封装以及对象间通信的编程方法。

关键词

类(class),对象(object),构造方法(construction method),析构方法(destructor method),重载方法(overloading methods),静态方法(static methods),封装(encapsulation),属性(property),索引(indexer),运算符(operator)

4.1 类、对象与封装

前面介绍了用面向对象的方法来分析和描述现实生活中的实体。面向对象程序设计方法把相关的数据(数据结构)和操作(算法)放在一起,构成一个有机的整体(对象),实现与外界相对分隔,这就叫"封装"一个对象。设计者的任务之一是设计对象,即决定把哪些数据和操作封装在一个对象中;其二是在此基础上怎样通知有关对象完成所需的任务。如何实现数据和行为的封装,如何描述现实世界中对象信息,这就是本节要解决的问题。本节用C♯语言来描述客户管理系统中的相关对象。

4.1.1 类及其构成

1. 类和对象

每一个实体都是对象,而现实世界中有些实体(对象)具有相同的结构和特征,例如,张三、李四就是两个具有相同结构和特征的不同对象。用"类"来描述具有相同数据结构和特性的"一组对象",可以说,"类"是对"对象"的抽象,而"对象"是"类"的具体实例,也就是说一个类中的对象具有相同的"型",但每个对象却具有各不相同的"值"。

C♯中对象的类型称为"类"(class),在实际应用中,首先定义一个"类",然后利用它实例化若干同类型的对象,如定义一个"员工类",通过员工类可以实例化出"张三""李四"这样的对象。这样,可以认为类是对象的模板,对象就是一个"类"类型的变量,它的作用和性质同其他基本数据类型一样。

2. 类的声明

C♯中类的声明需要使用 class 关键字,并把类的主体放在大括号中,语法格式如下。

```
[访问修饰符][属性]class 类名
{
  //类的成员定义
}
```

其中,除了 class 关键字和类名外,剩余的都是可选项;类名必须是合法的C♯标识符。

属性表示类本身的特点,包括 abstract、sealed 和 static。当属性定义为 static 时,表示是静态类,不能被实例化。访问修饰符表示类的访问权限。访问修饰符和属性的含义如表4-1所示。

表 4-1　访问修饰符和属性的含义

修饰符和属性	含　　义
无或 internal	类只能在当前项目中访问
public	类可以在任何地方访问
abstract 或 internal abstract	类只能在当前项目中访问,不能实例化,只能继承
public abstract	类可以在任何地方访问,不能实例化,只能继承
sealed 或 internal sealed	类只能在当前项目中访问,不能继承,只能实例化
public sealed	类可以在任何地方访问,不能继承,只能实例化

以上的访修饰符可以两个或多个组合起来使用,但需要注意下面几点。

(1) 在一个类声明中,同一个访问修饰符不能多次出现,否则会出错。

(2) 在使用 public、internal 修饰符时,要注意它们不仅表示所定义类的访问特性,还表明类的成员访问特性,并且它们的可用性也会对派生类造成影响。

(3) abstract 和 sealed 属性表示类是受限制的。

.NET 框架中包含了大量的系统内置的类,如前面常用的 Console 类,这个类中就包含有多个数据成员和方法成员,用户可以直接使用。

类中不但可以包括数据,还包括处理这些数据的方法,所以,类是对某一类具有相同特征和行为的事物的描述,是对数据和处理数据的方法(方法)的封装。

【例 4-1】　定义一个描述客户情况的类 Customer。

```
//类的定义,class 是保留字,表示定义一个类,Customer 是类名
class Customer
{
    private string name="张三";          //类的数据成员
    private int age=12;                   //private 表示私有数据成员
    public void Display()                 //类的方法(方法)声明,显示姓名和年龄
    {  Console.WriteLine("姓名:{0},年龄:{1}",name,age); }
    public void SetName(string Name)      //修改姓名的方法
    { name=Name; }
    public void SetAge(int ge)
    { age=Age; }
}
```

这里实际定义了一个新的用户自定义数据类型,是对"客户"的特征和行为的描述,它的类型名为 Customer,和 int、char 等一样是一种数据类型。用 Customer 类把数据和处理数据的方法(方法)封装起来。

3. 类的成员

类的成员由数据成员和方法成员组成,它们分别对应面向对象理论中类的属性和行为(方法)。

数据成员(或称为字段)在C♯中用来描述一个类的特征,即面向对象理论中类的属性,包含常量成员和变量成员,它们可以是任何数据类型,甚至可以是其他类。

方法成员是指执行操作的方法,就是解决某个问题的代码。方法成员有以下几种:方法成员(method)、构造方法(constructtion method)、析构方法(destructor method)、属性成员(property)、索引成员(indexer)、运算符成员(operator)、事件成员(event)。这将在后面逐步介绍。

4. 类成员的访问权限

一般希望类中一些数据不被随意修改,只能按指定方法修改,即隐蔽一些数据。同样,一些方法也不希望被其他类程序调用,只能在类内部使用。在数据成员或方法成员前增加访问修饰符,可以指定该数据成员或方法成员的访问权限。

在类的定义中,所有成员都有自己的访问级别,类成员的访问权限用来限制外界对某一个类成员的访问。类成员的访问权限有以下几种。

(1) public:成员可以由任何代码访问。

(2) private:成员只能由类中的代码访问(默认)。

(3) internal:成员只能由定义它的项目内部的代码访问。

(4) protected:成员只能由类或派生类中的代码访问。

(5) protected internal:成员只能由项目中派生类的代码访问。

字段、方法和属性都可以使用关键字 static 来声明,表示静态成员。

私有数据成员只能被类内部的方法访问和修改,私有方法成员只能被类内部的其他方法调用。类的公有方法成员可以被类的外部程序调用,类的公有数据成员可以被类的外部程序直接访问和修改。公有方法实际是一个类和外部通信的接口,外部方法通过调用公有方法,按照预先设定好的方法修改类的私有成员。对于上述例子,name 和 age 是私有数据成员,只能通过公有方法 SetName()和 SetAge()修改。

因此,类的封装就具有两重意义:①把数据和处理数据的方法同时定义在类中;②用访问修饰符使一些数据隐蔽,外部不能直接访问,只能通过公共接口(如公有方法、属性)来间接地访问。

4.1.2 对象

类是对象的抽象,它并不存储信息或执行代码,而对象是类的一个实例,对象根据类的框架来存储信息和执行代码。所以定义类以后,就可以创建对象,创建对象的过程就是实例化类。在C♯中,创建对象包括声明对象和为对象分配内存两个步骤。

1. 声明对象

声明对象语法格式如下。

类名 对象名

例如：

```
Customer C;
```

2. 为对象分配内存

使用 new 运算符和类的构造方法为对象分配内存，其语法格式如下。

对象名=new 类名([参数列表])   //将声明对象指向实例化的对象

例如：

```
C=new Customer();
```

也可以在声明对象的同时就为对象分配内存，其语法格式如下。

类名　对象名=new 类名([参数列表])

例如：

```
Customer C=new Customer();
```

3. 使用对象

使用对象包括使用对象的成员变量和使用对象的方法。通过使用运算符"."实现对成员变量的访问和成员方法的调用。例如：

```
C.setName("张三");
C.Display();
```

任务 4-1　客户对象的定义

1. 任务要求

编程描述客户信息并输出，客户信息内容包括客户编号、客户姓名、客户电话、客户地址。

2. 任务分析

根据需求，定义一个客户类，包括客户编号 CustomerID、客户姓名 CustomerName、客户电话 Tel、客户地址 Address 等数据成员（字段），成员方法 Display() 用于输出客户信息。

3. 任务实施

根据分析，创建控制台程序，编写如下代码。

（1）定义类。

```
namespace App
```

```csharp
{   //定义类
    public class Customer
    {   //字段
        public string CustomerID;           //编号
        public string CustomerName;         //姓名
        public string Tel;                  //电话
        public string Address;              //地址
        //显示客户信息
        public void Display()
        {
            System.Console.WriteLine("编号:{0}\r\姓名:{1}\r\n 电话:{2}\r\地址:
                                    {3}\r\n", CustomerID, CustomerName,
                                    Tel, Address);
        }
    }
}
```

(2) 实例化对象并使用对象。

```csharp
class Program
{
    static void Main(string[] args)
    {
        //实例化对象
        Customer O_Customer = new Customer();
        //给对象成员赋值
        O_Customer.CustomerID = "0001";
        O_Customer.CustomerName = "张三";
        O_Customer.Tel = "1351111123";
        O_Customer.Address = "四川成都";
        //调用对象的方法
        O_Customer.Display();
    }
}
```

4.2 类的数据成员

现实世界中的实体具有各种特征，可以从不同的角度来描述，如从汽车的外观看，汽车有车牌、车速、颜色等，从汽车的构成看，汽车由发动机、车轮、车架等组成。在 C♯ 中，对不同类型的属性采用不同的数据类型来表示，根据不同的需求，其属性的访问控制权限也可能不同。

C♯ 中有两类数据成员：①常量成员；②变量成员。

4.2.1 常量成员

在类中定义的常量就是这个类的常量成员,类的所有其他成员都可以使用这个常量来代表某个值。例如,对圆周率定义一个名为 PI 的 double 型常量,其值为 3.14159,则在该类中的任何地方 PI 就代表 3.14159。

1. 定义常量成员

在一个类中定义常量的语法格式如下。

```
class  类名
{
   [访问修饰符] const   数据类型   常量名 1=常量表达式 1, 常量名 2=常量表达式 2,...;
}
```

其中:

(1) 访问修饰符包括 new、private、protected、internal 和 public。
(2) 数据类型只能是值类型。
(3) 常量表达式中只允许出现常量,不允许出现变量。
这里常量的值一旦确定,其他地方只能引用,不能修改。

2. 访问常量成员

在程序中,可以通过以下格式访问一个类中具备 public 访问权限的常量成员。

类名.常量成员名

例如:

```
class cA
{
   public const int a = 10, b=20 ;
}
class cB
{
   private const PI=3.1415;
   public const int num = cA.a * cA.b * PI;
}
```

类 cA 中定义了两个公有常量 a 和 b,所以在 cB 类中可以访问。cB 类中定义了一个公有常量 num,其值为常量表达式 PI * cA.a * cA.b 的值;常量 PI 是私有成员,所以 cB 的内部可以访问,外部不能访问。

4.2.2 变量成员

在类中定义的变量称为类的变量成员,也称为字段。变量成员与常量成员是不同的,类的变量成员只有在生成类的对象(实例)后,才有自己的存储空间。所以变量成员通常只属于一个特定的对象,而常量成员属于类本身。

1. 定义变量成员

在类中定义变量成员的格式如下。

```
class 类名
{
  [readonly ][static ][访问修饰符]数据类型 变量名1,变量名2,...;
}
```

其中:
(1) 访问修饰符包括 new、private、protected、internal 和 public。
(2) 存储属性 satic 指定变量成员为静态成员。
(3) 读写权限 readonly 规定成员的读写权限,用 readonly 修饰的变量成员只能读,不能写,即该成员除赋初始值外,在程序中不能更改。
(4) static 和 readonly 可以和其他修饰符组合使用。

2. 变量成员的初始化

在应用中,一般将变量成员分为以下两类。
(1) 非静态变量成员(又称实例变量成员,即定义时不带 static)。
(2) 静态变量成员(用 static 定义的变量)。
对于类的变量成员(静态的或非静态的),可以在定义时初始化它们。
1) 非静态变量成员的初始化
创建一个类的实例时,该实例的所有非静态变量将通过构造方法来初始化。

【例 4-2】 非静态变量成员的初始化。

```
class InitUnstatic
{
    private int a;                      //没有赋值的非静态变量
    private int b = 100;                //赋值的非静态变量
    private int c=a+b;                  //出错,变量的初始值不能引用非静态成员的值
    static void Main(string[] args)
    {
        InitUnstatic exm = new InitUnstatic();    //实例化对象
        System.Console.WriteLine("a={0},b={1}", exm.a, exm.b);
    }
}
```

程序说明:
(1) 非静态变量在没有实例化之前,其值是不确定的,当实例化对象时,系统调用其内部的默认构造方法为其分配存储空间,并执行默认的初始化操作将其值赋值为对应类

型的默认值。

（2）如果在定义成员变量时已经初赋值,则要执行赋值的初始化操作。所以 a=0,b=100。

（3）非静态变量只有在创建实例时才被初始化为对应的实例变量,在没有实例化时,没有分配存储空间,所以不能被引用。

2）静态变量成员的初始化

静态变量的初始值是其所属的数据类型的默认值。如果类中存在静态构造方法,则静态变量的初始值在该静态构造方法执行前设置。

【例 4-3】 静态变量成员的初始化。

```
class Initstatic
{
    private static int a;                   //没有赋值的静态变量
    private static int b = 100;             //赋值的静态变量
    private int c=a+b;                      //变量的初始值引用静态成员的值
    static void Main(string[] args)
    {
        Initstatic exm = new InitUnstatic();    //实例化对象
        Console.WriteLine("a={0},b={1},c={2}", InitUnstatic.a, InitUnstatic.b, exm.c);
    }
}
```

程序说明：

a、b 是静态变量,在实例化对象时它就被初始化为数据类型的默认值(0)或赋初值(b=100)了,所以非静态变量 c 就可以被初始化为 a+b=100。

4.2.3　类的组合与嵌套

1. 类的组合

在现实世界中问题的复杂性是人们不能想象的,解决复杂问题的基本方法就是将其分解为简单的问题的组合。先解决简单的问题,较复杂的问题就容易解决了。要描述一台计算机,可以将其分解为显示器、主机、键盘等,即计算机由显示器、主机、键盘组成。只要分别描述其部件,然后组合在一起就可以了。

在面向对象的程序设计中,可以将复杂的对象进行分解、抽象,把一个复杂对象分解为简单对象的组合。

实践中,前面就是用组合的方法创建类,如声明一个点类。

```
class nPoint{
    public int x,y;
}
```

这里 nPoint 中包含两个 int 类型的数据，可以认为基本数据类型就是类的组成部件。实际上类的成员可以是简单数据类型或自定义的数据类型，也可以是类。由此，可以用部件组装的方法来构造新的类。

类的组合（也称为聚集）是指一个类内嵌其他类作为成员，它们之间的关系是包含与被包含的关系。在创建对象时，如果类存在内嵌类，其内嵌对象成员也必须被创建。

【例 4-4】 求两点间的距离。

```
//距离类
class Distance{
   public nPoint p1,p2;
}
class  program
{
  static void Main(string[] args)
  {
    nPoint pa = new nPoint();          //实例化点 p1、p2
    pa.x=12;pa.y=34;
    nPoint pb = new nPoint();
    pb.x=32;pb.y=22;
    Distance d = new Distance();       //实例化距离类
    d.p1=pa;d.p2=pa;
    double x, y, s;
    x = (double)(d.p1.x - d.p2.x);y = (double)(d.p1.y - d.p2.y);
    s= Math.Sqrt(x * x + y * y);
    Console.WriteLine("p1({0},{1}),p2({2},{3})间的距离为:{4:f3}",
                pa.x, pa.y, pb.x, pb.y,s);
  }
}
```

程序运行结果如图 4-1 所示。

图 4-1 例 4-4 程序运行结果

2. 类的嵌套

类的嵌套是指一个类成为其类成员的成员类型。外层类称为"声明类""包含类"或"外部类"，嵌套类也可称为"内部类"。例如：

```
class Container
{
    class Nested
```

```
        Container Nest;
        Nested() { }
    }
}
```

不管外部类是类还是结构体，嵌套类均默认为 private，但是可以设置为 public、protected internal、protected 或 internal。在上面的示例中，Nested 对外部类是不可访问的，但将设置为 public 即可。

内部类可访问外部类。若要访问外部类型，要将外部类作为构造方法参数传递给内部类。例如：

```
public class Container
{
  public class Nested
  {
    private Container m_parent;
    public Nested(){}
    public Nested(Container parent)
    {
      m_parent = parent;
    }
  }
}
```

嵌套类可访问外部类的私有成员和受保护的成员（包括所有继承的私有成员或受保护的成员）。

在前面的声明中，类 Nested 的完整名称为 Container.Nested，这是用来创建嵌套类的新实例的名称。

```
Container.Nested nest = new Container.Nested();
```

【例 4-5】 假定有一个类用于处理程序的命令行选项，根据命令行的不同参数，执行不同动作。创建一个控制台程序 Customer，编写如下代码。

```
class Program
{
  private class CommandLine
  {
    public string Action;                         //命令
    public string[] param=new string[5];          //存放命令参数
    public int  Counter;                          //命令参数的个数
    public CommandLine(string[] arg)
    {
      Counter = arg.Length;
```

```
        //设置命令参数
        for (int argCounter = 0; argCounter < arg.Length; argCounter++)
            switch (argCounter)
            {
                case 0: Action = arg[0]; break;
                case 1: param[0] = arg[1]; break;
                case 2: param[1] = arg[2]; break;
                case 3: param[2] = arg[3]; break;
            }
    }
}
static void Main(string[] args)
{
    CommandLine cmd = new CommandLine(args);
    string str="";
    for (int i = 0; i < cmd.Counter; i++)
        str += cmd.param[i]+" ";
    switch (cmd.Action) {
        case "new": Console.WriteLine("创建" + str); break;
        case "update": Console.WriteLine("修改" + str); break;
        case "delete": Console.WriteLine("删除" + str); break;
        default: Console.WriteLine("输入格式错"); break;
    }
}
```

程序运行结果如图 4-2 所示。

程序说明：

嵌套类是 Program.CommandLine，和所有类成员一样，在外部类 Program 的内部，没有必要使用容器类的名称作为前缀。所以，可以直接把它引用为 CommandLine。

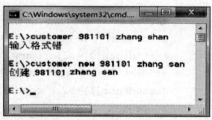

图 4-2　例 4-5 程序运行结果

3. 对象数组

数组不仅可以由简单变量组成(例如，整型数组的每一个元素都是整型变量)，也可以由对象组成(对象数组的每一个元素都是同类的对象)。

在日常生活中，有许多实体的属性是共同的，只是属性的具体内容不同。例如，一个班有 50 个学生，每个学生的属性包括姓名、性别、年龄、成绩等。如果为每一个学生建立一个对象，需要分别取 50 个对象名，用程序处理很不方便。这时可以定义一个学生类的对象数组，每一个数组元素是一个"学生类"的对象。例如：

```
Student[] stud;         //假设已声明了 Student 类,定义 stud 数组
```

然后在构造方法中,实例化数组。

```
stud=new Student[50]
```

也可以在声明对象数组时同时实例化数组。

```
Student[] stud=new Student[50]
```

【例 4-6】 对象数组的使用。

```
//定义一个学生类
class student
{
    public string ID;                           //学号
    public string Name;                         //姓名
    public student() { }
}
//定义一个班级类
class classes
{
    public int count=0;                         //班级人数
    public student[] students=new student[50];  //班级学生
}
class Program
{
    static void Main(string[] args)
    {
        classes c = new classes();              //实例化一个班级
        student s1=new student("980001", "张三");  //添加一个学生
        c.students[0]=s1;c.count++;
        student s2=new student("980002", "李四 ");
        c.students[1]=s2;c.count++;
        student s;
        for (int i = 0; i < c.count; i++)
        {
            s = c.students[i];                  //s 指向 c.student 数组中的第 i 个元素
            Console.WriteLine("{0}\t{1}", s.ID, s.Name);
        }
    }
}
```

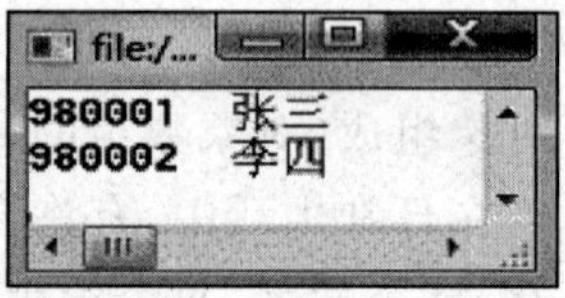

程序运行结果如图 4-3 所示。

程序说明:

在程序中,语句 c.students[0]= new student("980001", "张三");表示将对象 student 存放到 c 对象的数组成员 students 中,作为第 1 个元素,下标为 0。

添加一个学生的代码,下面的写法是错误的。

图 4-3 例 4-6 程序运行结果

```
student s=new student();
s.ID="980001";s.Name="张三";
c.students[0]=s;c.count++;
s.ID="980002";s.Name="李四"
c.students[1]=s;c.count++;
```

思考一下为什么代码是错误的?

任务 4-2　客户信息的组织

1. 任务要求

定义客户群信息,并录入客户信息。

2. 任务分析

先定义一个客户类,包括客户编号、客户姓名、电话号码,其中客户编号自动生成,所以定义两个静态变量,一个为编号的前缀,另一个为客户编号的顺序号,当实例化一个客户对象时,客户的顺序号自动加 1。定义一个客户集合类,包括一个客户数组,当前客户数组中的人数,数组的长度等。录入客户信息时,当输入的姓名为"♯"时表示输入结束,然后显示输入的客户信息。

3. 任务实施

(1) 创建控制台程序,编写如下代码。

```
using System;
namespace MIS
{
  //客户类
  class Customer
  {
    public string ID;                                    //编号
    public string Name;                                  //姓名
    public string tel;
  }
//客户集合
  class CustomerSet
  {
    public int counter;                                  //当前人数
    public const int   MAX=100;                          //允许添加的最大值
    public Customer[] Customers=new Customer[MAX];       //客户数组
    public const string prefix="A00";                    //编号前缀
    public static int NextID=0;                          //顺序号
  }
}
```

(2) 输入客户信息并显示。

```csharp
class Program
{
    static void Main(string[] args)
    {
        string name, tel;
        CustomerSet cs = new CustomerSet();
        bool flag = true;
        //增加客户信息
        while (flag)
        {
            Console.WriteLine("正在输入第{0}个客户的信息(#结束)", cs.counter + 1);
            Console.Write("姓名:");
            name = Console.ReadLine();
            if (name.Equals("#")) break;
            Console.Write("电话:");
            tel = Console.ReadLine();
            Customer c = new Customer();
            CustomerSet.NextID += 1;                          //客户顺序号
            c.ID = CustomerSet.prefix + CustomerSet.NextID.ToString();//自动生成编号
            c.Name = name;
            c.tel = tel;
            cs.Customers[cs.counter++] = c;                   //将客户加入数组中
        }
        //显示客户信息
        Customer ct;
        Console.WriteLine("输入的客户信息为");
        Console.WriteLine("编号\t姓名\t\t电话\r\n");
        for (int i = 0; i < cs.counter; i++){
            ct = cs.Customers[i];
            Console.WriteLine("{0}\t{1}\t\t{2}", ct.ID, ct.Name, ct.tel);
        }
    }
}
```

(3) 编译并运行。

4.3 构造方法和析构方法

实例化一个对象就是给对象的数据成员分配相应的存储空间并初始化,给对象方法确定入口地址。如何实现在实例化时进行对象初始化处理?本节利用构造方法实现对客户信息的初始化处理,完成客户信息的登记。

4.3.1 构造方法

每个类都有构造方法,用于执行类的实例的初始化。即使没有声明它,编译器也会自动地提供一个默认的构造方法。在访问一个类时,系统将最先执行构造方法中的代码。实际上,任何构造方法的执行都隐式地调用了系统提供的默认的构造方法 base()。构造方法的语法格式如下。

```
[语句修饰符][属性]构造方法名([参数])
{
  //构造方法体
}
```

其中:
(1) 构造方法名和类名相同,方法没有返回值。
(2) 访问修饰符可以是 public、private、protected,分别为公有构造方法、私有构造方法和受保护的构造方法。
(3) 属性:当为 static 时,表示是静态构造方法。

【例 4-7】 定义一个圆,在实例化一个圆对象时,其圆的半径的初始值为 10。

```
class Circle
{
  private double _radius;          //圆的半径
  public Circle()                  //构造方法
  { _adius=10
  }
}
```

当用 Circle OneCircle = new Circle()语句生成 Circle 类的对象时,将自动调用以上构造方法,将圆的半径初始化为 10。

1. 静态构造方法

静态构造方法在实例化对象或访问类的任一成员之前执行。其主要作用是初始化静态类成员。静态构造方法的特征如下。
(1) 静态构造方法既没有访问修饰符,也没有参数,不能重载,它的可访问性必须是 private。
(2) 在创建第一个实例或引用任何静态成员之前,将自动调用静态构造方法来初始化类,也就是无法直接调用静态构造方法,也无法控制什么时候执行静态构造方法。它只能访问静态成员。
(3) 一个类只能有一个静态构造方法,最多只能运行一次。它不能调用其他构造方法。
(4) 静态构造方法不能被继承。

(5) 如果没有静态构造方法,而类中的静态成员有初始值,那么编译器会自动生成默认的静态构造方法。

虽然静态构造方法没有参数,但不要把它与默认的 base() 构造方法混淆,默认的 base() 构造方法必须是实例构造方法。

【例 4-8】 静态构造方法。

```
class BaseClass
{
  private static int CallCounter;
  static BaseClass()
  {
    CallCounter=2;
    Console.WriteLine("Static CallCounter{0}", CallCounter);
  }
  public BaseClass()
  {
    CallCounter++;
    Console.WriteLine(" CallCounter{0}", CallCounter);
  }
  static void Main(string[] args)
  {
    BaseClass b1 = new BaseClass();
    BaseClass b2 = new BaseClass();
    BaseClass b3 = new BaseClass();
  }
}
```

程序运行结果如图 4-4 所示。

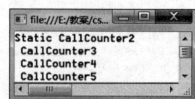

图 4-4 例 4-8 程序运行结果

程序说明:

由于静态构造方法在实例化对象或访问类任一成员之前执行,对静态成员 CallCounter 进行初始化,然后每实例化一个对象就调用一次实例构造方法。而实例构造方法中,将静态变量 CallCounter 加 1,所以得到如图 4-4 所示的结果。

2. 私有构造方法

如果类成员有 private 修饰符,就不允许在类范围以外访问这个类成员。对类构造方法应用 private 修饰符时,则禁止外部类创建该类的实例。如果类只通过静态方法和字段来提供功能,那么就常常使用私有构造方法,如框架类库 FCL 中的 System.Math 类。

私有构造方法具有如下特点。

(1) 使用私有构造方法的类不会被继承,而且也不能被继承。

(2) 私有构造方法只能禁止外部类对该类进行实例化,却不能禁止在该类内部创建实例。

(3) 私有构造方法是一种特殊的实例构造方法。它通常用在只包含静态成员的类中。

(4) 私有构造方法的特性也可以用于管理对象的创建。虽然私有构造方法不允许外部方法实例化这个类,但却允许此类中的公共方法创建对象。也就是说,类可以创建自身的实例,控制外界对它的访问以及控制创建的实例个数。

【例 4-9】 公制和英制的转换。

```
class Conversions
{
    static double gmPerPound =454;
    //将英镑转换为克
    public static double poundsToMetric(double pounds)
    {
        return (pounds * gmPerPound);
    }
    private Conversions() { }                //私有构造方法
}
class Program
{
    static void Main(string[] args)
    {
        //Conversions pTom = new Conversions();      //错误,不能被实例化
        double pound;
        System.Console.Write("输入英制 pound:");
        pound = double.Parse(Console.ReadLine());
        Console.WriteLine("转换结果\r\n{0}磅 = {1}克", pound, Conversions.
        poundsToMetric(pound));                 //调用类的静态方法
    }
}
```

程序运行结果如图 4-5 所示。

程序说明:

类 Conversions 是一个不需要实例化的类,其方法是静态的,并且没有与类的实例相关的状态信息。所以没有必要对其实例化,直接调用类的静态方法就可以了。

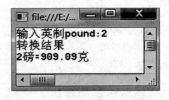

图 4-5 例 4-9 程序运行结果

注意:如果一个类有私有构造方法,则该类不能以这种构造方法来初始化,通常只能调用它的静态方法。如果一个类既有私有构造方法,也有公有构造方法,则该类可以按照公有构造方法的方式初始化。

【例 4-10】 私有构造方法与公有构造方法。

```
public class privateTest
```

```csharp
{
    private privateTest()                        //私有构造方法
    {
        Console.WriteLine("private");
    }
    public privateTest(string a)                 //公有构造方法
    {
        Console.WriteLine("public:{0}",a);
    }
}
class Program
{
    static void Main(string[] args)
    {
        privateTest f1= new privateTest();           //不能实例化
        privateTest f2 = new privateTest("ww");      //调用公有构造方法实例化
    }
}
```

3. 受保护的构造方法

如果构造方法的访问修饰符为 protected，则在初始化方面和私有构造方法相同。例如：

```csharp
public class protectTest
{
    protected protectTest()
    {
        Console.WriteLine("protect");
    }
    public protectTest(string a)
    {
        Console.WriteLine("public:{0}",a);
    }
}
```

观察下面的代码：

```csharp
protectTest f = new protectTest();              //不能实例化
protectTest f1 = new protectTest("ww");         //调用公有构造方法实例化
```

4. 构造方法的重载

在类定义中，定义多个构造方法，名字相同，参数类型或个数不同。根据生成类的对象方法不同，调用不同的构造方法。例如，可以定义 Circle 类没有参数的构造方法如下。

```
class Circle
{
    private double _radius;                         //圆的半径
    public Circle()                                 //构造方法
    {
     _radius=10;
    }
    public Circle(double Radius)                    //带参数的构造方法
    {
     _radius= Radius;
    }
}
```

用语句 Circle OneCircle＝new Circle(10)创建对象时,将调用有参数的构造方法,而用语句 Circle OneCircle＝new Circle()生成对象时,将调用无参数的构造方法。

注意:当类中没有定义构造方法时,系统将自动生成一个公有的无参构造方法。当类中定义了构造方法时,系统将不会生成这个无参构造方法,所以,如果系统中定义了带有参数的构造方法,建议也定义一个无参的构造方法,构造方法中可以没有任何代码。否则,当实例化一个无参的对象时,系统将报错。

看下面的例子:

```
class Circle
{
    private double _radius=0;                       //圆的半径
    //public Circle(){}                             //定义无参构造方法
    public Circle(double Radius)                    //带参数的构造方法
    {
     _radius= Radius;
    }
}
```

5. 复制构造方法

与有些语言不同,C♯不提供复制构造方法。如果创建了新的对象并希望从现有对象复制值,必须自行编写适当的方法。

【例 4-11】 对象复制。

```
class Customer
{
    private string name;
    private int age;
    //复制构造方法
    public Customer (Customer Person)
    {   name = Person.name; age = Person.age;
```

```
    }
    public Customer (string name, int age)
    { this.name = name; this.age = age;
    }
    public void Display()
    {
       Console.WriteLine("{0} is {1}",name,age);
    }
}
class TestPerson
{
    static void Main()
    {
       Customer p1 = new Customer ("张三", 40);
       Customer p2 = new Customer (p1);
       p1.Display();
       P2.Display();
    }
}
```

程序运行结果如图 4-6 所示。

程序说明：

这里复制构造方法，可以认为是带有对象参数的构造方法，这个构造方法的参数类型就是它本身的类型，然后将参数的数据成员"复制"给自己，即可达到复制的目的。

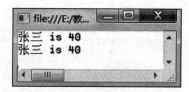

图 4-6 例 4-11 程序运行结果

4.3.2 析构方法

变量和类的对象都有生命周期，生命周期结束，这些变量和对象就要被销毁。析构方法是实现销毁一个类的实例的特殊成员方法。类的对象被销毁时，将自动调用析构方法。一些善后工作可放在析构方法中完成。析构方法的定义格式如下。

~类名()

析构方法无返回类型，也无参数，析构方法不能重载。C#中析构方法不能显式调用，它在垃圾回收器销毁不被使用的对象时自动调用。

虽然 CLR 提供了一种新的内存管理机制——自动内存管理机制（automatic memory management），资源的释放是可以通过垃圾回收器自动完成的，一般不需要用户干预，但在有些特殊情况下还是需要用到析构方法，如在 C#中非托管资源的释放。

(1) 值类型和引用类型的引用其实是不需要垃圾回收器来释放内存的，当它们出了作用域后会自动释放所占内存，因为它们都保存在栈（stack）中。

(2) 只有引用类型的引用所指向的对象才保存在堆(heap)中,而堆因为是一个自由存储空间,所以它并没有像栈那样有生存期(栈的元素弹出后就代表生存期结束,也就代表释放了内存),并且要注意的是,垃圾回收器只对这块区域起作用。

然而,有些情况下,当需要释放非托管资源时,就必须通过写代码的方式来解决。通常是使用析构方法释放非托管资源,将用户自己编写的释放非托管资源的代码段放在析构方法中即可。需要注意的是,如果一个类中没有用到非托管资源,那么一定不要定义析构方法,这是因为对象执行了析构方法,那么垃圾回收器在释放托管资源之前要先调用析构方法,然后第二次才真正释放托管资源,这样一来,两次删除动作的花销比一次大得多。下面用一段代码来说明析构方法是如何使用的。

```
public class Customer
{
  ~ Customer ()
    { //这里是清理非托管资源的用户代码   }
}
```

任务 4-3　客户信息的初始化

1. 任务要求

本任务登记客户相关信息。客户的信息包括编号、姓名、性别、电话等。采用 Windows 操作界面,要求界面简洁,操作方便。

2. 任务分析

通过 Windows 界面登记客户信息并显示时,在界面中用 Lable 控件显示输入项的提示信息;用 TextBox 作为用户的输入框;性别采用 RadioButton 控件;定义一个客户类来描述客户的信息,用多行文本框显示输入的客户信息。

3. 任务实施

(1) 建立一个新项目 MIS,生成一个空白窗体(Form1)。
(2) 选择"项目"→"添加类"命令,在弹出的窗口中选择"类"选项,输入文件名 Customer,在新项目中将添加一个 Customer.cs 文件。在该文件中编写如下代码。

```
class Customer
{
    public string id, name,gender,tel,address;   /*客户编号、姓名、性别、电话、地址*/
    public Customer() { }
    public Customer(string ID,string Name,string Gender,
                    string Tel,string Add)
    {
        id = ID; name = Name;
```

```
            gender = Gender; tel = Tel;address=Add;
        }
    }
```

（3）打开解决方案资源管理器，从工具箱窗口的 Windows 窗体类别中选择相应的控件。在窗体 Form1 放置 4 个 Label 控件、4 个 TextBox 控件、1 个 GroupBox 控件，并在其中放置 2 个 RadioButton 控件、1 个按钮控件，如图 4-7 所示。其属性的设置如表 4-2 所示。

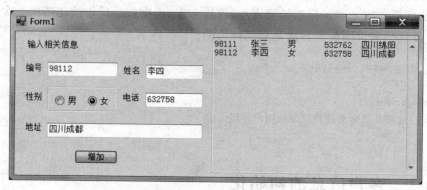

图 4-7 任务 4-3 界面设计

表 4-2 属性的设置

控件名	属性	属性值	控件名	属性	属性值
Form1	Name	Form1	TextBox1	Name	tb_id
	Text	客户信息	TextBox2	Name	tb_name
Lable1	Name	lb_id	TextBox3	Name	tb_tel
	Text	编号	TextBox4	Name	tb_list
Lable2	Name	lb_name		Multiline	true
	Text	姓名		ReadOnly	true
Lable3	Name	lb_tel		ScrollBars	vertical
	Text	电话	RadioButton1	Checked	true
Lable4	Name	lb_msg		Name	rb_man
	Text	输入相关信息		Text	男
Lable5	Name	lb_fid	RadioButton2	Name	rb_wm
	Text	性别		Text	女
Lable6	Name	lb_add	Button1	Name	button1
	Text	地址		Text	增加

(4) 双击"增加"按钮 button1,编写 button1 的 click 事件方法如下。

```
//button1 的 click 事件方法
private void button1_Click(object sender, EventArgs e)
{
    Customer c;
    string ID, Name, Gender, Tel, add;
    ID = tb_id.Text;   Name = tb_name.Text;
    Tel = tb_tel.Text;    add = tb_add.Text;
    if (rb_man.Checked) Gender = "男"; else Gender = "女";
    //实例化客户对象
    c = new Customer(ID, Name, Gender, Tel,add);
    //显示客户信息
    tb_list.Text += c.id + "\t" + c.name + "\t" + c.gender + "\t" +
                    c.tel +"\t"+c.address+ "\r\n";
}
```

(5) 编译并运行。

4.4 方法成员

类是一个描述客观事物属性与行为的封装体,通过类来实例化一个对象。那么对象的行为如何定义,封装好的对象间如何交互,如何传递消息,这是本节所要解决的问题。本节将编程模拟客户订货处理的流程,体会对象间消息的传递方式。

4.4.1 方法的定义与调用

在面向对象的程序设计中,一个对象可以有多个方法,提供多种服务,完成各种功能,这些方法只有在另一个对象向它发出请求之后才会执行。方法是把一些相关语句组织在一起,用于解决某特定问题的语句块。方法是对象的行为,C♯的方法必须是某个类的方法,所以方法必须在类中声明。

1. 方法的定义

在一个类中,定义方法成员的语法格式如下。

```
{
    [访问修饰符]数据类型 方法名([形式参数表])
    {
        //方法体
    }
```

其中:

(1) 访问修饰符可以包含 private、protected、internal 和 public，还可以包含 new、static、virtual、override、sealed、abstract 和 extern 修饰符。

① virtual：虚方法，方法可以重载。

② abstract：抽象方法，方法必须在非抽象的派生类中重载(只用于抽象类中)。

③ override：方法的重载。方法重载了一个基类方法(如果方法被重载，就必须使用该关键字)。

④ extern：方法定义放在外部其他地方。

(2) 方法名：用于指定方法的名称。

(3) 形式参数表：用于指定方法的参数，每个参数都有参数类型和参数名。其格式如下。

类型 1 参数名 1，类型 2 参数名 2，…

注意：在类的方法定义中，有如下要求。

(1) 最多包含下列修饰符中的一个：static、virtual、override。

(2) 最多包含下列修饰符中的一个：new、override。

(3) 若包含 abstract 修饰符，则不能包含以下任何修饰符：static、virtual、sealed、extern。

(4) 若包含 private 修饰符，则该声明中不包含以下任何修饰符：virtual、override、abstract。

(5) 若包含 sealed 修饰符，则该声明还应包含 override 修饰符。

2. 方法签名

在 C# 语言中，一个类的所有方法都必须有一个唯一的签名，C# 依据方法名、参数数据类型或者参数数量的不同来定义方法的唯一性，即方法的签名由方法的名称以及形参的数量、每个形参的类型和种类(值参、引用参数)组成，方法签名并不包括返回类型。

方法的名称必须不同于同一个类中声明的所有其他非方法的名称。此外，同一个类中声明的所有方法的签名必须不同，并且同一个类中声明的两个方法的签名不能只有 ref 和 out 不同。

3. 方法的调用

方法存在的意义就是被调用。使用方法名来调用一个方法，如果方法要获取信息，则由实际参数提供。如果方法要返回信息，则由它的数据类型指定。

实例方法的调用格式如下。

对象名.方法名([实际参数表])

静态方法的调用格式如下。

类名.方法名([实际参数表])

在调用方法时，实例方法可以访问实例成员和静态成员；静态方法只能访问静态成员,不能访问实例成员;静态成员只能通过类访问;实例成员只能通过对象来访问。

【例 4-12】 实例成员和静态成员的应用。

```
class Test
{
   int x;                              //定义实例变量成员
   static int y;                       //定义静态变量成员
   public void Method1()               //定义实例方法
   {
       x = 10;                         //正确,等价于 this.x=10;
       y = 20;                         //正确,等价于 Test.y=20;
   }
   public static void Method2()        //定义静态方法
   {
       //x = 10;                       //错误,静态方法无法访问非静态变量成员
       y = 20;                         //正确,静态方法可以访问静态变量成员
   }
   public static void Main()
   {
      Test app = new Test();           //创建类的实例
      app.x = 10;                      //正确,通过实例访问实例变量成员
      //app.y=20;                      //错误,类的实例不能访问静态变量成员
      //Test.x=10;                     //错误,不能通过类名访问实例成员
      Test.y = 20;                     //正确,可以通过类名访问静态成员
   }
}
```

程序说明:

(1) 实例方法 Method1 可以访问实例成员 x 和静态成员 y。

(2) 静态方法 Method2 只能访问静态成员 y,不能访问实例成员 x。

(3) 静态成员只能通过类访问,实例成员只能通过对象来访问。

4.4.2 方法的参数

C#有 4 种参数传递方式:值传递(不含任何关键字)、引用传递(ref 关键字)、输出传递(out 关键字)、数组传递(params 关键字)。

1. 值传递

默认情况下,C#方法的参数传递方式为值传递,称为传值。当向方法传递值参数时,系统给实参的值做一份副本,并且将此副本传递给该方法,被调用的方法不会修改实参的值,所以使用值参数时,可以保证实参的值是安全的。

2. 引用型传递

然而在少数情况下,程序员可能希望在方法调用时,同时改变实参的值。为此,C#专门提供了 ref 和 out 关键字。

ref 关键字指明了方法中使用的是引用型参数,引用型参数不开辟新的内存区域,即形参和实参共用同一内存块。当向方法传递引用型形参时,编译程序将把实际值在内存中的地址传递给该方法,称为传址。通过引用传递,可以达到将被调用方法内参数值的变化传递给调用者的目的,注意,引用型参数必须初始化。

【例 4-13】 结构体类型和类类型参数的比较。

```csharp
//结构体参数和类类型参数
class StudentClass
{ public string id,name;
}
struct StudentStruct
{  public string id, name;
}
class StructClassTest
{
    public void strFun(StudentStruct s)
    {
        s.id = "00002"; s.name = "张三";
    }
    public void claFun(StudentClass s)
    {
        s.id = "00002"; s.name = "张三";
    }
}
class Program
{
  static void Main(string[] args)
  {
    StructClassTest test = new StructClassTest();
    StudentStruct strS = new StudentStruct();
    strS.id = "00001"; strS.name = "王五";
    test.strFun(strS);
    Console.WriteLine("学号:{0},姓名:{1}",strS.id, strS.name);
    StudentClass claS = new StudentClass();
    claS.id = "00001"; claS.name = "王五";
    test.claFun(claS);
    Console.WriteLine("学号:{0},姓名:{1}",claS.id,claS.name);
  }
}
```

程序运行结果如图 4-8 所示。

程序说明：

由于结构体类型是值类型，所以当它作为值参传递时，传递的是值，在方法中对它的修改不会影响实际参数。类是引用类型，所以在传递时是地址，在被调方法中对对象值的修改实际上就是对传递的实际参数的修改。

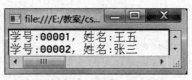

图 4-8　例 4-13 程序运行结果

3. out 传递

关键字 out 是 output 的简称，所以 out 参数也称为输出型参数，它主要用于传递方法返回的数据。

与 ref 关键字一样，out 关键字会导致参数通过引用来传递，且结果与使用 ref 参数时一样，并且方法定义和调用方法都必须显式使用 out 关键字。不同之处在于 ref 要求变量必须在传递之前进行初始化。若要使用 out 参数，则不需要对实参进行初始化，但需要在方法返回之前赋值，即在方法体内进行初始化。

当希望方法返回多个值时，声明 out 方法很有用。out 方法仍然可以将变量作为返回类型来访问（参见 return），但它还可以将一个或多个对象作为 out 参数返回给调用方法。

4. ref 与 out 的区别

虽然 ref 和 out 都提供了修改参数值的方法，但两者之间还是有一些小的区别。主要的区别有以下几个方面。

(1) 调用方法之前，ref 变量一定要赋值，否则会得到一个常规编译错误：使用了未赋值的变量。

(2) 被调用方法在返回前不必为 ref 变量赋值。

(3) 调用方法之前，out 变量可以不被赋值。

(4) 被调用方法在返回前一定要至少为 out 变量赋值一次。

从本质上讲，ref 更适合理解为给被调用方法传递了一个与原参数内存地址相同的变量。而 out 则可以理解为在调用方法前，先给变量找个地方（内存区域），让被调用方法给指定的内存区域放置一个值。值类型与引用类型的区别如表 4-3 所示。

表 4-3　值类型与引用类型的区别

区别点	值类型	引用类型
内存分配地点	栈中	堆
效率	效率高，不需要地址转换	效率低，需要进行地址转换
内存回收	使用完后，立即回收	使用完后，不是立即回收，而是等待垃圾回收器回收
赋值操作	进行复制，创建一个同值新对象	只是对原有对象的引用
参数与返回值	复制对象，创建一个副本	引用原有的对象，并不产生新的对象
类型扩展	不易扩展	容易扩展

【例 4-14】 值参数、引用型参数和输出参数的区别。

```
class Compute
{
    public void  Add(int a,int b,int c)
    { c=a+b; }
    public void refAdd(int a, int b, ref int c)
    {   c=a+b; }
    public void outAdd(int a, int b, out int c)
    { c =a+b; }
}
class Program
{
    static void Main(string[] args)
    {
        Compute c=new Compute();
        int x, y, z1,z2,z3;
        x =1; y = 2;   z1 = 5;
        c.Add(x, y, z1);              //这里 x、y、z 必须初始化。也可以写作 Add(1,2,5)
        Console.WriteLine("值参:{0}+{1}={2}", x, y, z1);
        z2 = 5;
        c.refAdd(x,y,ref z2);         //这里 x、y、z2 必须初始化,且 z2 必须是变量类型
        //调用 c.refAdd(1, 2, 5) 会出错。z2 必须是引用类型(变量)
        Console.WriteLine("引用参数:{0}+{1}={2}", x, y, z2);
        c.outAdd(x, y, out z3);       //z2 必须是变量类型,可以不初始化
        Console.WriteLine("输出参数:{0}+{1}={2}", x, y, z3);
    }
}
```

程序运行结果如图 4-9 所示。

程序说明:

在类 computer 中有 3 个方法,分别说明了参数传递的 3 种不同方式。

图 4-9 例 4-14 程序运行结果

(1) Add(int a,int b,int c)方法中,形式参数 a、b、c 都是值类型的,调用方法时,将实参 x 的值传递给 a,y 的值传递给 b,z1 的值传递给 c,虽然在方法中 c 的值发生了改变,但其值没有返回,所以输出时 z1 的值没有变化,仍然是 5。

(2) Add(int a,int b,ref int c)中,形式参数 c 是引用类型,所以是将 z2 的地址传递给 c,c 的值就是 z2 的值,所以当 c 的值在方法中变成 3 时,z2 的值为 3。

(3) Add(int a,int b,out int c)中,形式参数 c 是 out 类型,不需要初始化。

注意:尽管 ref 和 out 在运行时的处理方式不同,但在编译时的处理方式相同。因此,如果一个方法采用 ref 参数,而另一个方法采用 out 参数,则无法重载这两个方法。但是,如果一个方法采用 ref 或 out 参数,而另一个方法不采用这两个参数,则可以进行重载。

5. 数组传递

1) 数组元素作为参数

在调用方法时,数组元素只能作为实参进行传递,这时数组元素实参与简单变量实参功能相同。

2) 整个数组作为参数

整个数组作为参数时,实参与形参是相对应的。由于数组是引用类型,所以数组参数总是按引用传递的。

声明方法时,数组作为形参的语法格式如下。

public 类型 方法名称(类型名[]数组名){}

【例 4-15】 输出斐波那契数列。将斐波那契数列存放在数组中,第 1 个元素为数列的项数。

```
class ArrayTest
{
    //生成斐波那契数列,存放在数组 theArray 中第 1 个元素为项数
    public void getFib(int[] theArray)
    {
        theArray[1] = 1; theArray[2] = 1;
        for (int i = 3; i <= theArray[0]; i++)
            theArray[i] = theArray[i - 1] + theArray[i - 2];
    }
}
class Program
{
    static void Main(string[] args)
    {
        int[] fib = new int[50];              //实例化数组
        fib[0]=10;                            //斐波那契数列项数
        ArrayTest thenFib = new ArrayTest();
        thenFib.getFib(fib);                  //生成斐波那契数列
        //显示斐波那契数列
        for (int i = 1; i <=fib[0]; i++)
            Console.Write("{0}  ", fib[i]);
    }
}
```

3) 使用 params 关键字

在使用数组作为形参时,C#提供了 params 关键字,使调用以数组为形参的方法时,既可以传递数组,也可以传递一组数据。使用 params 的语法格式如下。

```
public  类型 方法名(params 类型[]数组名){}
```

在方法中使用 params 关键字声明的参数必须是参数表中的最后一个,并且在方法声明中只允许一个 params 关键字。数组参数不能再有 ref 和 out 修饰符。

【例 4-16】 数组作为参数传递。

```
class ParamsTest
{
   //将数组中的前 n 个元素值乘以 2
   public void eDouble(int n,params int[] intArray)
   {
     for (int i = 0; i <n; i++)
         intArray[i] *= 2;
   }
   //求数组中前 n 个元素之和
   public int eSum(int n,params int[] intArray)
   {
     int s = 0;
     for (int i=0;i<n;i++)
         s += intArray[i];
     return  s;
    }
   //求数组中前 n 个元素的最大值
    public int eMax(int[] intArray,int n)
    {
     int max=intArray[0];
     for (int i=0;i<n;i++)
         if (max<intArray[i]) max=intArray[i];
      return max;
    }
}
public class Program
{
   static void Main()
   {
     ParamsTest c=new ParamsTest();
     int[] myarray={1,2,3,4};
     c.eDouble(myarray.Length,myarray);
     foreach (int e in myarray)
         Console.Write("{0},", e);
     Console.WriteLine();
     int s=c.eSum(2,4,6,8);
     Console.WriteLine("sum={0}", s);
     int max = c.eMax(myarray, myarray.Length);
     Console.WriteLine("max={0}",max);
```

    }
}

程序运行结果如图 4-10 所示。

图 4-10 例 4-16 程序运行结果

程序说明：

当数组作为参数传递时，实际上传递了数组的首地址，相当于传地址。当使用 params 说明时，被调方法可以接受任意个参数或不接受任何参数，但 params 后不能再有任何参数。所以语句 int s＝c.eSum(2,4,6,8);中第 1 个参数传递给 n，第 3、4、5 个参数是数组元素。public int eMax(int[] intArray,int n)没有使用 params 关键字说明，则在传递参数时必须是两个对应的参数。

4）使用 out 传递数组

与所有的 out 参数一样，在使用数组类型的 out 参数前必须先为其赋值，即必须由被调用方为其赋值。

【例 4-17】 使用 out 传递数组参数。

```
class TestOut
{
  public void FillArray(out int[] arr)
  { //如果调用者没有初始化,这里必须初始化
    arr = new int[5] { 1, 2, 3, 4, 5 };
  }
}
class Program
{
  static void Main(string[] args)
  {
    TestOut Out = new TestOut();
    int[] theArray=new int[10];        //可以不初始化
    Console.WriteLine("调用前的数组元素:");
    for (int i = 0; i < theArray.Length; i++)
      Console.Write(theArray[i] + " ");
    System.Console.WriteLine("调用后的数组元素:");
    Out.FillArray(out theArray);
    for (int i = 0; i < theArray.Length; i++)
      Console.Write(theArray[i] + " ");
```

	}
}

程序运行结果如图 4-11 所示。

程序说明：

在调用 FillArray(out int[] arr)方法前必须先实例化数组，所以在 FillArray()中重新实例化了一个数组。

5）使用 ref 传递数组

与所有的 ref 参数一样，数组类型的 ref 参数必须由调用者明确赋值，因此不需要由被调者明确赋值。可以将数组类型的 ref 参数更改为调用的结果。例如，可以为数组赋予 null 值，或将其初始化为另一个数组。

【例 4-18】 使用 ref 传递数组参数。

```
class TestRef
{
    public void FillArray(ref int[] arr)
    {   //如果没有实例化数组，则实例化
        if (arr == null)   arr = new int[10];
        arr[0] = 1111;   arr[4] = 5555;         //修改数组元素的值
    }
}
class Program
{
   static void Main()
   {
    int[] theArray = { 1, 2, 3, 4, 5 };           //初始化数组
    //使用 ref 调用方法
    FillArray(ref theArray);
    //显示数组元素的值
    Console.WriteLine("调用后的值:");
    for (int i = 0; i < theArray.Length; i++)
        Console.Write(theArray[i] + " ");
   }
}
```

程序运行结果如图 4-12 所示。

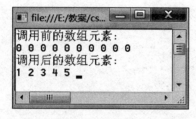

图 4-11　例 4-17 程序运行结果

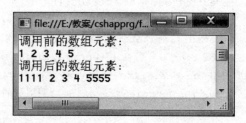

图 4-12　例 4-18 程序运行结果

程序说明：

在此例中，在调用者（Main()方法）中初始化数组 theArray，并通过 ref 方式将其传递给 FillArray()方法。在 FillArray()方法中更新某些数组元素，然后将数组元素返回调用者并显示。

4.4.3 分部类与分部方法

1. 分部类

分部类是一个类的多个部分，这些部分可以合并成一个完整的类。可以在同一个文件中定义两个或者更多的分部类，但使用分部类的主要目的是将一个类的定义划分到多个文件中。使用上下文关键字 partial 来声明一个分部类。例如：

grogram1.cs 的内容如下。

```
partial Class Program
{
   //类代码
}
```

grogram2.cs 的内容如下。

```
partial Class Program
{
   //类代码
}
```

Program 的每个部分都放到一个单独的文件中，分部类另一个常见的应用是将每个嵌套类都放到它们自己的文件中。观察下面的代码：

文件 file1.cs 的内容如下。

```
partial class Program
{
  private class CommandLine
  {
     //嵌套类代码
  }
}
```

files2.cs 的内容如下。

```
partial class Program
{
  static void Main(string[] args)
  {
    CommandLine cmd = new CommandLine(args);
```

```
    ...
  }
}
```

分部类不允许对编译好的类(其他程序集中的类)进行扩展。只能利用分部类在同一个程序集中将一个类的实现分解到多个文件中。在下面情况下会使用分部类。

(1) 处理大型项目时,使一个类分布在多个独立文件中可以让多位程序员同时对该类进行处理。

(2) 使用自动生成的源时,无须重新创建文件便可将代码添加到类中。如 Visual Studio 在创建 Windows 窗体、Web 表单时,会自动加上 partial 关键字。

分部类的优点是:partial 关键字表明可在命名空间内定义该类、结构体或接口的其他部分,即可以将一个类的行为和数据组织到同一命名空间的不同的源代码文件中。

对分部类的限定如下。

(1) 所有部分必须使用 partial 关键字。

(2) 各个部分必须具有相同的可访问性,如 public、private 等。

(3) partial 修饰符将影响到整个类,如抽象、密封。

(4) partial 修饰符只能出现在紧靠关键字 class、struct 或 interface 前面的位置。

(5) 同一类的各个部分的所有分部类型定义必须在同一程序集和同一模块(* .exe 或 * .dll 文件)中进行定义。分部定义不能跨越多个模块。

2. 分部方法

分部方法允许声明一个方法而不需要实现,这个实现就可以放到某个分部类定义中,可能在一个单独的文件中。

【例 4-19】 分部方法。

files1.cs 的内容如下。

```
public partial   class strudent
{
  partial void OnIDChanging(string ID);
  private string _ID;
  public void SetID(string ID)
  {
    if (ID != _ID)
    {
      OnIDChanging(ID);
      _ID = ID;
    }
  }
}
class Program
{
  static void Main(string[] args)
```

```
    {
      try
        {
          strudent s = new strudent();
          s.SetID("");
        }
      catch (ArgumentNullException e)
        {
          System.Console.WriteLine(e.Message);
        }
      catch (ArgumentException e)
        {
          System.Console.WriteLine(e.Message);
        }
    }
}
```

files2.cs 的内容如下。

```
public partial class strudent
{
  partial void OnIDChanging(string ID)
    {
      if (ID == null) throw new  ArgumentNullException("ID 不能为 null");
      if (ID.Length==0) throw new ArgumentException("ID 不能为空");
    }
}
```

程序说明：

(1) 在 files1.cs 中，包含了 OnIDChanging() 方法的声明。除此之外，在 SetID() 方法中调用了 OnIDChanging() 方法。虽然这个方法只有声明而没有实现，但却能成功通过编译。这里关键在于方法声明附加了关键字 partial，它所在的类也是一个分部类。

(2) 在 files2.cs 中实现了 OnIDChanging() 方法。在这个实现中，会检查建议的新的 ID 值，如果发现无效，就抛出异常。

注意：分部方法必须返回 void，如果不是返回 null 且没有提供实现，那么调用者就无法知道返回值。类似地，out 参数在分部方法中是不允许的。如果需要一个返回值，可以使用 ref 参数。总之，分部方法允许调用不一定要实现的方法。

4.4.4　静态方法与实例方法

C♯的方法分为静态方法和实例方法。如果在定义一个方法时带有 static 修饰符，则该方法为静态方法，否则为实例方法。

一般在下面两种情况下使用静态方法。

(1) 静态方法不需要访问对象的状态，其所需的参数都必须显式提供，如 Math.pow() 方法。

(2) 静态方法只能访问类的静态字段。

【例 4-20】 自动对新增客户编号。

```
class Customer
{
  private string _ID;                              //编号
  private static string prefix;                    //编号前缀
  private static int NextID;                       //顺序号
  private string _Name;                            //姓名
  public Customer(){}
  static Customer()                                //静态构造方法
  {
    NextID = 0;                                    //顺序号起始值
    prefix = "A00";                                //前缀
  }
  //带参数的实例构造方法
  public Customer(string name)
  {
    NextID += 1;
    _ID =prefix+ NextID.ToString();
    _Name = name;
  }
  public static int GetNextID()                    //获取当前顺序号
  {
    NextID += 1;   return NextID;
  }
  public string GetID()                            //获取编号
  {
    return _ID;
  }
  public void SetID(int id)                        //设置编号
  {
    _ID = prefix + id.ToString();
  }
  public string GetName()                          //获取姓名
  {
    return _Name;
  }
  public void SetName(string Name)                 //设置姓名
  {
    _Name = Name;
  }
```

}
class Program
{
    static void List(Customer[] c)   //列表显示
    {
        for (int i = 0; i < 2; i++)
            Console.WriteLine("{0}\t{1}",c[i].GetID(), c[i].GetName());
    }
    static void Main(string[] args)
    {
        Customer[] c = new Customer[2];
        Customer c1 = new Customer("张三");
        c[0] = c1;
        Customer c2 = new Customer();
        c2.SetName("王五");
        c2.SetID(Customer.GetNextID());
        c[1] = c2;
        List(c);
    }
}
```

程序运行结果如图 4-13 所示。

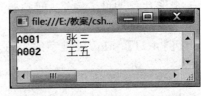

图 4-13 例 4-20 程序运行结果

程序说明：

(1) 实例化对象 c1 时，首先调用静态构造方法，设置顺序号和编号的前缀的初始值，然后调用带参数的构造方法，自动生成编号，给私有成员_id 和_Name 赋值，构造一个对象并放置到数组中。

(2) 当实例化对象 c2 时，调用无参构造方法，然后调用静态方法 getNextID 获取顺序号，然后调用实例方法 setID() 和 setName() 分别给私有成员_id 和_name 赋值，最后将对象 c2 放置到数组中。

(3) 静态方法 List() 实现将数组元素依次列表显示。

## 4.4.5 this 关键字

每个类都可以有多个对象，例如，定义 Customer 类的两个对象：

```
Customer P1=new Customer ("李四",21);
Customer P2=new Customer ("张三",20);
```

因此 P1.Display() 应显示李四的信息，P2.Display() 应显示张三的信息，但无论创建多少个对象，只有一个方法 Display()，该方法是如何知道显示哪个对象的信息的呢？C#语言用引用变量 this 记录调用方法 Display() 的对象。当某个对象调用方法 Display() 时，this 便引用该对象(记录该对象的地址)。因此，不同的对象调用同一方法时，方法便根据 this 所引用的不同对象来确定应该引用哪一个对象的数据成员。this 是类中隐含
```

的引用变量,它是被自动赋值的,可以使用但不能被修改。例如,对 P1.Display(),this 引用对象 P1,显示李四的信息;对 P2.Display(),this 引用对象 P2,显示张三的信息。

this 关键字引用被访问成员所在的当前实例,this 关键字可以用来从构造方法、实例方法和实例化访问器中访问成员。this 关键字主要应用如下。

(1) 在类的构造方法中出现的 this 作为一个值类型表示对正在构造的对象本身的引用。

(2) 在类的方法成员中出现的 this 作为一个值类型表示对调用该方法的对象的引用。将对象作为参数传递到其他方法。

(3) 声明索引器。

(4) 在结构体的构造方法中出现的 this 作为一个变量表示对正在构造的结构体的引用。

(5) 在结构体的方法中出现的 this 作为一个变量表示对调用该方法的结构体的引用。

不能在声明静态方法、静态属性或字段的初始化程序中使用 this 关键字,这将会产生错误。

【例 4-21】 this 关键字的应用。

```
class Customer
{
    private string _name;
    private int _age;
    public Customer(string name, int age)
    {
        //使用 this 限定字段 name 与 age
        this._name = name;   this._age = age;
    }
    public string getInfo()
    {
        return this._name + "\t" + this._age;
    }
    //打印客户信息
    public void PrintCustomer()
    {
        //将 Customer 对象作为参数传递到 DoPrint()方法
        Print.DoPrint(this);
    }
}
class Print
{
    public static void DoPrint(Customer e)
    {
```

```
      Console.WriteLine(e.getInfo());
   }
}
class Program
{
   static void Main(string[] args)
   {
      Customer E = new Customer("张三", 21);
      E.PrintCustomer();
      Console.ReadLine();
   }
}
```

程序运行结果如图 4-14 所示。

图 4-14 例 4-21 程序运行结果

4.4.6 方法重载

方法的重载是指类中的方法名相同但签名不同。方法是否构成重载,依据下面的条件来确定。

(1) 在同一个类中。

(2) 方法名相同。

(3) 参数表不同。

方法重载是一种操作性多态(operational polymorphism),方法重载的作用是提供调用方法的多种方式。

在程序中调用方法是通过方法名来实现的,如果对于具有相同功能而参数不同的方法取不同的方法名,不但会降低编程效率,也降低了程序的可读性。在 C 语言中,若计算一个数的绝对值,则需要对不同数据类型求绝对值方法使用不同的方法名,如用 abc()求整型数绝对值,用 labs()求长整型数绝对值。而在 C#语言中,可以使用方法重载特性,对这三个方法定义同样的方法名,但使用不同的参数类型。

【例 4-22】 方法重载。

```
using System;
public class UseAbs
{
   public int  abs(int x)              //整型数求绝对值
   { return(x<0 ? -x:x);}
   public long abs(long x)             //长整型数求绝对值
   {return(x<0 ? -x:x);}
}
class program
{  static void Main(string[] args)
   { UseAbs m=new UseAbs();
```

```
        int x=-10;
        long y=-123;
        x=m.abs(x);
        y=m.abs(y);
        Console.WriteLine("x={0},y={1}",x,y);
    }
}
```

使用方法重载时要注意以下几点。

(1) 在 C♯ 中,对于重载的方法,它通过方法中参数匹配来调用方法,所以调用方法的参数类型、属性、个数以及顺序一定要与类中将要被调用的方法参数列表对应。

(2) 如果定义重载方法时两个方法具有相同的参数列表,而只是返回值类型不同,编译器会认为这两个方法是重复定义,编译时会出错。

例如:

```
public void print(int){...}
public int print(int) {...}
```

当调用"对象名.print(8)"时,编译器无法识别。

(3) 在调用重载方法时,要避免由于参数类型的相似而引起歧义。例如:

```
public int print(int){...}
public uint print(uint){...}
```

(4) 对于重载的方法,应尽量保证让它们执行类似的功能,否则就失去了重载的意义,并且会降低程序的可读写性。

【例 4-23】 实现对公司员工和客户信息的注册。

```
//定义员工类
class Employee
{
    public Employee(string id, string name)
    {
        this._ID = id; this._Name = name;
    }
    public Employee() { }
    private string _ID;
    private string _Name;                    //姓名
    public string GetInfo()
    {
        return string.Format("编号:{0} 姓名:{1}", _ID, _Name);
    }
}
//定义客户类
public class Customer
{
```

```csharp
        public Customer(string id, string name)
        {
            this._ID = id; this._Name = name;
        }
        private string _ID;
        private string _Name;                       //姓名
        public string GetInfo()
        {
            return string.Format("编号:{0} 姓名:{1}", _ID, _Name);
        }
}
//定义公司类
class Company
{
    public static void Register(Customer c)
    {
        Console.WriteLine("注册客户的信息:");
        Console.WriteLine(c.GetInfo());
    }
        public static void Register(Employee e)
    {
        Console.WriteLine("注册员工的信息:");
        Console.WriteLine(e.GetInfo());
    }
}
class Program
{
    static void Main(string[] args)
    {
        Employee e = new Employee("A001", "张三");
        Customer c = new Customer("B001", "李四");
        Company.Register(e);
        Company.Register(c);
    }
}
```

程序运行结果如图 4-15 所示。

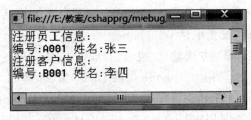

图 4-15　例 4-23 程序运行结果

程序说明：

在程序中，重载了 Register()方法来实现对客户和员工的注册，如果不用重载的方法，假设其注册用户类型有 1000 个，那么要编写 1000 个方法且要为 1000 个方法命名，所以方法的重载避免了命名的麻烦，也给调用者提供了方便。

4.4.7　对象交互

在面向对象程序设计中，一切都是对象，对象是一个封装的整体，对象与对象相互对立、互不干涉，对象和对象的交互可以通过对象本身提供的对外接口来实现。在实际生活中，如打电话的活动中，至少有三个对象：通话人 A、电话、通话人 B，在不需要通话时，它们是独立的，没有任何关系。当通话人 A 和通话人 B 之间进行通话时，就通话人按照各自的行为通过电话的接口实现消息的交互。

同样，在程序设计中，对象与对象之间也存在类似的关系。程序不运行时，对象之间没有任何交互，但在事件等外力的作用下，对象与对象之间按照预定的方法传递消息，开始协调工作。下面通过一个实例来看看对象之间是如何交互的。

【例 4-24】　模拟电话通话过程。

通话的过程是，通话人 A 拨号，通话人听到拨号音摘机，然后双方通话。通话结束，挂机。该问题中有 3 个类：电话、通信（负责连通电话）、通话人，其类图如图 4-16 所示。

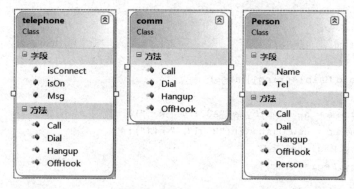

图 4-16　例 4-24 类图

模拟程序的过程如下。

(1) 实例化通话人 Person 对象 c1、c2，该对象包含姓名和电话属性。

(2) 给对象 c1、c2 分别配置电话 telephone。

(3) c1 通过 Dial(Person) 方法给 c2 拨号。Dial()方法调用 comm 类的 Dial()方法，实现电话的呼叫。comm 类调用 telephone 类的 Dial()方法，修改 c1、c2 的电话状态。

(4) c2 通过 OffHook(Person) 方法摘机，接通电话。OffHook()方法调用 comm 类的 OffHook()方法，该方法调用 telephone 类的 OffHook()方法修改电话状态，连通 c1 和 c2 的电话。

(5) c1 通过 Call(Person)方法和 c2 通话。

Call()方法调用 comm 类的 Call()方法,通过 telephone 类的 Call()方法实现 c1 与 c2 消息的传递。

(6) c1 通过 Hangup(Person)方法挂机,完成通话。

Hangup()方法调用 comm 类的 Hangup()方法,修改 c1、c2 的电话状态,断开通话连接。

程序代码如下。

```
//电话类
public class telephone
{
    public bool isOn;                              //是否可以通话
    public bool isConnect;                         //是否连接中
    public string Msg;
    public void Dial(telephone  t)                 //拨号
    {
        isConnect = true; t.isConnect = true;      //连接对方电话
        t.Msg = "滴滴……";                          //设置对方对话的消息
        Msg = "滴滴……";                            //设置本机对话的消息
    }
     //挂机
    public void Hangup(telephone t)
    {
        isConnect = false;t.isConnect = false;     //取消双方连接
        t.isOn = false; isOn = false;              //双方通话状态不允许
        t.Msg = "呜呜……";                          //对方电话消息为忙音
        Msg = "……";                                //本机静音
    }
     //摘机
    public void OffHook(telephone t)
    {
        if (isConnect)                             //如果电话处于连接状态,允许通话
          { isOn = true; t.isOn = true; }
    }
     //通话
    public void Call(telephone t,string Msg)
    {
      if (isOn && Msg!=null)                       //如果允许通话且消息不为空,将消息传递给对方
        t.Msg = Msg;
    }
}
//通信类
class comm
```

```csharp
{
    //电话 t1 呼叫 t2,请求连接
    static public void Dial(telephone t1, telephone t2)
    { t1.Dial(t2); }
    //电话 t1 传输消息 msg 给 t2
    static public void Call(telephone t1, telephone t2, string msg)
    {t1.Call(t2, msg); }
    //电话 t1 响应 t2 的呼叫,连通 t2
     static public void Hangup(telephone t1, telephone t2)
    {t1.Hangup(t2); }
    //电话 t1 中断与电话 t2 的连接
     static public void OffHook(telephone t1, telephone t2)
    {t1.OffHook(t2); }
}
//通话人类
public class Person
{
    public string Name;
    public telephone Tel;
    public Person(string Name) { this.Name = Name; }
    //拨号呼叫 obj
    public void Dail(Person obj){
        Console.WriteLine("---{0}拨号---", Name);
        comm.Dial(this.Tel, obj.Tel);
        Console.WriteLine("{0}:\t{1}", Name, Tel.Msg);
    }
    //通话,传输消息 Msg 给 obj
    public void Call(Person obj, string Msg){
        Console.WriteLine("{0}:\t[{1}]\t{2}", Name, this.Tel.Msg, Msg);
        comm.Call(this.Tel, obj.Tel,Msg);
    }
    //摘机响应 obj 的呼叫
    public void OffHook(Person obj){
        Console.WriteLine("---{0}摘机--", Name);
        comm.OffHook(this.Tel,obj.Tel);
    }
    //挂机,中断与电话 obj 的通话
    public void Hangup(Person obj){
        Console.WriteLine("----{0}挂机----", Name);
        comm.Hangup(this.Tel, obj.Tel);
        System.Console.WriteLine("{0}:\t{1}", Name, Tel.Msg);
    }
}
//类应用测试
```

```
class Program
{
    static void Main(string[] args)
    {
        Person c1 = new Person("张三");
        Person c2 = new Person("李四");
        c1.Tel = new telephone()  ;             //分别给张三、李四配置一部电话
        c2.Tel = new telephone() ;
        Console.WriteLine("{0}给{1}打电话", c1.Name, c2.Name);
        c1.Dail(c2);                            //c1 拨号
        c2.OffHook(c1);                         //c2 摘机
        c1.Call(c2, null);                      //c1 通话,没有讲话
        c2.Call(c1,"你好!谁呀?");                //c2 与 c1 讲话
        c1.Call(c2, "喂,你好!我是张");            //c1 与 c2 讲话
        c2.Call(c1, "你好!好久不见");
        c1.Call(c2, "在哪喂!");
        c2.Call(c1, "在四川!");
        c2.Call(c1, "欢迎到四川!");
        c1.Hangup(c2);                          //c1 挂机
        c1.Call(c2, "我一定来!");
        c2.Call(c1, "挂啦,没有声音了!");
        c1.Call( c2, "我一定来!");
    }
}
```

程序运行结果如图 4-17 所示。

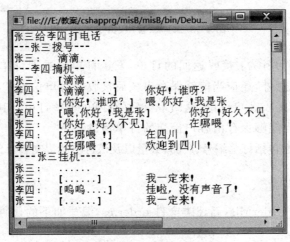

图 4-17 例 4-24 程序运行结果

程序说明：

在运行结果中,描述了打电话的过程以及通话人的信息,接收到的电话内容,本机发送的电话内容。

任务 4-4　模拟客户订货处理

1. 任务要求

模拟客户订货处理。客户订货时,订货的内容包括订货编号、产品名、数量。公司员工可以查看客户提交的订单,审核订单后返回给客户,客户可查看审核后返回的订单。

2. 任务分析

根据任务要求,抽象出 3 个类:订单 Order、客户 Client、员工 Employee,它们的关系如图 4-18 所示。

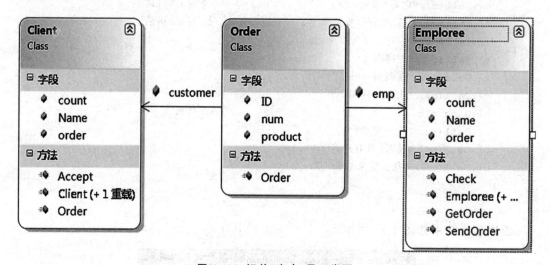

图 4-18　订单、客户、员工类图

客户类两个主要的行为:接收返回的订单,发送订单给受理订单的员工。其属性除了客户编号等客户信息外,还应当能够保存审核后接收的订单信息。

员工类的行为有接收客户订单,返回审核后的订单,审核订单。其属性除了员工编号等员工信息外,还应当能够保存由客户提交的订单信息。

订单类的主要属性包括订单编号、产品、数量以及该订单的提交者、订单的审核者等信息。

3. 任务实施

(1) 创建新项目 OrderMis,新建类文件 order.cs,编写如下的代码。

```
public class Order
{
    public Client customer;              //订货客户
    public Emploree emp;                 //受理人员
    public string ID;                    //订货单号
    public string product;               //产品名
```

```csharp
    public int num;                                    //产品数量
    public Order(string id,string product,int num)
    {
        ID = id;this.product=product;this.num=num;
    }
}
```

(2) 新建类文件 client.cs，编写如下代码。

```csharp
public class Client
{
    public string Name;                              //客户名
    public Client() { }
    public Client(string name)
    { Name = name; }
    public Order[] order = new Order[100];           //审核后返回给客户的订单
    public int count = 0;                            //返回订单的数量
    //将订单提交给受理人
    public void Order(Emploree waitress, Order order)
    {
        order.customer = this; waitress.GetOrder(order);
    }
    //接收返回的订单
    public void Accept(Order order)
    { this.order[count++] = order; }
}
```

(3) 新建类文件 Emplore.cs，编写如下代码。

```csharp
public class Emploree
{
    public string Name;                              //员工号
    public Emploree() { }
    public Emploree(string name)
    {  Name=name; }
    public Order[] order = new Order[100];           //接收的订单
    public int count = 0;                            //接收订单的数量
    //接收订单
    public void GetOrder(Order order)
    { this.order[count++] = order; }
    //将订单返回给客户
    public void SendOrder(Client m,Order ord)
    { m.Accept(ord);  }
    //审核订单
    public Order Check(string ID)
    {
```

```
    int i;
    for (i = 0; i < count && order[i].ID != ID; i++)
        ;
    if (i < count) order[i].emp = this; return order[i];
    else return null;
}
```

(4) 新建一个 Windows 窗体,其界面如图 4-19 所示。

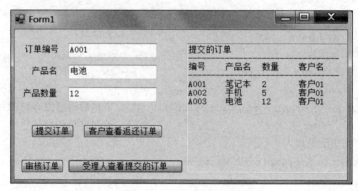

图 4-19 客户订单管理界面

各控件属性如表 4-4 所示。

表 4-4 控件属性

控件名	属性	属性值	控件名	属性	属性值
Form1	Name	Form1	TextBox4	ReadOnly	true
	Text	Form1		ScrollBars	Vertical
Lable1	Name	lb_order	Button1	Name	button1
	Text	订单编号		Text	提交订单
Lable2	Name	lb_product	Button2	Name	button2
	Text	产品名		Text	审核订单
Lable3	Name	lb_num	Button3	Name	button3
	Text	产品数量		Text	受理人查看提交的订单
TextBox1	Name	tb_order	Button4	Checked	button4
TextBox2	Name	tb_product		Text	客户查看返还订单
TextBox3	Name	tb_num			
TextBox4	Name	tb_list			
	Multiline	true			

(5) 编写如下代码。

```csharp
public partial class Form1 : Form
{
    Client c=new Client("客户01");                    //实例化一个客户
    Emploree emp=new Emploree("员工01");              //实例化一个受理人
    public Form1()
    {
        InitializeComponent();
    }
    //"提交订单"按钮的click事件方法
    private void button1_Click(object sender, EventArgs e)
    {
        //实例化一个订单
        Order o= new Order(tb_order.Text,tb_product.Text,
                    Convert.ToInt16(tb_num.Text));
        c.Order(emp, o);                              //将订单提交给受理人
    }
    //查看"提交订单"按钮的click事件方法
    private void button3_Click(object sender, EventArgs e)
    {
        int i;
        tb_list.Text="";
        Order o;
        tb_list.Text="返回的订单\r\n";
        tb_list.Text += "--------------------------------\r\n";
        tb_list.Text+="编号\t产品名\t数量\t受理人\r\n";
        tb_list.Text += "--------------------------------\r\n";
        for (i = 0; i < c.count; i++) {
            o=c.order[i];
            tb_list.Text += o.ID + "\t" + o.product + "\t" + o.num.ToString() +
                        "\t" + o.emp.Name + "\r\n";
        }
    }
    //"审核订单"按钮的click事件方法
    private void button2_Click(object sender, EventArgs e)
    {
        Order o = emp.Check(tb_order.Text);           //审核订单
        emp.SendOrder(c,o);                           //将订单返回给客户
    }
    //"客户查看返还订单"按钮的click事件方法
    private void button4_Click(object sender, EventArgs e)
    {
        int i;
```

```
tb_list.Text = "";
Order o;                                          //订单
tb_list.Text="提交的订单\r\n";
tb_list.Text += "-----------------------------------\r\n";
tb_list.Text+="编号\t产品名\t数量\t客户名\r\n";
tb_list.Text += "-----------------------------------\r\n";
for (i = 0; i < emp.count; i++) {
  o = emp.order[i];
  tb_list.Text += o.ID + "\t" + o.product + "\t" + o.num.ToString() +
        "\t" + o.customer.Name + "\r\n";
  }
 }
}
```

(6) 编译并运行。

4.5 运算符的重载

在前面介绍的运算符的使用中,进行运算的操作数都是C#提供的基本数据类型,对于类的实例——对象是否也可以直接通过运算符参与运算呢?例如,定义一个复数类,如何将两个复数对象作为操作数直接进行加、减等运算。这就是本节要解决的问题。本节将通过运算符的重载,实现客户对象的直接比较,完成按照客户姓名进行排序。

4.5.1 运算符重载的概念

运算符重载是指对已有的运算符重新进行定义,赋予其另一种功能,以适应不同的数据类型。各种运算符在C#内部已被定义成方法。C#的一元和二元运算符都有在任何表达式中自动重用的功能,即被用户重载。如加法只有一个运算符"+",但"+"不仅可以进行各种数值类型数据的加法运算,还可以进行字符串的连接运算。这其中的原因是String类和string数据类型重载了加法运算符,所以重载运算符不但使运算符的运算功能具有更一般的意义,而且能使代码更简洁、直观。但是,不是所有运算符都允许重载,下述运算符可以重载。

- 一元运算符:+、-、!、~、++、--、true、false
- 二元运算符:+、-、*、/、%、&、|、^、<<、>>
- 比较运算符:==、!=、<、>、<=、>=

不可重载的运算符如下。

- &&、||:逻辑运算符不可被重载。
- []:数组运算符不可被重载,但可以定义索引。
- ():强制类型转换符不能被重载,但可以定义新的转换操作符。

- +=、-=、*=、/=、%=、&=、|=、^=、<=、>=：复合赋值运算符不能被重载。
- =、.、? :、->、new、is、as、typeof、sizeof：这些运算符不能被重载。

对于可重载的运算符,还要对其事先定义,它才能真正具有重载的功能。定义重载运算符方法的语法格式如下。

```
public  static 返回类型 operator 运算符(参数表)
{
    //可执行代码
}
```

其中:
(1) 返还类型是指执行重载运算代码后返回的数据类型。
(2) operator 是运算符重载定义中的关键字,指出这是一个重载运算符的方法。
(3) 参数表中的参数可以是任何数据类型的参数,这些参数是用来参与运算的操作数,参数的顺序同运算符所连接的运算对象的顺序必须一致。

注意:
(1) 所有运算符重载方法均为类的静态方法。此外还应注意,重载相等运算符(==)时,还必须重载不相等运算符(!=)。<和>运算符以及<=和>=运算符也必须成对重载。
(2) C#要求所有的运算符重载都声明为 public 和 static,这表示它们与类或结构体相关联,而不是与实例相关联,所以运算符重载的代码不能访问非静态类成员,也不能使用 this 关键字。

4.5.2 重载二元运算符

重载二元运算符的语法格式如下。

```
public static 返回类型 operator 运算符(数据类型 操作数 1,数据类型 操作数 2)
{
    //可执行代码
}
```

二元运算符都带有两个参数,定义中至少有一个参数是重载该二元运算符的类或结构体类型;重载二元运算符的方法可以返回任何类型,通常返回重载该二元运算符的类或结构体类型,所以定义中的返回类型和数据类型通常都是重载该二元运算符的类或结构体的名称。

【例 4-25】 重载复数运算,加减乘除用符号+、-、*、/来表示。

```
class Complex                              //定义复数类
{
    private double Real;                   //复数实部
```

```
    private double Imag;                           //复数虚部
    public Complex(double x, double y)             //构造方法
    {
      Real = x; Imag = y;
    }
    //重载二元运算符"+"
    static public Complex operator +(Complex a, Complex b)
    {
      return (new Complex(a.Real + b.Real, a.Imag + b.Imag));
    }
    //按复数格式显示复数
    public void Display()
    {
      if (Real != 0) {
        if (Imag>0)   Console.WriteLine("{0}+{1}j", Real, Imag);
        else if (Imag<0
          Console.WriteLine("{0}{1}j", Real, Imag);
        else   Console.WriteLine("{0}", Real);
      }
      else {
        if (Imag==0)   Console.WriteLine("{0}", Imag);
        else   Console.WriteLine("{0}j", Imag);
      }
    }
}

class Program
{
  static void Main(string[] args)
  {
    Complex x = new Complex(1.0, 2.0);
    Complex y = new Complex(3.0, -4.0);
    Complex z;
    x.Display();                                   //显示:1+2j
    y.Display();                                   //显示:3+4j
    z = x + y;                                     //运算符重载
    z.Display();                                   //显示:4-2j
  }
}
```

程序运行结果如图 4-20 所示。

程序说明：

本案例将"+"运算符定义为可重载的运算符，利用它可以实现复数的加法运算。

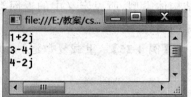

图 4-20 例 4-25 程序运行结果

利用运算符的重载技术,可以对任意两个对象做二元运算,可以实现"对象+对象"的运算,也可以实现"对象+整数"的运算。

【例 4-26】 坐标运算。

```
class Point                                    //定义一个二维坐标类
{
  int x, y;                                    //二维坐标
  public Point() { x = y = 0; }                //不带参数的构造方法
  public Point(int a, int b) { x = a; y = b; } //带参数的构造方法
  //重载"+",用于"对象+对象"运算
  public static Point operator +(Point op1, Point op2)
  {
    Point result = new Point();                //创建一个对象
    //求两点坐标和并返回结果
    result.x = op1.x + op2.x; result.y = op1.y + op2.y;
    return result;
  }
  //重载"+",用于"对象+整数"运算
  public static Point operator +(Point op1, int op2)
  {
    Point result = new Point();                //创建一个对象
    //求两点坐标和并返回结果
    result.x = op1.x + op2; result.y = op1.y + op2;
    return result;
  }
  public string Value()                        //输出坐标
  {
    return "(" + x.ToString() + "," + y.ToString() + ")";
  }
}
class Program
{
  static void Main(string[] args)
  {
    Point p1 = new Point(1, 2);
    Point p2 = new Point(3, -4);
    Point p,pp;
    p = p1 + p2;
    Console.WriteLine("{0}+{1}={2}", p1.Value(), p2.Value(),p.Value ());
    pp = p + 3;
    Console.WriteLine("{0}+{1}={2}", p.Value(),3, pp.Value());
  }
}
```

程序运行结果如图 4-21 所示。

程序说明：

由于"对象＋整数"的重载"＋"的定义中，"整数"在"＋"号的右侧，所以如果要进行"整数＋对象"的运算就不能实现，解决的方法是在上述代码中再增加"整数＋对象"的重载"＋"定义，这样就可灵活应用了。

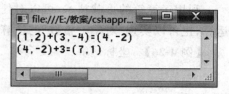

图 4-21　例 4-26 程序运行结果

4.5.3　重载一元运算符

重载一元运算符的方式与重载二元运算符的方式类似，不同的是一元运算符重载时只作用于一个对象，其参数只有一个。定义一元运算符重载的语法格式如下。

```
public   static   返回类型   operator 运算符(数据类型   操作数)
{
    //可执行代码
}
```

其中，返回类型和操作数的数据类型只能是重载该运算符的类类型（所在类的类名）。

【例 4-27】　实现坐标点的自增、自减运算。

```
class Point                                     //定义一个二维坐标类
{
  int x, y;                                     //二维坐标
  public Point() { x = y = 0; }                 //不带参数的构造方法
  public Point(int a, int b) { x = a; y = b; }  //带参数的构造方法
  public static Point operator ++(Point p)      //自增运算
  {
    p.x++;  p.y++;
    return p;
  }
  public static Point operator --(Point p)      //自减运算
  {
    p.x--;  p.y--;
    return p;
  }
  public string Value()                         //打印坐标
  {
    return "(" + x.ToString() + "," + y.ToString() + ")";
  }
}
class Program
{
```

```
static void Main(string[] args)
{
    Point p = new Point(1, 2);
    Console.WriteLine("p:{0}", p.Value());
    p++;
    Console.WriteLine("p++:{0}", p.Value());
    --p;
    Console.WriteLine("--p{0}", p.Value());
}
```

程序运行结果如图 4-22 所示。

程序说明：

由此例可见"＋＋"或"－－"运算符被重载，操作数的值通常会改变，而其他运算不会。另外，当重载"＋＋"或"－－"时，a＋＋和＋＋a 这两种格式调用的是同一个方法，所以重载之后无法区分运算符"＋＋"或"－－"的前缀和后缀格式。

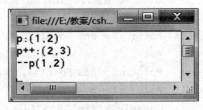

图 4-22　例 4-27 程序运行结果

4.5.4　重载关系运算符

可被重载的关系运算符有＜、＜＝、＞和＞＝。

对关系运算符的重载，返回的值不是类的对象，而是一个布尔值，其结果是 true 或 false，这与关系运算符通常的用法是一致的。重载的关系运算符也可以用在条件表达式中。

【例 4-28】　坐标点的比较。

```
class Point                                //定义一个二维坐标类
{
    int x, y;                              //二维坐标
    public Point() { x = y = 0; }          //不带参数的构造方法
    public Point(int a, int b) { x = a; y = b; }   //带参数的构造方法
    public static bool operator <(Point op1, Point op2){
        return ((op1.x < op2.x) && (op1.y < op2.y))
    }
    //重载">",用于对象间的比较
    public static bool operator >(Point op1, Point op2){
        return ((op1.x > op2.x) && (op1.y > op2.y))
    }
    public static bool operator ==(Point op1, Point op2){
        return ((op1.x == op2.x) && (op1.y == op2.y));
    }
    public static bool operator !=(Point op1, Point op2){
```

```
            return (op1.x != op2.x || op1.y != op2.y);
        }
        public string Value()                          //打印坐标
        {
            return "(" + x.ToString() + "," + y.ToString() + ")";
        }
    }
    class Program
    {
        static void Main(string[] args)
        {
            Point p1 = new Point(1, 2);
            Point p2 = new Point(2, 4);
            Point p3 = new Point(1, 2);
            Point p4 = new Point(3, 2);
            Console.WriteLine("{0}<{1}={2}", p1.Value(), p2.Value(), p1 < p2);
            Console.WriteLine("{0}>{1}={2}", p4.Value(), p3.Value(), p4 > p3);
            Console.WriteLine("{0}=={1}={2}", p1.Value(), p3.Value(), p1 == p3);
        }
    }
```

程序运行结果如图 4-23 所示。

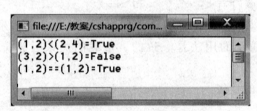

图 4-23　例 4-28 程序运行结果

程序说明：

(1) 重载关系运算符通常要返回 bool 类型的数据，所以在重载关系运算符时应用 bool 类型说明。

(2) 在重载关系运算符时，必须成对重载，即重载了＝＝运算符，就必须重载！＝运算符；重载了＞运算符，就必须重载＜运算符。

任务 4-5　客户信息的分类排序

1. 任务要求

通过 Windows 界面登记客户信息并显示，并实现按照客户的姓名排序，按照编号查找。

2. 任务分析

1) 客户类的定义

客户信息包括客户编号、客户姓名、性别、电话、地址字段等。其类图如图 4-24 所示。其中客户编号自动生成,所以定义两个静态变量,一个为编号的前缀,另一个为客户编号的顺序号,通过静态构造方法实现对静态成员的初始化。在实例化一个客户对象时,自动生成客户编号。可以通过方法来获取或设置客户的姓名、电话等字段。通过运算符的重载实现对客户信息的比较(按照姓名比较)。

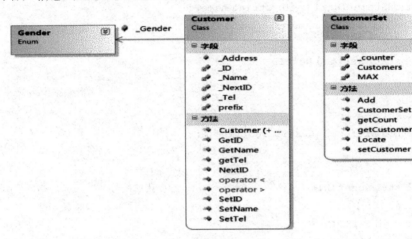

图 4-24 任务 4-5 类图

2) 客户集合的定义

用一个客户数组来存放所有客户信息,定义一个客户集合类,包括客户数组、当前客户人数、允许存储的数组最大容量等。有添加客户、获取客户信息、修改客户信息、查找客户信息、获取客户人数等方法。其类图如图 4-24 所示。

3. 任务实施

(1) 建立一个新项目 MIS,生成一个空白窗体(Form1)。

(2) 选择"项目"→"添加类"命令,在弹出的窗口中选择"类"选项,输入文件名 Customer,在新项目中将添加一个 Customer.cs 文件。在该文件中编写如下代码(代码中省略了部分字段)。

```
public enum Grander {男,女}
public class Customer
{
    private string _ID;                    //编号
    private static string prefix;          //编号前缀
    private static int _NextID;            //顺序号
    private string _Name;                  //姓名
    private string _tel;                   //电话
```

```csharp
        private string _add;                         //地址
        private  Grander  _grander;                  //性别
        public Customer() { }
        static Customer()                            //静态构造方法
        {
           _NextID = 0;                              //顺序号起始值
           prefix = "A00";                           //前缀
        }
        //带参数的实例构造方法
        public Customer(string ID, string name)
        { _ID = ID; _Name = name; ;
        }
        public static string NextID
        {
          get{
           _NextID += 1;
            return prefix + _NextID.ToString();
          }
        }
        public string GetID()                        //获取编号
        { return _ID; }
        public void SetID()
        { _ID = NextID();
         }
        public string GetName()                      //获取姓名
        { return _Name; }
        public void SetName(string Name)             //设置姓名
        { _Name = Name; }
        ...//获取及设置性别、地址、电话的方法
        //运算符重载,比较姓名
        public static bool operator >(Customer c1, Customer c2)
        {
            return string.Compare(c1.GetName(), c2.GetName()) > 0;
        }
        public static bool operator <(Customer c1, Customer c2)
        {
            return string.Compare(c1.GetName(), c2.GetName()) < 0;
        }
}
```

(3) 在文件 Customer.cs 中定义客户集合类。

```csharp
class CustomerSet
{
  private int _counter;                              //当前人数
```

```csharp
    private int MAX;                              //允许添加的最大值
    private Customer[] Customers;                 //客户数组
    public int getCount()                         //获取当前人数
    { return _counter; }
    public CustomerSet(int max)                   //构造方法
    {
        MAX = max; _counter = 0;
        Customers = new Customer[MAX];
    }
            //添加一个客户
    public bool Add(Customer c)                   //添加
    {
        if (_counter < MAX) {
            Customers[_counter++] = c;
            return true;
        }
        else return false;
    }
    //获取位序为 pos 的客户信息
    public Customer getCustomer(int pos)
    {
        if (pos <= _counter) return Customers[pos - 1];
          else return null;
    }
            //设置位序为 pos 的客户信息
    public void setCustomer(int pos, Customer c)
    {
        if (pos <= _counter) Customers[pos - 1] = c;
    }
            //查找客户编号为 id 的客户在数组中的位置
    public int Locate(string id)
    {
        int i;
        for (i = 0; i < _counter && id != Customers[i].GetID(); i++);
        if (i < _counter) return i + 1;
        else     return 0;
    }
}
```

(4) 在工具箱窗口中的 Windows 窗体类别中选择相应的控件,在任务 4-3 的基础上添加 1 个 Label 控件、1 个 TextBox 控件、2 个按钮控件,如图 4-25 所示。

各控件属性的设置如任务 4-3,增加的控件属性如表 4-5 所示。

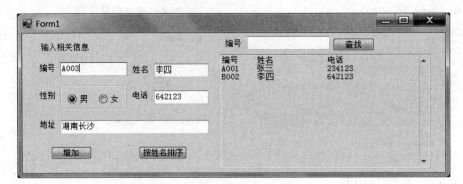

图 4-25　任务 4-5 界面设计

表 4-5　增加的控件属性

控件名	属性	属性值	控件名	属性	属性值
Button2	Name	button2	Lable5	Name	lb_fid
	Text	按姓名排序		Text	编号
Button3	Name	button3	TextBox5	Name	tb_fid
	Text	查找			

（5）在 Form1 的代码视图中编写如下代码。

```
public partial class Form1 : Form
{
  CustomerSet cs = new CustomerSet(100);      //实例化客户集合
  public Form1()
  {
    InitializeComponent();
    tb_id.Text = Customer.NextID();           //自动设置客户编号
  }
  //在文本框中列表显示所有客户信息
  private void List()
  {
    tb_list.Text = "编号\t\t姓名\r\n";
    Customer c;
    for (int i = 1; i <= cs.getCount(); i++)
    {
      c = cs.getCustomer(i);
      tb_list.Text += c.GetID() + "\t" + c.GetName() + "\r\n";
    }
  }
  //"增加"按钮 button2 的 click 事件方法
  private void button2_Click(object sender, EventArgs e)
  {
```

```csharp
            Customer c = new Customer(tb_id.Text, tb_name.Text.Trim());
            if (cs.Add(c) == false) MessageBox.Show("增加失败");
            tb_id.Text = Customer.NextID();           //自动设置客户编号
            List();                                    //显示所有客户信息
        }
        //"按姓名排序"按钮 button2 的 click 事件方法
        private void button2_Click(object sender, EventArgs e)
        {
            int i, j;
            Customer t;
            //按照姓名排序
            for (i = 1; i <= cs.getCount(); i++)
            {
                for (j = i; j <= cs.getCount(); j++)
                {
                    if (cs.getCustomer(i) < cs.getCustomer(j)){
                        t = cs.getCustomer(j);cs.setCustomer(j, cs.getCustomer(i));
                        cs.setCustomer(i, t);
                    }
                }
            }
            List();
        }
        //"查找"按钮 button3 的 click 事件方法
        private void button3_Click(object sender, EventArgs e)
        {
            int pos;
            pos = cs.Locate(tb_fid.Text.Trim());
            Customer c=cs.getCustomer(pos);
            tb_id.Text = c.GetID();tb_name.Text=c.GetName();
        }
    }
```

(6) 编译并运行。

4.6 属性与索引

面向对象程序设计中，封装可以限制用户使用数据成员和方法成员。如果要使设计的类不但对客户隐藏数据成员，又能方便地访问数据成员，一种方法是在类中建立一个公有方法，通过该方法间接地访问数据成员；另一种方法是利用属性和索引。本节介绍利用属性访问数据成员，利用索引访问数据集合中的数据元素的方法。

4.6.1 属性

类的属性成员用来描述、表达对象的一些特征属性,如字符串的长度、字体的大小、窗口的标题等。但是属性本身不存储任何数据,只是提供了一个数据交换的方式。属性成员是对变量成员的一种扩展,在 C♯ 中,属性使用专门的访问方法对属性值进行读/写,因而它提供了比变量成员更加灵活的应用机制。

1. 定义类的属性成员

属性的定义一般包括两个部分。
(1) 定义一个私有的数据成员。
(2) 使用属性声明定义一个公有的属性。
语法格式如下。

```
[访问修饰符] 数据类型 属性名
{
    get{语句;}                    //读访问器
    set{语句;}                    //写访问器
}
```

其中:

(1) 访问修饰符可以是 public、private、static、protected、virtual、override、abstract 等。如果带有 abstract 修饰符,则访问方法中只包含一个分号";"。如果是其他修饰符,则访问方法中要包含访问方法被调用时所要执行的代码。

(2) "数据类型"可以是任何一种数据类型,它表示属性成员的值的类型。

(3) {}中的代码是执行属性过程的程序,主要包括 get 访问方法和 set 访问方法两部分。

省略 get 块则创建只写属性,省略 set 则块创建只读属性。应至少包含一个块才是有效的。

2. get 方法

get 访问方法是一个不带参数的方法,必须有一个属性类型的返回值,用于向外部返回属性成员的值。简单的属性一般与私有字段相关联,以控制对这个字段的访问,此时可以直接返回该字段的值。get 方法的语法格式如下。

[访问修饰符] get {语句}

get 访问方法中的语句主要用于用 return 或 throw 语句返回某个变量成员的值。

3. set 访问方法

set 访问方法是一个带有简单值类型参数的方法,它用于处理类外部的值写入。set

方法带有一个特殊的关键字 value，value 就是 set 访问方法的隐式参数，在 set 访问方法中通过 value 参数将外部输入的值传递进来，然后赋值给某个变量成员。set 访问方法的语法格式如下。

[访问修饰符] set {语句}

【例 4-29】 定义客户信息。

```
class Customer
{
    private string _ID;                          //编号
    private static string prefix="A00";          //编号前缀
    private static int NextID=0;                 //顺序号
    private string _name;                        //姓名
    private int _amount;                         //订货量
    public Customer(string Name,int Amount)
    {
        NextID += 1;
        _ID = prefix + NextID.ToString();
        _name=Name; _amount=Amount;
    }
    public string Name                           //可读可写
    {
        get{return _name;}
        set{_name=value;}
    }
    public int Amount                            //只写
    {
        set{ _amount+=value;}
    }
    public float Rate                            //只读
    {
        get{return 0.01 * _amount}
    }
}
```

这样，利用属性成员的访问方法来访问类中的成员变量，就可以通过属性成员把类本身与应用该类的程序分隔开来，很好地实现了类的封装。如 Customer 中的_name 是私有成员，外部不能直接访问，可以通过属性 Name 来间接地访问该私有成员变量。外部引用的方法如下。

```
Customer C=new Customer("张三",10000);
String Name=C.Name        //读 Name 属性，通过 get 访问方法获取成员变量_name 的值
String Name=C._name       //错误，因为_name 为私有
float Rate=C.Rate         //读 Rate 属性，通过 Get 访问方法，根据_amount 计算其值
```

```
//修改_amount 的值
C.Amount=1000              //_amount 的值修改为 10000+1000=11000
```

定义属性的访问权限时，必须遵守以下规则。

（1）一般将属性定义为 public，定义时，只能改变一个访问方法的访问权限，将它的两个访问方法都变成 private，这样将毫无意义。

（2）访问修饰符所指定的访问权限必须高于属性的访问权限。

（3）不能使用 set 访问器方法初始化一个结构体或者类的属性。

（4）不能将属性作为一个 ref 或者 out 参数来使用，但可以将一个可写的字段作为 ref 或 out 参数来使用。

（5）对同一个属性，最多只能有一个 get 访问方法和一个 set 访问方法。属性不能包含其他方法、字段或属性。

（6）get 和 set 访问方法不能获取任何参数，所赋的值会使用值变量自动传给 set 访问方法。

（7）不能声明 const 或 readonly 属性。

4．自动属性

属性是访问对象状态的首选方式，因为它们禁止外部代码直接访问对象内部的私有数据。C♯还为此提供了另一种方式：自动属性。利用自动属性，可以用简化的语法声明属性，C♯编译器会添加未输入的内容。具体而言，编译器会声明一个用于存储属性的私有字段，并在属性的 get 和 set 访问方法中使用该字段，用户无须考虑细节。

使用下面的代码可以定义一个自动属性。

```
public string Name
{    get;   set;
}
```

以通常的方式定义属性的访问权限、类型和名称，但没有给 get 和 set 访问方法提供执行代码时，这些方法的代码（和底层的字段）都由编译器提供。

使用自动属性时，只能通过属性访问数据，因为不知道底层私有字段的名称（该名称是在编译期间定义的），无法访问它。但这并不是一个限制，因为可以直接使用属性名。自动属性的唯一限制是它们必须包含 get 和 set 访问方法，不能用这种方式定义只读或只写属性。

5．静态属性

在定义属性时加上 static 修饰符，且不带有 virtual、abstract 或 override 修饰符，则该属性就是静态属性。静态属性具有以下特点。

（1）同其他静态成员一样，静态属性也不与具体的实例（对象）发生关系，它同样只是属于整个类。

（2）在静态属性的访问方法中不能使用 this 关键字，否则会出错。

(3) 可以使用静态属性实现静态只读变量的作用,并且不用初始化变量,也不用保存,可以随时调用。

【例 4-30】 定义客户信息。

```
class Customer
{
   private static string prefix = "A00";        //编号前缀
   private static int _NextID = 0;              //顺序号
   public string ID                             //编号
   {
      get; set;                                 //自动属性
   }
   public string Name                           //姓名
   { set; get; }
   public static string NextID                  //静态属性,获取下一个编号
   {
      get {
         _NextID++;
         return prefix + _NextID.ToString();
      }
      set { prefix = value; }                   //设置编号的前缀
   }
   public Customer(){}
   public void display()                        //显示客户信息
   {
       Console.WriteLine("{0}\t{1}", ID, Name);
   }
}
class Program
{
   static void Main(string[] args)
   {
      Customer c1 = new Customer();
      c1.ID = Customer.NextID;                  //静态属性,自动生成编号
      c1.Name = "张三";
      c1.display();                             //显示客户信息
      Customer c2 = new Customer();
      Customer.NextID = "B00";                  //设置编号前缀
      c2.ID = Customer.NextID;    c2.Name = "李四";
      c2.display();
      Console.ReadLine();
   }
}
```

程序运行结果如图 4-26 所示。

图 4-26　例 4-30 程序运行结果

注意：在 C#中，字段表示与对象或类相关联的变量，而不论其修饰符是不是 public。通常来讲修饰符是 public 的成员变量称为字段，而 private 更适合说是局部变量。属性表示字段的自然扩展，使得在保证封装性的基础上实现访问私有成员的便捷性。

属性与字段都可在对象中进行存储和检索，它们的相似性使得在给定情况下很难确定哪个是更好的编程选择。通常在以下情况下使用属性。

(1) 需要控制设置或检索值的时间和方式时。

(2) 属性有的值需要进行验证时。

(3) 设置值导致对象的状态发生某些明显的变化时（如 IsVisible 属性）。

(4) 设置属性会导致其他内部变量或其他属性的值变化时。

(5) 必须先执行一组步骤，然后才能设置或检索属性时。

通常在以下情况下使用字段。

(1) 值为自验证类型时。例如，如果将 true 或 false 以外的值赋给 Boolean 变量，就会发生错误或进行自动数据转换。

(2) 在数据类型所支持范围内的任何值均有效时。Single 或 Double 类型的很多属性属于这种情况。

(3) 属性是 String 数据类型，且对于字符串的大小或值没有任何约束时。

4.6.2　索引器

在 C#语言中，数组也是类，例如，声明一个整型数数组 int[] arr＝new int[5]，实际上生成了一个数组类对象，arr 是这个对象的引用（地址）。访问这个数组元素的方法是 arr[下标]。是否可以定义自己的类，用索引访问类中的数据成员？索引器（indexer）提供了通过索引方式方便地访问类的数据成员的方法。

1. 定义索引器

索引器的工作方式类似于属性，只是索引器用来访问类中的数组型对象元素，而属性被用来访问类中的私有变量成员，所以定义索引器时，也要使用 get 和 set 访问方法，不同的是使用索引器取得的是对象中各元素的值，而不是特定的数据成员。

定义属性时需要定义属性的名称，而定义索引器时不需要给出名称，只须使用关键字 this，它用于引用当前的对象实例。定义索引器的语法格式如下。

[修饰符]　数据类型　this [数据类型 参数 index]

```
{
    get{语句}
    set{语句}
}
```

其中：

(1) 数据类型是指索引器中的元素类型，它可以是 C♯ 中的各种数据类型。但因为索引通常用于数组的检索，所以此参数习惯上是 int 型的。虽然访问索引元素的形式与访问数组相似，但索引的元素不具有变量的性质，索引器不定义存储空间，所以用索引得到的值不能使用 ref 和 out 方式传递。

(2) this 关键字表示当前类的对象。在类的内部方法中使用 this，就相当于将当前类的某个对象名称用 this 来替代。

(3) { } 中的代码包括 get 和 set 部分，其作用与属性的 get 和 set 访问方法相同，但是这两个方法没有返回值和参数。当使用索引时，访问方法自动被调用，两个方法都接收参数 index，如索引出现在赋值语句的左边，set 访问方法将被调用，通过 value 给 index 所指的元素赋值；相反，get 访问方法被调用，返回 index 所指的元素值。

2. 使用索引器访问对象

索引器的用法与数组大致相同。定义了一个索引器后，就可以对对象使用索引来读写、写对象中的值。

【例 4-31】 使用索引器访问对象。

```
public class Customer
{
    public Customer(string id, string name){
        this.ID = id; this.Name = name;
    }
    public string ID{get;set;}
    public string Name{get;set;}                    //姓名
    public string getInfo(){
        return string.Format(ID+"\t"+Name);
    }
}
class CustomerSet
{
    private int counter = 0;                        //当前人数
    public int Counter{
        get { return counter; }
        set { counter = value; }
    }
    private const int MAX = 100;                    //允许添加的最大值
    private Customer[] Customers = new Customer[MAX];   //客户数组
```

```csharp
//索引指示器声明,this 为 CustomerSet 类的对象
  public Customer this[int Index]
  {
    get {                          //用"对象名[索引]"得到客户信息时,调用 get 访问方法
      return Customers[Index];
    }
    set{                           //用"对象名[索引]"修改客户信息时,调用 set 访问方法
      Customers[Index] = value;
    }
  }
}

class Program
{
  static void Main(string[] args)
  {
    CustomerSet cs = new CustomerSet();
    Customer c1 = new Customer("2019002","张三");
    cs[cs.Counter++] = c1;                         //利用索引给对象中的数组元素赋值
    cs[cs.Counter++] = new Customer("2019001","李四");
    Console.WriteLine("编号\t姓名\t");
    for (int i = 0; i < cs.Counter; i++)
      Console.WriteLine( cs[i].getInfo());         //利用索引访问对象中的数组元素
  }
}
```

程序说明:

创建索引器后,要访问对象中的数组元素时,可以直接通过索引来进行。

3. 索引器的重载

在自定义集合类和索引时,用户可以选择字符串或其他类型作为索引创建索引器,C#并不将索引类型限制为整数,所以可以通过访问器的重载,实现整数索引或者字符串索引。重载索引器时,要保证形参的数量或形参类型至少有一个不同。

【例 4-32】 修改例 4-22,通过姓名来访问数组元素。

```csharp
class Customer
{
  //代码见例 4-31
}
class CustomerSet
{
  //略。代码见例 4-31


//在 CustomerSet 中增加下面的索引,实现索引的重载,通过姓名访问数组元素
```

```
    public Customer this[string name]
    {
      get {
         int i;
         for (i = 0; i < counter && Customers[i].ID != name; i++)
              ;
         if (i < counter) return Customers[i];
         else   return null;
        }
      set {
         int i;
         for (i = 0; i < counter && Customers[i].ID != name; i++)
              ;
         if (i < counter) Customers[i]=value;
      }
    }
}
class Program
{
  static void Main(string[] args)
  {
    CustomerSet cs = new CustomerSet();
    Customer c1 = new Customer("2019002","张三");
    cs[cs.Counter++] = c1;                    //利用索引给对象中的数组元素赋值
    cs[cs.Counter++] = new Customer("2019001", "李四");
    Console.WriteLine("编号\t姓名");
    for (int i = 0; i < cs.Counter; i++)
       Console.WriteLine( cs[i].getInfo());   //利用索引访问对象中的数组元素
    Console.WriteLine("输入查找的编号");
    string id = Console.ReadLine();
    ct = cs[id];                              //调用索引重载,通过编号查找
    if (ct != null)
         Console.WriteLine(cs[i].getInfo());
      else Console.WriteLine("没有找到");
  }
}
```

4. 多重索引

在同一个类中可以定义多重索引,多重索引在使用时,依靠索引的参数表区分。

【例 4-33】 利用多重索引访问客户信息。

```
class Customer
{
```

```csharp
    //代码见例 4-31
}
class CustomerSet
{
//略。代码见例 4-31
//在 CustomerSet 中增加下面的索引,实现多重索引,根据行、列获取数据
//行:定义为数组数据元素;列:依次定义为数据元素的属性
    public object this[int idx1,int idx2]
    {
        get
        {
            if (idx1 >= counter) return null;
            object obj;
            switch (idx2)
            {
                case 1: obj = Customers[idx1].ID; break;
                case 2: obj = Customers[idx1].Name; break;
                default: obj = null; break;
            }
            return obj;
        }
        set
        {
            if (idx1 >= counter) return;
            switch (idx2)
            {
                case 1: Customers[idx1].ID = (String) value; break;
                case 2: Customers[idx1].Name = (String)value; break;
            }
        }
    }
}
class Program
{
    static void Main(string[] args)
    {
        CustomerSet cs = new CustomerSet();
        Customer c1 = new Customer("2019002","张三");
        cs[cs.Counter++] = c1;                          //利用索引给对象中的数组元素赋值
        cs[cs.Counter++] = new Customer("2019001","李四");
        Console.Write("编号\t姓名");
        for (int i = 0; i < cs.Counter; i++) {
            Console.WriteLine();
            for (int j = 1; j <=2; j++)
```

```
            Console.Write(cs[i, j] + "\t");      //多重索引
        }
    }
}
```

程序说明:

在类 CustomerSet 中定义一个二重索引,分别表示数据的行、列。列依次为属性 ID、Name。例如,输出 cs[0,2]相当于输出姓名"张三"。

任务 4-6 客户信息的索引

1. 任务要求

通过 Windows 界面登记客户信息并输出,实现按照客户的姓名排序,按照编号查找。

2. 任务分析

(1) 客户类的定义。利用任务 4-5 的类定义类的相关字段,定义编号、客户姓名、性别、电话、地址为属性。通过属性 NextID 自动生成客户编号。其类图如图 4-27 所示。

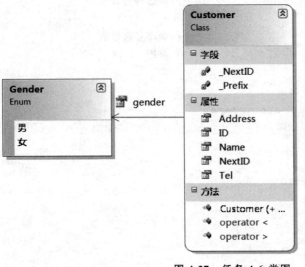

图 4-27 任务 4-6 类图

(2) 客户集合的定义。用一个客户数组来存放所有客户信息,定义一个客户集合类,包括客户数组、当前客户人数、允许存储的数组最大容量等;具有增加客户、删除客户、查找客户、修改客户等方法。通过索引实现对数据元素的存取与查找。其类图如图 4-27 所示。

3. 任务实施

(1) 建立一个新项目 MIS,生成一个空白窗体(Form1)。

（2）选择"项目"→"添加类"命令，在弹出的窗口中选择"类"选项，输入文件名 Customer，在新项目中将添加一个 Customer.cs 文件。在该文件中编写如下代码（在代码中省略了部分字段）。

```csharp
public class Customer
{
    public string ID                              //编号
    { get; set; }
    public string Name
    { get; set; }                                 //姓名
    public Grader Sex
    { get; set; }
    public String Tel
    { get; set; }
    public String Addr
    { get; set; }
    private static string prefix;                 //编号前缀
    private static int _NextID;                   //顺序号
    public Customer() { }
    static Customer()                             //静态构造方法
    {
        _NextID = 0;                              //顺序号起始值
        prefix = "A00";                           //前缀
    }
        //带参数的实例构造方法
    public Customer(string id, string name)
    {
        ID = ID; Name = name; ;
    }
    public static string NextID
    {
        get
        {
            _NextID += 1;
            return prefix + _NextID.ToString();
        }
    }
                                                  //运算符重载,比较姓名
    public static bool operator >(Customer c1, Customer c2)
    {
        return string.Compare(c1.Name, c2.Name) > 0;
    }
    public static bool operator <(Customer c1, Customer c2)
    {
```

```csharp
        return string.Compare(c1.Name, c2.Name) < 0;
    }
}
//定义客户集合类
public class CustomerSet
{
    private int _count,_max;
    public int Count                           //当前记录数
    { get{return _count;} }
    public int Max                             //允许存放的记录数最大值
    { get{return _max} }
    private Customer[] Customers;
    //带参数的构造方法
    public CustomerSet(int max)
    {
        _max = max; _count= 0;
        Customers = new Customer[_max];
    }
     //增加一个元素
    public bool Add(Customer c)
    {
        if (_count < _max)                     //越界
        {
            Customers[_count++] = c;
            return true;
        }
        else return false;
    }
     //索引
    public Customer this[int index]
    {
      get  {
         if (index < _count) return Customers[index];
           else return null;
      }
        set {
           if (index < _count) Customers[index] = value;
        }
    }
     //索引重载
    public Customer this[string ID]
    {
      get {
         int i;
```

```csharp
            for (i = 0; i < _count && Customers[i]. != ID; i++)
                ;
            if (i < _count) return Customers[i];
            else return null;
        }
    }
    //查找编号为 id 的元素在数组中的位置
    public int Locate(string id)
    {
        int i;
        for (i = 0; i < _count && id != Customers[i].ID; i++)
            ;
        if (i < _count) return i + 1;
        else return 0;
    }
    //删除
    public void Delet(int pos)
    {
        int i;
        if (pos < 1 || pos > _count) return;
        for (i = pos; i < _count; i++)
            Customers[i - 1] = Customers[i];
        _count--;
    }
}
```

(3) 在工具箱窗口中的 Windows 窗体类别下选择相应的控件，设计如任务 4-5 的界面。

(4) 在 Form1 的代码视图下编写如下代码。

```csharp
public partial class FSort : Form
{
    //创建可以存放 100 条记录的客户集合
    CustomerSet cSet = new CustomerSet(100);    public FSort()
    {
        InitializeComponent();
        tb_id.Text = Customer.NextID;
    }
    //列表显示客户信息
    public void list()
    {
        tb_list.Text = " 编号\t 姓名\t 性别\t 电话\t 地址\r\n";
        Customer c;
        for (int i = 0; i < cSet.Count; i++)
```

```csharp
        {
            c = cSet[i];
            tb_list.Text += c.ID + "\t" + c.Name + "\t"+c.Sex+"\t"+c.Tel+"\t"+c.Addr+"\r\n";
        }
    }
    //"增加"按钮 button1 的 click 事件方法
    private void button1_Click(object sender, EventArgs e)
    {
        if (cSet[tb_id.Text] != null){
            MessageBox.Show("编号重复");
            return;
        }
        Customer c = new Customer();
        c.ID = tb_id.Text; c.Name = tb_name.Text;
        if (rb_man.Checked) c.Sex = Grader.男; else c.Sex = Grader.女;
        c.Tel = tb_tel.Text;
        c.Addr = tb_add.Text;
        cSet.Add(c);
        list();
        tb_id.Text = Customer.NextID;
    }
    //"按姓名排序"按钮 button2 的 click 事件方法
    private void button2_Click(object sender, EventArgs e)
    {
        int i, j;
        Customer t;
        for (i = 0; i < cSet.Count; i++)
        {
            for (j = i; j < cSet.Count; j++)
            {
                if (cSet[i] < cSet[j]){             //使用索引
                    t = cSet[j]; cSet[j] = cSet[i]; cSet[i] = t;
                }
            }
        }
        list();
    }
    //"查找"按钮 button3 的 click 事件方法
    private void button3_Click(object sender, EventArgs e)
    {
        string id = tb_fid.Text.Trim();
        Customer c;
        c = cSet[id];                               //使用索引
```

```
            if (c == null) MessageBox.Show("没有找到");
            else {
              tb_name.Text = c.Name; tb_tel.Text = c.Tel;
            }
          }
        }
```

(5) 编译并运行。

项目实践 4　客户管理系统的功能扩展

1. 项目任务

在客户管理系统中实现对客户信息的增加、删除、查找、修改等功能,要求界面简洁、操作方便。

2. 需求分析

(1) 客户、客户集合类的定义。采用任务 4-6 的类定义,其类图如图 4-27 所示。
(2) 其界面包括主界面、增加客户界面、修改客户界面、查找界面。
① 主界面:列表显示客户信息,提供"增加""查询""删除""修改"等按钮。为了方便查找和删除,提供一个文本框,用于输入客户编号。
② 增加客户:在主窗体中单击"增加"按钮,在"增加客户信息"界面中输入客户的相关信息。客户编号不能重复,重复时要有提示信息,每增加一个客户信息,要求立即显示在客户列表中。
③ 删除客户:输入客户编号,根据编号查找客户,若存在则删除,并更新客户列表信息;否则给出提示信息。
④ 查找客户:输入客户编号,根据客户编号查找客户,并在"查找客户信息"界面中显示客户信息。
⑤ 修改客户信息:输入客户编号,首先查找客户信息,若存在则在"修改客户信息"界面中显示原来的信息,修改后更新列表信息。

3. 项目实施

(1) 定义客户类 Customer(利用任务 4-6 的 CustomerSet 类)。
(2) 修改任务 4-6 中的类,增加删除方法(代码中省略了部分类字段)。

```
public class CustomerSet
{   //略
    //删除
  public void Delet(int pos)
  {
```

```
      int i;
      if (pos < 1 || pos > Count) return;
      for (i = pos; i < Count; i++)
         Customers[i - 1] = Customers[i];
      Count--;
   }
}
```

4. 界面设计

（1）主界面设计如图 4-28 所示。

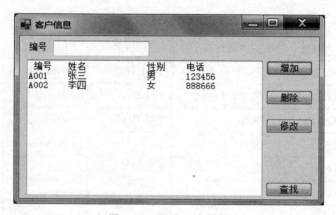

图 4-28　项目 4 主界面

其属性的设置如表 4-6 所示。

表 4-6　属性设置

控件名	属性	属性值	控件名	属性	属性值
Button1	Name	bt_add	TextBox1	Multiline	true
	Text	增加		ReadOnly	true
Button2	Name	bt_delete		ScrollBars	vertical
	Text	删除	TextBox2	Name	tb_id
Button3	Name	bt_modify	Lable1	Name	lb_id
	Text	修改		Text	编号
Button4	Name	bt_find	Form1	Name	FMain
	Text	查找		Text	客户信息
TextBox1	Name	tb_list			

（2）"增加客户信息"界面如图 4-29 所示。

其控件属性如表 4-7 所示。

图 4-29 项目 4 "增加客户信息"界面

表 4-7 控件属性

控件名	属性	属性值	控件名	属性	属性值
Form1	Name	Fadd	TextBox3	Name	tb_name
	Text	增加客户信息	TextBox4	Name	tb_tel
Lable1	Text	编号	TextBox5	Name	tb_add
Lable2	Text	姓名	RadioButton1	Checked	true
Lable3	Text	电话		Name	rb_man
Lable4	Text	地址		Text	男
TextBox1	Name	tb_list	RadioButton2	Name	rb_wm
	Multiline	true		Text	女
	ReadOnly	true	Button1	Name	bt_add
	ScrollBars	vertical		Text	增加
TextBox2	Name	tb_id	Button2	Name	bt_close

(3)"显示客户信息"界面如图 4-30 所示。

图 4-30 项目 4 "显示客户信息"界面

其控件属性同"增加客户信息"界面。将所有文本框的 ReadOnly 属性设置为 true。

(4)"修改客户信息"界面如图 4-31 所示。

图 4-31 项目 4 "修改客户信息"界面

其控件属性同"增加客户信息"界面。将"增加"按钮修改为"修改"按钮，将"编号"文本框的 ReadOnly 属性设置为 true。

5. 编写代码

(1) 编写"增加客户信息"窗体的代码。

```
public partial class Fadd : Form
{
    FMain frm1;                              //存储调用该窗体的对象(窗体)
    CustomerSet _cs;                         //存储客户集合对象
    public Fadd()
    {
        InitializeComponent();
    }

    public Fadd(FMain f, CustomerSet cs)
    {
        frm1 =(FMain) f; _cs = cs;           //接收参数
        InitializeComponent();
        tb_id.Text = Customer.NextID;        //显示默认编号,自动产生
    }
    //"添加"按钮的 click 事件代码
    private void bt_add_Click(object sender, EventArgs e)
    {
        if (_cs.Locate(tb_id.Text) != 0)     //检查编号是否重复
        {
           MessageBox.Show("编号重复");
            return;
        }
        Customer c = new Customer();
      c.ID = tb_id.Text; c.Name = tb_Name.Text;
       if (rb_man.Checked) c.Sex = Grander.男; else c.Sex = Grander.女;
```

```csharp
            c.Tel = tb_tel.Text;
            c.Addr = tb_add.Text;
            _cs.Add(c);                         //增加一个客户
            frm1.list();                        //在调用窗体(主界面窗体)中列表显示
              tb_id.Text = Customer.NextID;     //自动产生编号并显示
            tb_Name.Text ="";
        }
        //"关闭"按钮的click事件代码
        private void bt_close_Click(object sender, EventArgs e)
        {
            Close();
        }
    }
```

(2) 编写"修改客户信息"窗体的代码。

```csharp
public partial class FModify : Form
{
    FMain _frm;                          //存储调用该窗体的对象(窗体)
    Customer _c;                         //接收存储要修改的客户信息
    public FModify()
    {
        InitializeComponent();
    }

    public FModify(FMain f, Customer c)
    {
        InitializeComponent();
        _frm = f;
        _c = c;
        display();
    }

    void display(){
        tb_id.Text = _c.ID; tb_Name.Text = _c.Name;
        tb_tel.Text = _c.Tel;tb_add.Text = _c.Addr;
        if (_c.Sex == Grander.男) rb_man.Checked = true;
            else rb_wman.Checked = true;
    }

    private void bt_ok_Click(object sender, EventArgs e)
    {
        _c.Tel = tb_tel.Text; _c.Name = tb_Name.Text;
        if (rb_man.Checked) _c.Sex = Grander.男;
            else _c.Sex = Grander.女;
```

```
        _c.Tel = tb_tel.Text;
        _c.Addr = tb_add.Text;
        _frm.list();                        //调用主窗体的方法,列表显示客户信息
    }
    private void bt_close_Click(object sender, EventArgs e)
    {
        Close();
    }
}
```

(3) 编写"查找客户信息"窗体的代码。

```
public partial class fDisplay : Form
{
   public fDisplay(Customer c)              //带参数的构造方法,接收传递的参数
   {
      InitializeComponent();
      //显示查询结果
      tb_id.Text = _c.ID; tb_Name.Text = _c.Name;
      tb_tel.Text = _c.Tel;tb_add.Text = _c.Addr;
      if (_c.Sex == Grander.男) rb_man.Checked = true;
          else rb_wman.Checked = true;
   }
   //"关闭"按钮 button2 的 click 事件方法
   private void button2_Click(object sender, EventArgs e)
   {   Close();   }
}
```

(4) 编写主窗体的代码。

```
public partial class FMain : Form
{
   CustomerSet cSet=new CustomerSet(100);
   public FMain()
   {
       InitializeComponent();
   }
   //显示客户信息
   public void list() {
       tb_list.Text = " 编号\t 姓名\t 性别\t 电话\t 地址\r\n";
       Customer c;
       for (int i = 0; i < cSet.Count; i++){
           c = cSet[i];
           tb_list.Text += c.ID + "\t" + c.Name + "\t"+c.Sex+"\t"+c.Tel+
                   "\t"+c.Addr+"\r\n";
       }
```

```csharp
}
//"增加"按钮 button1 的 click 事件方法
private void button1_Click(object sender, EventArgs e)
{
    Fadd fadd = new Fadd(this, cSet);           //实例化"增加客户信息"窗体 Fadd
        fadd.Show();
}
//"删除"按钮 button2 的 click 事件方法
private void button2_Click(object sender, EventArgs e)
{
   int pos = cSet.Locate(tb_id.Text);           //调用客户集合类的定位查找方法
   if (pos == 0) MessageBox.Show("没有找到");
     else{
       cSet.Delet(pos);                         //调用客户集合类的删除方法
      list();                                   //显示客户信息
     }
}
//"修改"按钮 button3 的 click 事件方法
private void button3_Click(object sender, EventArgs e)
{
   Customer  = cSet[tb_id.Text];                //调用客户集合类的索引
   if (c == null){
      MessageBox.Show("没有找到");
      return;
   }
   else{
    FModify fmodi = new FModify(this, c);       //实例化"修改客户信息"窗体 FModify
    fmodi.Show();
    }
}
//"查找"按钮 button4 的 click 事件方法
private void button4_Click(object sender, EventArgs e)
{
  Customer  = cSet[tb_id.Text];
  if (c == null) {
    MessageBox.Show("没有找到");
    return;
   }
   else {
     fDisplay find
     find = new fDisplay( c); //实例化"查找客户信息"窗体 fDisplay,并显示查找结果
     find.Show();
    }
 }
}
```

习 题

一、判断题

1. 常量成员和变量成员具有同样的存储空间。　　　　　　　　　　　　（　）
2. 非静态成员变量只有实例化后才能分配存储空间。　　　　　　　　　（　）
3. 静态方法可以访问静态成员和非静态成员。　　　　　　　　　　　　（　）
4. 实例方法只能访问实例成员,静态方法只能访问静态成员。　　　　　（　）
5. 一个类的静态构造方法可以实现重载。　　　　　　　　　　　　　　（　）
6. 在一个属性中,可以利用重载包含多个 get 访问方法和多个 set 访问方法。
　　　　　　　　　　　　　　　　　　　　　　　　　　　　　　　　（　）
7. 方法的参数若为 out 参数,在作为参数调用之前,变量必须赋值。　　（　）
8. 数组是引用类型,数组作为参数总是按引用传递。　　　　　　　　　（　）
9. 数组类型的参数不能有 ref 或 out 修饰符。　　　　　　　　　　　　（　）
10. 在方法的参数中,可以使用多个 params 关键字。　　　　　　　　　（　）

二、填空题

1. 类中声明的属性往往具有 get _____ 和 _____ 两个访问器。
2. 传入某个属性的 set 访问方法的隐含参数的名称是 _____。
3. 对于方法,参数传递分为值传递和 _____ 两种。
4. 一般将构造方法的访问权限声明为 _____。如果声明为 private,就不能创建该类的对象。
5. 下面程序的输出结果是 _____。

```
class A
{
    public static int X;
    static A()
    {
        X = B.Y + 1;
    }
}
class B
{
    public static int Y = A.X + 1;
    static B() { }
    static void Main()
    {
        Console.WriteLine("X={0},Y={1}", A.X, B.Y);
```

223

    }
}

三、选择题

1. 以下叙述正确的是(　　)。
   A. 构造方法必须是 public 方法　　B. main()方法必须是 public 方法
   C. 应用程序的文件名不可以是任意的　　D. 构造方法应该声明为 void
2. 下面程序运行结果是(　　)。

```
class Test{
  static void sum(int a,int b)
  {
    int result = a + b;
    Console.WriteLine("两个整数相加:{0}+{1}={2}",a,b,result);
  }
  static void sum(double a,double b)
  {
    double result = a + b;
    Console.WriteLine("两个实数相加{0}+{1}={2}",a,b,result);
  }
  static void Main(string[] args)
  {
    float x=1,y=2;
    sum(x,y);
  }
}
```

   A. 两个整数相加：1+2=3　　B. 两个实数相加：1+2=3
   C. 两个实数相加：1+2=3.0　　D. 无输出内容
3. 方法的签名不包括(　　)。
   A. 方法名　　B. 参数类型
   C. 参数顺序及数量　　D. 返回值类型
4. 方法的访问修饰符若包含 abstract，则可以包含的修饰符是(　　)。
   A. static　　B. virtual
   C. sealed　　D. public
   E. extern
5. 方法的访问修饰符若包含 new，则不能包含(　　)。
   A. public　　B. static　　C. private　　D. override
6. 在 C# 中，以下关于 ref 和 out 的描述不正确的是(　　)。
   A. 使用 ref 参数，传递到 ref 参数的参数必须先初始化
   B. 使用 out 参数，传递到 out 参数的参数必须先初始化

C. 使用 ref 参数,必须将参数作为 ref 参数显式传递给方法

D. 使用 out 参数,必须将参数作为 out 参数显式传递给方法

7. 在 C#类中,可以通过编写(　　)实现方法重载。

　　A. 具有不同返回类型的同名方法　　B. 具有不同代码行数的同名方法

　　C. 具有不同参数列表的同名方法　　D. 具有不同访问修饰符的同名方法

8. 类通常从该类的客户端隐藏实现细节,这称为(　　)。

　　A. 信息隐藏　　　B. 类的封装　　　C. 对象细节　　　D. 类的重用

9. (　　)操作符动态地给指定类型的对象分配内存。

　　A. sealed　　　B. abstract　　　C. new　　　D. protected

10. 以下代码的运行结果是(　　)。

```
public class test
{
    private int days;
    static void Main(String[] args)
    {
        Test t= new test();
        Console.WriteLine(t.days - 1);
    }
}
```

　　A. -1　　　B. 0　　　C. 1　　　D. 编译报错

四、编程题

定义一个学生类,包括学号、姓名、考试成绩等属性;定义一个班级类,包括班级人数、班级学生、班级名称等属性;创建控制台应用程序,实现对班级学生的数据输入、统计考试成绩不及格的人数。

第 5 章 继承与多态

项目背景

继承是面向对象程序设计方法的重要特征之一，C#语言支持继承机制，该机制自动地为一个类提供来自另一个类的操作和数据结构，这使得程序员只须通过定义已有类中没有的成员来建立新类。

项目任务

(1) 任务 5-1 客户间的关系描述。
(2) 任务 5-2 模拟员工选择不同的交通工具。
(3) 任务 5-3 计算员工的工资。
(4) 任务 5-4 模拟虚拟打印机。

知识目标

(1) 掌握多态性和虚方法的概念及其实现方法。
(2) 掌握抽象类和抽象方法的概念及其使用方法。
(3) 掌握密封类和密封方法的概念及其使用方法。
(4) 了解 C#的终极基类 Object 的方法。
(5) 学会运用类类型的转换构成由不同类型对象组成的数组。

技能目标

(1) 掌握面向对象的分析与设计方法。
(2) 熟悉工厂模式编程方法。
(3) 理解 N 层体系结构。

关键词

继承(inherit)，覆盖(cover)，抽象(abstract)，模型(model)，接口(interface)，密封(sealed)

5.1 继承与派生

现实世界中的许多实体之间不是相互孤立的,它们往往具有共同的特征,也存在内在的差别。人们可以采用层次结构来描述这些实体之间的相似之处和不同之处。本节介绍利用 C# 实现这种继承关系的方法。

5.1.1 C# 的继承机制

在现实世界中,从继承关系上看,飞机、汽车、轮船都是交通工具,轿车、卡车、大客车都是汽车,即交通工具是飞机、汽车、轮船的父类,汽车是轿车、客车、卡车的父类,每个子类有且只有一个父类,所有子类都是其父类的派生类,它们都分别是父类的一种特例。父类和子类之间存在着一种继承关系,如图 5-1 所示。

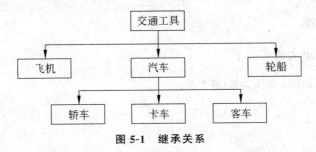

图 5-1 继承关系

继承机制使人们能用一种简单的方式来描述事物。例如,可以这样描述轿车:轿车是指用于载送人员、安全舒适、座位数不超过 5 个的汽车。这表明它是由汽车类派生出来的,它是汽车类中的一种,继承了汽车的共有属性(发动机、轮子)和共有行为(行驶、刹车),但同时它又具有自己的特征(座位数、载重)。

所以如果已描述了汽车的特征,再描述轿车时,只要举出轿车的个性化特征,就完全可以让人们理解什么是轿车了。由此可以说,轿车继承了汽车的特征,或者说汽车派生了轿车。

在面向对象程序设计语言中,针对继承机制,常使用以下基本术语。

(1) 基类:指被继承的类,也就是父类。通过继承,用户可以复用父类的代码,只须专注编写子类的新代码。

(2) 派生类:指通过继承基类而创建的新类,也就是子类。

(3) 单继承:派生类是由单个(且只能是一个)基类创建的。C# 只支持单继承。在 C# 中,不允许同时有两个基类,一个派生类只能有一个基类,这就是继承的单根性。

(4) 多继承:派生类是由两个或以上的基类创建的。C# 不支持多继承,而是通过"接口"来实现的。

在 C# 中,一个类可以继承另一个类,如工人类和经理类都继承员工类,工人和经理都是员工的子类,员工是它们的父类。继承是面向对象编程中的一个非常重要的特性,存在继承关系的两个类中,子类不仅具有独有的成员,还具有父类的成员,如图5-2所示。

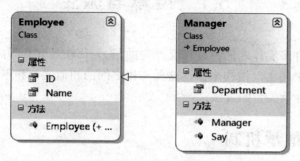

图 5-2 类的继承关系

继承关系在类图中表示为一个箭头,箭头指向父类。这里 Employee 派生出子类 Manager,Manager 继承了父类的 ID、Name 属性,增加了 Department 属性和 Say()方法。

继承要符合 is-a 的关系,即"子类 is-a 父类。例如,经理是员工,经理 is-a 员工。

1. 定义派生类

定义派生类的语法格式如下。

```
[访问修饰符]  class 派生类名:基类名
{
    //类体
}
```

其中,访问修饰符可以是 public、protected 和 private。通常都使用 public 以保证类的开放性,并且 public 可以省略,因为类定义的访问控制默认是 pulbic。

【例 5-1】 在一个公司里,部门经理(Manager)和普通员工(Employee)的共同属性有姓名、编号、基本工资、增加工资。部门经理增加津贴、所在部门等属性。经理与员工之间明显存在 is-a 的关系,所以采用继承机制可以形象地表示这种关系。设置基类为 Employee,Manager 类是由 Employee 类派生的新类。

```
public class Employee                        //定义类
{
    //定义数据成员变量
    public string Name                       //姓名
    { get; set;
    }
    public string ID
    {  get; set ;
    }
    public double Salary                     //基本工资
    { get; set;
    }
```

```
    public double Increase                          //增加工资
    { get; set;
    }
    //计算员工增加工资数额
    public void Raise(double percent)
    {
       Increase = percent * Salary;
    }
    //构造方法
    public Employee(string Name, string ID, double Salary)
    {
       this.Name = Name; this.ID = ID; this.Salary = Salary;
    }
    public Employee(){ }
}
public class Manager : Employee                    //由 Employee 类派生 Manager 类
{
    public double Bonus
    { get; set;
    }
    public string Department
    { get;set;
    }
    //计算经理津贴
    public void inbonus(double percent, DateTime date)
    {
       int year = DateTime.Today.Year - date.Year; //经理参加工作的年数
       Bonus = 1.5 * year;                         //津贴系数
    }
}
```

程序说明：

(1) 先定义一个基类 Employee，包含编号 ID、姓名 Name、基本工资 Salary、增加工资 Increase 等属性以及一个计算增资的方法。

(2) 定义一个 Employee 的派生类 Manager，它继承了 Employee 的所有属性和方法，新增加部门和津贴属性，新增一个计算津贴的方法。

(3) 在派生内中有一个默认的构造方法(无参构造方法)，所以，在基类中必须有一个无参构造方法。

2. 创建派生类对象

基类与派生类定义完成后，用派生类声明的对象，将包含基类的成员(构造方法除外)，因此，派生类对象可以直接访问基类成员。

利用例 5-1 编写类的应用程序如下：

```
class Program
{
    static void Main(string[] args)
    {
        Employee e = new Employee("张三", "1101", 1000);
        Manager m= new Manager();
        m.Name = "李四"; m.Department = "销售部";    //直接访问基类成员
        m.ID = "1002"; m.Salary = 1200;              //直接访问基类成员
        e.Raise(1.1);
        m.Raise(1.1);                                //直接访问基类成员
        DateTime dt=DateTime.Parse("1990-12-12");
        m.inbonus(1.1,dt );                          //派生类成员
        Console.WriteLine("员工姓名:{0},编号:{1},基本工资:{2},增加工资:
                {3}",e.Name,e.ID,e.Salary,e.Increase);
        Console.WriteLine("经理姓名:{0},编号:{1},基本工资:{2},增加工资:
                {3},津贴:{4}", m.Name, m.ID, m.Salary, m.Increase, m.
                Bonus);
    }
}
```

程序运行结果如图 5-3 所示。

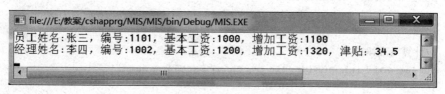

图 5-3 例 5-1 中定义的类的应用

程序说明:

(1) Manager 类的功能几乎等同于 Employee 类。因此,也可以说 Manager 类就是 Employee 类。它继承了基类的所有属性及行为。

(2) 在实例化一个 Manager 类后,可以直接调用基类定义的属性和方法,如调用 m.Raise(1.1)方法给 m.Name 属性赋值等。Manager 类的对象也可以访问派生类的方法。例如,调用 m.inbonus()方法。

3. 使用继承的一般性规则

C#的继承特性可以提高程序的可复用性。在使用继承时,一般遵循下面的规则。

(1) 如果 A 类和 B 类毫不相关,不可以为了使 B 类的功能更多些而让 B 类继承 A 类的功能和属性。

(2) 若在逻辑上 B 类是 A 类的"一种",则允许 B 类继承 A 类的功能和属性。例如,男人是人类的一种,男孩是男人的一种。那么类 Man 可以从类 Human 派生,类 Boy 可以从类 Man 派生。

(3) 继承的概念在程序世界与现实世界并不完全相同。例如,从生物学角度讲,鸵鸟是鸟的一种,按理说鸵鸟类应该可以从鸟类派生。但是鸵鸟不能飞,那么鸵鸟类的飞方法又是什么?

所以更加严格的继承规则应当是,若在逻辑上 B 类是 A 类的"一种",并且 A 类的所有功能和属性对 B 类而言都有意义,则允许 B 类继承 A 类的功能和属性。

(4) 若在逻辑上 A 类是 B 类的"一部分",则不允许 B 类从 A 类派生,而是要用 A 类和其他东西组合出 B 类。例如眼、鼻、口、耳是头的一部分,所以头类应该由这些类组合而成,不是派生而成。

5.1.2 派生类的构造方法与析构方法

1. 构造方法的声明与调用

在创建派生类对象时,调用构造方法的顺序是先调用基类构造方法,再调用派生类的构造方法,以完成为数据成员分配内存空间并进行初始化的工作。

如果派生类的基类本身是另一个类的派生类,则构造方法的调用次序按由高到低顺序依次调用。例如,假设 A 类是 B 类的基类,B 类是 C 类的基类,则创建 C 类对象时,调用构造方法的顺序为,先调用 A 类的构造方法,再调用 B 类的构造方法,最后调用 C 类的构造方法。

【例 5-2】 构造方法的执行过程。

```
//定义基类
public class ParentClass
{
  public ParentClass()
  {
     Console.WriteLine("父类构造方法。");
  }
  public void print()
  {
     Console.WriteLine("父类的方法。");
  }
}
//定义派生类
public class ChildClass : ParentClass
{
  public ChildClass()
  {
      Console.WriteLine("子类构造方法。");
  }
}
```

```
//类的应用程序
class Program
{
    static void Main(string[] args)
    {
        ChildClass child = new ChildClass();
        child.print();                              //访问基类成员方法
    }
}
```

程序运行结果如图 5-4 所示。

程序说明：

基类在派生类初始化之前自动进行初始化。ParentClass 类的构造方法在 ChildClass 类的构造方法之前执行。调用 child.print()方法实际上是调用了基类的方法。

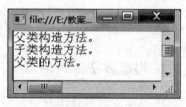

图 5-4 例 5-2 程序运行结果

2. 向基类构造方法传递参数

派生类不能继承直接基类构造方法，但在声明派生类构造方法时，可以通过 base 关键字调用直接基类构造方法，并向基类构造方法传递参数。其语法格式如下。

```
public  派生类构造方法名(形参列表):base(传递给基类构造方法的实参列表)
{
    //类体
}
```

其中，base 是 C♯关键字，表示调用基类的有参构造方法。

传递给基类构造方法的实参列表通常包含在派生类构造方法的形参列表中。

派生类在创建新对象时，不仅要调用派生类的构造方法，还要调用其直接基类的构造方法，并且这些被调用的构造方法必须具有相应的参数列表，即创建派生类的实例时，总是先根据 base(参数列表)关键字从基类开始初始化。所以如果代码不带 base 关键字，在创建派生类的对象时，会调用基类的默认构造方法，如果在基类中找不到参数匹配的构造方法，程序将会出错。

【例 5-3】 构造方法参数的传递。

```
public class Manager : Employee                  //由 Employee 类派生 Manager 类
{
    //略，代码见例 5-1,增加构造方法
    //由 base 调用基类构造方法，并通过派生类构造方法将参数传递给基类
    public Manager(string Name, string ID, double Salary, string Dep)
            : base(Name, ID, Salary)
    {
        Department = Dep;
```

```csharp
    }
    public Manager(){}
}

class Program
{
    static void Main(string[] args)
    {
        Employee e = new Employee("张三", "1101", 1000);
        Manager m = new Manager("李四", "1002", 1200, "销售部");
        e.Raise(1.1);
        m.Raise(1.1);
        DateTime dt = DateTime.Parse("1990-12-12");
        m.inbonus(1.1, dt);
        Console.WriteLine("员工姓名:{0},编号:{1},基本工资:{2},增加工资:{3}", e.Name, e.ID, e.Salary, e.Increase);
        Console.WriteLine("经理姓名:{0},编号:{1},基本工资:{2},增加工资:{3},津贴:{4}", m.Name, m.ID, m.Salary, m.Increase, m.Bonus);
    }
}
```

程序说明：

派生类带参数的构造方法通过 base 向基类传递参数 Name、ID、Salary，这个参数的类型、个数必须与基类构造方法的参数一致。

3. 析构方法

派生类的析构和基类的析构是相同的，只是析构方法的执行顺序正好与构造方法相反，即先调用派生类的析构方法，然后调用基类的析构方法。

【例 5-4】 析构方法的执行流程。

```csharp
class Employee
{ //略,见例 5-1
    //增加下面的方法,在 D 盘上保存对象的编号和姓名
    protected void SaveInfo()
    {
        System.IO.StreamWriter sw;
        sw = new System.IO.StreamWriter("d:\\info.txt", true);
        sw.WriteLine(this.ID+"\t"+this.Name);
        sw.Close();
    }
    //增加如下析构方法
    ~Employee()
    {
```

```
         SaveInfo();
    }
}
//Manager 析构方法
class  Manager
{
   //略,见案例 5-3
   //增加如下的析构方法
   ~Manager()
   {
      SaveInfo();
   }
}
```

运行程序,将在 D 盘生成一个文本文件,其内容如下。

1002   李四
1002   李四
1101   张三

5.1.3　继承机制的访问权限

1. 调用基类成员

　　派生类可以访问基类的公共成员、受保护成员、内部成员和受保护内部成员。派生类继承基类的私有成员是不能访问的。但是,所有这些私有成员在派生类中仍然存在,但只能在基类内部访问,或间接访问。

　　base 表示当前对象基类的实例(使用 base 关键字可以调用基类的成员),this 表示当前类的实例。但在静态方法中不可以使用 base 和 this 关键字。

　　当派生类中的某个派生类对象想要访问基类成员时,可用 base 关键字来代替基类名。base 的访问格式如下。

base.基类成员名　　　　　　//在派生类中访问基类成员

这与以前用的访问格式"类名.成员名"是同样意思,这里只是用 base 来代替基类名,使程序表达简单。

　　base 的另一种访问格式如下。

base[表达式列表]

这种格式表示访问基类中的索引器。

2. 隐藏基类成员

　　如果派生类的方法和基类的方法同名,则基类中的方法将会被隐藏。一般使用关键字 new 来隐藏,如果不写 new 关键字,默认处理为隐藏。虽然基类中同名的方法被隐藏了,但是还是可以通过 base 关键字来调用。

【例 5-5】 派生类调用基类成员。

```
class FatherClass
{
    int[] thenArray = new int[]{1,2,3,4};
    public int this[int index]
    {
        get { return thenArray[index]; }
    }
    public void F()
    { Console.WriteLine("调用基类的方法 F"); }
}
class SonClass : FatherClass
{
    public void F()
    {   Console.WriteLine("调用派生类的方法 F");
    }
    public void S()
    {
        Console.WriteLine("调用派生类的方法 S");
        F();                                //调用 SonClass 类的 F()方法
        base.F();                           //调用基类 FatherClass 的 F()方法
        for (int i = 0; i < 4; i++)
            Console.Write("{0}\t", base[i]); //调用基类 FatherClass 的索引方法
    }
}
class Program
{
    static void Main(string[] args)
    {
        SonClass S = new SonClass();
        FatherClass F = new FatherClass();
        S.F();                              //派生类方法
        F.F();                              //基类方法
        S.S();                              //派生类方法
    }
}
```

程序运行结果如图 5-5 所示。

运行此程序,系统会给出预期的正确结果,但同时也给出一个警告信息,提示在 SonClass.F()的定义中应使用 new 关键字,以示与 FatherClass.F()区别,因为基类和派生

类都定义了同名方法 F()。要消除这种警告,只须在定义与基类方法同名的派生类方法成员时,前面加一个 new 关键字,以表示派生类成员要隐藏基类成员,所以在上例代码中增加 new 关键字,即可消除编译时的警告:

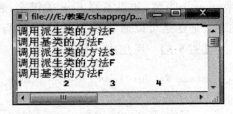

图 5-5 例 5-5 程序运行结果

```
class  SonClass: FatherClass
{
    new  public  void  F()
    {
        Console.WriteLine("调用派生类的方法 F");
    }
}
```

通常,在下面的情况下,将会隐藏基类成员。

(1) 派生类中的成员将隐藏基类中具有相同名称的属性、字段和类型。同时也隐藏具有相同签名的所有基类方法。

(2) 派生类中的索引器将隐藏具有相同名称的所有基类索引器。

【例 5-6】 派生类成员隐藏基类成员。

```
class pClass
{
    public string Name
    { get; set; }
    public string id;
    public void fun()
    { System.Console.WriteLine("父类方法"); }
}
class sClass : pClass
{
    new public string Name()        //覆盖基类属性
    {
        System.Console.WriteLine("子类方法");
        return base.Name;
    }
    public void fun(string arg)  /*方法名与基类同名,但签名不同,所以不能覆盖*/
    { System.Console.WriteLine("子类方{0}",arg); }
    new   public string id           //覆盖基类字段
    {get;set;}

    static void Main(string[] args)
    {
        sClass oS = new sClass();
        oS.Name();                  //覆盖基类属性
```

```
        oS.fun();                    //调用基类继承的方法
        oS.fun("hi");                //调用子类方法
    }
}
```

程序运行结果如图 5-6 所示。

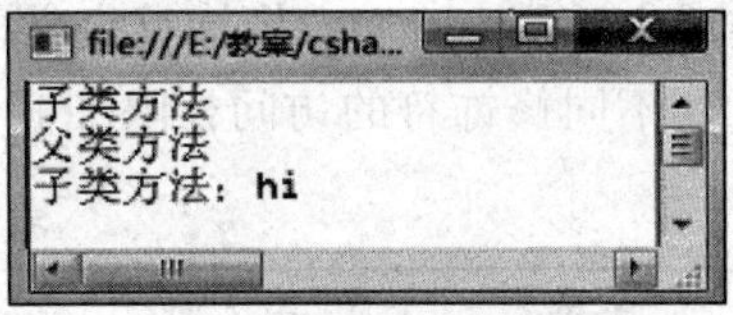

程序说明：

派生类隐藏基类成员必须是成员的名称和签名与基类都相同。

图 5-6　例 5-6 程序运行结果

3. 使用 protected 访问方式

为了保证对数据的封装性，在类中一般将所有的变量成员用 private 定义为私有的，而将所有的方法定义为 public，访问类的私有变量成员时都通过属性来实现，其目的是将数据保护在类的内部，不被其他对象访问，也包括不会被其派生类的对象访问。

在有些情况下，派生类需要使用基类的某些数据或方法，但是这些基类的数据或方法又不希望被派生类中的基类对象直接调用，这时可在基类中将派生类想要访问的数据或方法用 protected 修饰符来定义，这个用 protected 定义的成员（数据或方法）就可以被该基类的派生类对象直接访问，但无法被在派生类中的基类对象访问（因为派生类中的基类对象在基类的外部）。

【例 5-7】 继承的受保护访问方式。

```
public class FatherClass                  //基类
{
    public int a;
    protected int b;                      //受保护的变量成员
}
public class SonClass:FatherClass         //派生类
{
    public static void Main()
    {
        FatherClass fc=new FatherClass();   //创建一个基类对象
        SonClass sc=new SonClass();         //创建一个派生类对象
        fc.a=100;
        fc.b=102;                            //错误
        sc.a=200;
        sc.b=202;              //在派生类中访问 protected 型的变量 b 合法
    }
}
```

在本例中，变量 b 被定义为受保护的变量成员，该成员不能在派生类或基类的外面被访问或调用，但它可以在基类内部被其基类对象访问或调用，或其被基类的含有 Main() 方法的派生类对象访问或调用。

4. 使用 internal 访问方式

用 internal 修饰符定义的类或方法，允许在同一个命名空间内被调用或访问。通常当希望一个类或方法的有效作用范围限制在一个项目内，而不被其他项目使用，就将这个类或方法用 internal 修饰符定义。

不同修饰符的访问权限如表 5-1 所示。

表 5-1　不同修饰符的访问权限

修饰符	类内部	子类	同一个命名空间其他类	程序集
public	可以	可以	可以	可以
protected	可以	可以	不可以	不可以
private	可以	不可以	不可以	不可以
internal	可以	可以	可以	不可以
protected internal	可以	可以	可以	在派生子类中可以

【例 5-8】 继承的内部访问方式。

（1）创建一个类库项目 app2，其代码如下。

```
namespace app2
{
    //下面定义的类只能在 app2 中使用
    //整个类都定义为 internal,相当于所有的属性也全都定义为 internal
    internal class cInternal
    {
        public int a;                          //只有 app2 中可以使用
        internal int b;                        //同上,只有 app2 中可以使用
    }
    //下面定义的类可以在 app1 中使用(只要引用 app2 即可)
    //但是在 app2 之外的其他项目中不能使用此类中被 internal 修饰的属性/方法
    public class vInternal
    {
        internal int a;                        //只能在 app2 中使用
        //下面的声明表示,在 app2 中可以任意使用,在 app1 中不可以直接使用
        //但是可以被 app1 中的继承自该类的类使用
        protected internal int b;
        public int c;                          //在 app1、app2 中任意使用
        //下面的声明表示,在 app2 中可以任意使用,在 app1 中不可以直接使用
        //但是可以被 app1 中的继承自该类的类使用
        protected internal void Display()
        {
            Console.WriteLine("Hello protected Internal");
        }
```

    }
}
```

(2) 选择"生成"→"生成 app2"命令,编译项目为 DLL 文件。

(3) 创建一个新控制台程序项目 app1,选择"项目"→"添加引用"命令,选择"浏览"选项卡,将刚生成的.DLL 文件添加到 app 项目中。编写如下代码。

```
using app2;
namespace app1
{
    class app1
    {
        //下面用法是错误的,cInternal 被修饰为 internal,只能在 app2 中使用
        //app2.cInternal  InternalClass = new app2.cInternal();
        //下面用法允许,vInternal 被修饰为 public,能在任何地方使用
        app2.vInternal InternalVar = new app2.vInternal();
        //InternalVar.a = 100;   //错误,被修饰为 internal,只能在 app2 中使用
        //下面用法错误,被修饰为 protected internal,不能在外部项目中直接使用
        //InternalVar.b = 100;
        public void Test()
        {
            InternalVar.c = 100;
            //下面用法错误。被修饰为 protected internal,不能在外部项目中直接使用
            //InternalVar.Display();      }
        }
        /*继承了 vInternal,于是可以使用 vInternal 中被修饰为 protected internal
的属性*/
        class InheritFromInternal : app2.vInternal
        {
            public void Test()
            {
                //base.a = 100;    //错误,被修饰为 internal 的属性只能在 app2 中使用
                base.b = 100;      //被修饰为 protected internal 的属性可以被派生类
                                   //使用
                base.Display();    //被修饰为 protected internal 的属性可以被派生类
                                   //使用
            }
        }
    }
}
```

5.1.4 继承的传递性

现实生活中,父亲继承类爷爷的遗产,儿子继承类父亲的遗产,那么,可以这样理解,
```

儿子也继承了爷爷的遗产,这就是继承的传递性。

例如,汽车、卡车、微型卡车的继承关系如下。

```
class 汽车
{
    private string 发明人="JSON";
    protected int 载重
    { get; set; }
    public void 启动()
    {
        Console.WriteLine("启动发动机");
    }
}
```

卡车继承自汽车,继承了"载重""启动()"成员。

```
class 卡车: 汽车
{
    private string 发明人="YOS";
    public void 装货()
    {
        Console.WriteLine("最大载重:{0}",载重);
    }
}
```

微型卡车继承自卡车,继承了"载重""启动()""装货()"成员,其中"载重""启动()"是父类的父类的成员。

```
class 微型卡车 : 卡车
{
    public 微型卡车()
    {
        this.载重 = 12;
    }
}
class Program
{
    static void Main(string[] args)
    {
        微型卡车 small = new 微型卡车();
        small.启动();
        small.装货();
    }
}
```

从而得知,所谓继承的传递性,是指其派生类可访问的基类成员都将被所有继承链上的派生类继承。

5.1.5 基类 Object

1. 基类 Object

C#程序中的一切都属于类，Object 是 C#中所有类型（包括所有的值类型和引用类型）继承的根类。换言之，所有的类型均派生于 Object 类。System.Object 类的原型如下。

```
public class Object
```

C#语言通常不要求类声明从 Object 类继承，因为继承是隐式的。由于.NET 框架中的所有类均从 Object 派生，所以 Object 类中定义的每个方法可用于系统中的所有对象。派生类可以重写某些方法，其中包括如下方法。

- Equals()：支持对象间的比较。
- Finalize()：在自动回收对象之前执行清理操作。
- GetHashCode()：生成一个与对象的值相对应的数字，以支持哈希表的使用。
- ToString()：生成描述类的实例的可读文本字符串。

2. 装箱与拆箱

C#的所有数据类型，无论是预定义的还是用户定义的，均从 System.Object 类继承，并且可将任何类型的值赋给 Object 类型的变量。在前面已对"装箱"和"拆箱"的概念进行了较为详细的讲述。这里通过使用 System.Object 类的 GetType()方法，来观察"装箱"和"拆箱"过程中 Object 类型的变量如何接受任何数据类型的值以及相应数据类型有何变化。

【例 5-9】 装箱与拆箱。

```
class Boxing
{
    public    static    void    Main()
    {
        int   val=10;
        object   boxed;
        boxed=val;                  //val 被装箱到对象中
        int   unboxed=(int)boxed;   //对象 boxed 被拆箱到整型变量 unboxed 中
        Console.Write("Value={0}\t", val);
        Console.Write("Boxed={0}\t", boxed);
        Console.WriteLine("Unboxed={0}", unboxed);
        //观察装箱前和拆箱后的数据类型
        Console.Write("Value:{0}\t", val.GetType());
        Console.Write("Boxed:{0}\t", boxed.GetType());
```

```
        Console.WriteLine("Unboxed:{0}", unboxed.GetType());
    }
}
```

程序运行结果如图 5-7 所示。

图 5-7　例 5-9 程序运行结果

装箱前拆箱后原变量 val 值的数据类型并没有变化。数值 10 只是换了不同的"包装",存放在不同的存储空间中。

任务 5-1　客户间的关系描述

1. 任务要求

描述客户管理系统中的两个对象——客户和员工。

2. 任务分析

客户包括如下属性：编号、姓名、类别、区域、销售额。员工包括如下属性：编号、姓名、部门、职位、基本工资等。抽取其共同属性和方法,即编号、姓名。其类图及继承关系如图 5-8 所示。

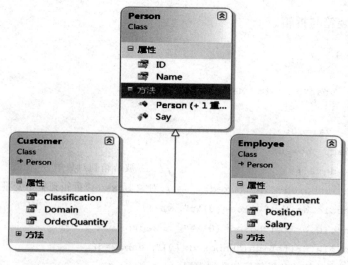

图 5-8　关系图

3. 任务实施

（1）根据类图编写如下代码。

```csharp
using System;
namespace MIS
{
  //Person 类
  class Person
  {
    protected string ID
    { get; set; }
    protected String Name
    { get; set; }
    public Person() { }
    public Person(string id, string name)
    {
       ID = id; Name = name;
    }
    protected string Say()                    //受保护的成员
    { return ID + "\t" + Name; }
  }
}
//员工类,继承自 Person
namespace MIS
{
  class Employee : Person
  {
    public string Department
    { get; set; }
    public string Position
    { get; set; }
    public double Salary
    { get; set; }
    public Employee() { }
    public Employee(string id, string name, string department, string position,
                  double salary) : base(id, name)
    {
      Department = department;
      Position = position;
      Salary = salary;
    }
      //隐藏基类方法
    new public string Say()
```

```csharp
            {
                return base.Say() + "\t" + Department + "\t" + Position + "\t" +
                    Salary.ToString();
            }
        }
    }
    //定义客户类,继承自 Person
    namespace MIS
    {
        class Customer : Person
        {
            public string Classification
            { get; set; }
            public string Domain
            { get; set; }
            public double OrderQuantity
            { get; set; }
            public Customer() { }
            public Customer(string id, string name, string classification, string domain,
                        double orderQuantity) : base(id, name)
            {
                this.ID = id; this.Name = name;
                this.Classification = classification;
                this.Domain = domain;
                this.OrderQuantity = orderQuantity;
            }
            new public string Say()                         //隐藏基类方法
            {
                return base.Say() + "\t" + Classification + "\t" + Domain + "\t" +
    OrderQuantity.ToString();
            }
        }
    }
```

(2) 编写类应用程序,测试类。

```csharp
    namespace MIS
    {
        class Program
        {
            static void Main(string[] args)
            {
                Employee E = new Employee("E0001","张三","销售部","销售",12000);
                Console.WriteLine(E.Say());
                Customer C = new Customer("C0001","李四","VIP","西南",20000);
```

```
        Console.WriteLine(C.Say());
    }
  }
}
```

5.2　多态与虚方法

在实际问题中，同一指令作用于不同的对象，可以有不同的解释，产生不同的执行结果，这就是多态性。例如，公司老板对员工说"员工们开始工作"，每个员工听到指令后，就各自干自己的工作：程序员写代码，销售人员出去跑业务，客服人员打电话回访客户。老板不可能面对不同的员工发出不同的指令，如果这样，当公司增加新的员工，或者员工岗位发生变化，其发出的指令也会不同，用这种管理模式，效率低下，不灵活。

C#在类的继承中允许在基类与派生类中声明具有同名的方法，而且同名的方法实现的方式可以不同，也就是说在基类与派生类的相同方法中可以有不同的具体实现，从而有效地解决了这个问题。

5.2.1　多态性

在前面的案例中，当遍历 person[] 中的数据对象时，使用 is 运算符来判断对象的类型，然后进行强制转换。如果 person 类的子类很多，那么这个程序就变得很复杂，需要用很多 if 语句来判断。这里由于每个子类的方法名都隐藏了基类的方法 say()方法，方法名一样，程序做如下的修改，将变得十分简单。

```
public static void Main()
{
    //数组中存放的是不同类型的数据对象
    Person[] company = new Person[4]{new Manager("张三"),
    new Employee("李四"),  new Manager("王五"), new Person("赵六") };
    int i;
    for (i = 0; i < 5; i++)
    {
        Person p = company[i];          //将派生类变量的值赋给基类变量
        p.say() ;                       //直接调用派生类的方法
    }
}
```

这种针对不同的对象调用同一个方法 say()产生不同的结果的特性称为多态。

日常生活中有很多这样的例子。如"鸣叫"，老虎和狮子的叫声和方式是不一样，这两个对象都继承同一个基类"动物"，不同的对象得到同一个消息，产生的行为是不一样的，它们自己将执行各自行为"鸣叫"，这就是多态。

多态性就是指两个或多个属于不同类的对象,对同一消息(如方法调用)做出不同方式的响应,或者同一个类在不同场合下表现出不同的行为特征。C#支持两种类型的多态性。

(1) 编译时多态。编译时多态是通过重载来实现的。对于非虚成员来说,系统在编译时,根据传递的参数、返回的类型等信息决定实现何种操作。其优点是速度快,缺点是灵活性不够。采用重载方法的方式实现编译时多态。

(2) 运行时多态。运行时多态是指直到系统运行时,才根据实际情况决定实现何种操作。C#语言中体现多态有三种方式:虚方法、抽象类、接口。其优点是灵活性和抽象,缺点是执行效率差。

5.2.2 虚方法

1. 虚方法的声明

在C#中,多态性是通过虚方法覆盖来实现的。

C#语言可以在派生类中实现对基类的某个方法、属性或索引等成员重新定义,而这些成员名和相应的参数都不变,这种特性叫虚成员覆盖。所以虚方法重载就是指将基类的某个方法在其派生类中重新定义,而方法名和方法的参数都不改变。

实现虚成员覆盖的C#语言编程构架是:先在基类中用virtual修饰符定义虚成员,然后在派生类中覆盖。

虚成员可以是类的方法、属性和索引等,不能是字段或私有变量成员。定义虚成员与定义普通成员的格式是一样的,只须另加修饰符virtual即可。定义虚方法的格式如下。

[访问修饰符] virtual 返回类型 方法名(参数表)
　{ //方法体 }

2. 虚方法的覆盖

基类虚方法的覆盖是方法重载的另一种特殊形式。在派生类中重新定义虚方法时,要求方法名称、返回类型、参数表中的参数个数、类型顺序都必须与基类中的虚方法完全一致。在派生类中声明对虚方法的覆盖,要求在声明中加上override关键字,而且不能有new、static或virtual关键字,并根据需要重新定义基类中虚成员的代码,以满足不同类的对象的使用需求,这就是覆盖虚成员——多态的实现。

定义覆盖方法的格式如下。

[修饰符] override 返回类型 方法名(参数表)
{ //方法体 }

由此可见,多态的实现是在基类中将用于实现多态的方法用virtual修饰符定义为虚方法,而在派生类中再用override修饰符定义同名的覆盖方法。这就意味着在运行时基类中的虚方法在派生类中被覆盖,程序在运行时通过虚方法和覆盖方法配合,自动使用基类来指向多个派生类而调用相应的方法。

【例 5-10】 利用虚方法实现多态。

```
//定义一个带有虚方法的基类 DrawingBase
public class DrawingBase
{   public virtual void Draw()
       { Console.WriteLine("这是一个虚方法!") ; }
}
//然后定义带有覆盖方法的派生类 Line,在这里覆盖基类的方法
public class Line : DrawingBase
{   public override void Draw()                //覆盖基类方法
       { Console.WriteLine("画线.") ; }
}
//带有重载方法的派生类 Circle
public class Circle : DrawingBase
{   public override void Draw()                //覆盖基类方法
       { Console.WriteLine("画圆.") ; }
}
```

程序定中义了两个类,都派生自 DrawingBase 类。每个类都有一个同名的 Draw() 方法,这些 Draw()方法中的每一个都有一个 override 修饰符。override 修饰符可让该方法在运行时覆盖其基类的虚方法,实现这个功能的条件是,通过基类类型的指针变量来引用该类。

```
//类应用程序
class Program
{
  public static void Main()
   {
     DrawingBase D;
     D = new Line();    D.Draw();
     D = new Circle();  D.Draw();
   }
}
```

程序中先定义一个基类变量,然后分别用该基类变量指向不同的对象,实现对基类虚方法的覆盖。

3. 虚方法与非虚方法的区别

对于非虚方法,无论是被其所在类的实例调用,还是被这个类的派生类的实例调用,方法的执行方式不变。而对于虚方法,它的执行方式可以被派生类改变,这种改变是通过方法的覆盖来实现的。

【例 5-11】 虚方法与非虚方法的区别。

```
//定义基类
class A
{
  public void F() { Console.WriteLine("基类非虚方法 A.F"); }      //非虚方法
  public virtual void G()                                         //虚方法
  { Console.WriteLine("基类虚方法 A.G"); }
}
//定义派生类
class B : A
{
  new public void F() { Console.WriteLine("子类覆盖 B.F"); }      //隐藏覆盖
  public override void G() { Console.WriteLine("子类重写 B.G"); }//重写
}
//类的应用程序
class program
{
  static void Main() {
    B b = new B( );
    A a = b;           //将派生类赋值给基类变量
    a.F( );            //将访问基类的 F()方法
    b.F( );            /*派生类隐藏了基类 F()方法,覆盖了继承的 F 方法,调用派生类的 F()
                         方法 */
    a.G( );            //派生类已经重载了基类的 G()方法,所以调用的是派生类的 G()方法
    b.G( );            //调用派生类的 G()方法
  }
}
```

程序运行结果如图 5-9 所示。

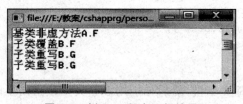

图 5-9 例 5-11 程序运行结果

程序说明:

A 类提供了两个方法,即非虚方法 F()和虚方法 G()。类 B 则提供了一个新的非虚方法 F(),从而覆盖了继承的 F();类 B 同时还覆盖了继承的方法 G()。那么输出顺序应该是 A.F、B.F、B.G、B.G。

注意:方法 a.G()实际调用了 B.G(),而不是 A.G(),这是因为编译时值为 A,但运行时值为 B,所以 B 完成了对方法的实际调用。

重载与覆盖的区别如表 5-2 所示。

表 5-2 重载与覆盖的区别

项　　目	Override 覆盖	Overload 重载
位置	存在于继承关系的类中	存在于同一类中
方法名	相同	相同
参数列表	相同	必须不同
返回类型	相同	可以不相同

5.2.3　里氏替换与多态

在父类和子类的引用关系中，原则上子类对象可以赋值给父类对象，即子类对象可以替换父类对象并且出现在父类对象能够出现的任何地方，且程序的行为不会发生变化，但反过来，父类对象不能赋值给子类对象，这种特性称为里氏替换原则（Liskor substitution principle）。

里氏替换原则是软件设计应当遵循的重要原则，有了该原则，才使继承复用成为可能，只有当子类可以替换父类时，软件功能不受影响，父类才能真正被复用，子类才能在父类的基础上添加新的行为和属性。

例如，定义一个父类 DrawingBase，并定义一个虚方法 Draw()。

```
public class DrawingBase
{
  public virtual void Draw()
  {   Console.WriteLine("这是一个虚方法!") ; }
}
```

定义一个派生类 Line，重写 Draw()方法，它可以调用基类的方法，并有一个自己的方法 Show()。

```
public class Line: DrawingBase
{
   public override void Draw()              //重写基类方法
   {
       base.Draw()                          //调用基类的方法
       Console.WriteLine("画线.") ;
   }
    public override void show()
   {
       onsole.WriteLine("这是一条直线.")
   }
}
```

(1) 子类对象可以直接赋值给父类变量，而且父类 DrawingBase 的 Draw() 方法也被重写了。例如：

```
DrawingBase g;
Line L= new Line();    g=L;                    //g.Draw()等价于 L.Draw()
Circle c=new Circle()   g=c;                   //g.Draw()等价于 c.Draw()
```

(2) 子类对象可以调用父类中的成员，但是父类对象永远只能调用自己的成员；父类的 Draw() 方法无法调用子类的 Draw() 方法，但派生类可以通过 base 调用基类的 Draw() 方法。

将这个父类对象强制转为子类对象，就可以调用子类对象：

```
DrawingBase  g;
Line   L1=new Line ();
g=L1;
Line   L2=(Line)g;
L2.show();
```

在 C#中，is 和 as 操作符就可以体现里氏替换原则。

is 运算符用来检查引用变量类型，其语法格式如下。

变量 is 数据类型

例如：

```
if (g is Line )
L2=g
```

is 运算符返回的是布尔类型，如果"变量"是"数据类型"，则返回 true，否则返回 false。

as 运算符的功能与强制类型转换相似，它可以将一个对象强制转换为另一个对象。其语法格式如下。

变量 as 数据类型

例如，L2＝g as Line 的功能是将一个引用类型"变量"g 转换为一个指定的"数据类型"Line。

另一种强制类型转换的语法格式如下。

(数据类型)变量

例如：

```
L2=(Line)g
```

两者的区别是，使用强制转换时，如果出现问题，将抛出异常；而使用 as 关键字时，如果源类型无法转换为目标类型，则首先将其设置为 null，然后转换为目标类型，因此不会发生异常。

(3) 子类可以加入父类类型的数组中，例如：

```
DrawingBase[]  glist=new DrawingBase[2];
Line L= new Line(); gList[0]=L;
Circle c=new Circle() gList[1]=c;
foreach (var g in gList) g.Draw();
```

(4) 父类类型作为参数，里氏替换原则指出子类对象可以代替父类对象，那么可以将父类类型的变量作为方法的形式参数，在调用方法时传入子类对象，从而实现多态。

```
class board
{
   public   make(DrawingBase   g)
   {  g.Draw();  }

   static void Main(string[] args)
   {
     board  p=new board(); Line L=new Line(); p.make(L);
   }
}
```

(5) 子类作为方法的返回类型。在类的方法中，可以将方法的类型采用父类类型，在方法中返回的类型采用子类类型。例如：

```
class board
{
   DrawingBase   public   make(int type)
   {
      if (type==1) then return new Line(); else return new Circle();
   }
   static void Main(string[] args)
   {
     board  p=new board();
     DrawingBase   g=p.make(1);  g.Draw()  //画线
   }
}
```

【例 5-12】 老板的指令（利用虚方法实现多态）。

```
//定义一个带有虚方法的基类员工类
public abstract class Employee {
    public string Name                    //姓名
    { get; set; }
    public abstract void Work();          //虚方法
}
```

这里定义了 Employee 类，这是一个可以让其他对象继承的基类，带有一个 virtual 修饰符的 Work()方法,该修饰符表明该基类的派生类可以覆盖该方法。

```
//带有覆盖方法的派生类,程序员类
public class Programmer :Employee{
    public override void Work()
    {
        Console.WriteLine("程序员【{0}】写代码",Name);
    }
}
//带有覆盖方法的派生类,销售员类
public class Seller : Employee {
    public override void Work()
    {
        Console.WriteLine( +"销售员【{0}】跑业务",Name);
    }
}
```

程序定中义了两个类,都派生自 Employee 类。每个类都有一个同名 Work()方法,这些 Work()方法中的每一个都有一个 override 修饰符。

测试一下程序运行结果。

```
static void Main(string[] args)
{
  Employee employee1 = new Programmer() { Name = "老陈" };
  Employee employee2 = new Seller() { Name = "老李" };
  Employee[] employeeList = new Employee[2];
  employeeList[0] = employee1;
  employeeList[1] = employee2;
  foreach (var emp in employeeList)          //将派生类变量的值赋给基类变量
      if (emp is Programmer) ((Programmer)emp).Work();
        else if (emp is Seller) ((Seller)emp).Work();
      /*判断变量的类型,根据变量的类型输出不同的结果*/
}
```

程序运行结果如图 5-10 所示。

程序说明:

is 操作符用于检查对象和指定类型是否兼容,as 可以用于两个对象之间的类型转换,所以,这部分代码也可以这样写:

图 5-10 例 5-12 程序运行结果

```
if (emp is Programmer)
{ Programmer  p=emp as Programmer;
  p.Work();
}
else if (emp is Seller)
```

```
{   Seller   s=emp   as Seller;
    s.Work();
}
```

注意：用 as 操作符进行类型转换不会抛出异常，但并不表示不进行异常处理。例如，语句 Programmer p＝emp as Programmer;p.Work();中，如果 p 转换失败,会返回 null,那么语句 p.Work();将抛出异常。

为了适应所有的老板，修改上面的程序，定义一个老板类。

```
public class Boss
{
    //老板向各位员工发话
    public void Command(Employee[] employeeList)
    {
        foreach (var emp in employeeList)      //开始工作
            emp.Work();
    }
}
```

通过老板向员工发出指令。

```
class Program
{
    Employee employee1 = new Programmer() { Name = "老陈" };
    Employee employee2 = new Seller() { Name = "老李" };
    Employee[] employeeList = new Employee[2];
    employeeList[0] = employee1;
    employeeList[1] = employee2;
    Boss boss = new Boss();
    boss.Command(employeeList);
}
```

任务 5-2　模拟员工选择不同的交通工具

1. 任务要求

模拟员工选择不同交通工具上班。

2. 任务分析

员工可以选择地铁、轿车、自行车作为交通工具上班。将其抽象出交通工具类,其继承关系如图 5-11 所示。

3. 任务实施

创建一个控制台程序,编写如下代码。

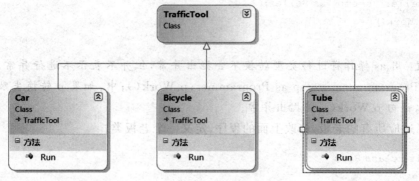

图 5-11 类的继承关系图

```csharp
//交通工具基类
class TrafficTool
{
    public virtual void Run()
    { System.Console.WriteLine("乘坐交通工具上班");}
}
//子类,地铁类
class Tube : TrafficTool
{
    public override void Run()
    {System.Console.WriteLine("乘坐地铁上班"); }
}
//子类,轿车类
class Car : TrafficTool
{
    public override void Run()
    { System.Console.WriteLine("乘坐轿车上班");}
}
//子类,自行车
class Bicycle : TrafficTool
{
    public override void Run()
    { System.Console.WriteLine("骑自行车上班");}
}
//员工类
class Employe
{
    public string Name;
    public Employe(string Name)
    { this.Name = Name; }
    //上班方法
    public void Go(TrafficTool T)           //用父类作为形式参数
```

```
    {
      System.Console.Write(Name);
      T.Run();
    }
}
//测试类
public class program
{
    public static void Main()
    {
        Employe[] p = new Employe[] { new Employe("张三"), new Employe("李四"),
                         new Employe("王五") };
        p[0].Go(new Tube());                       //传递子类对象
        p[1].Go(new Car());
        p[2].Go(new Bicycle());
    }
}
```

程序运行结果如图 5-12 所示。

程序说明:

程序中 Go()方法的形式参数是基类,将其子类作为实际参数传递给方法 Go(),它自动判断实际参数属于什么类型,然后调用相应的方法,从而实现了多态。

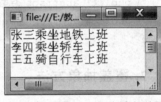

图 5-12 任务 5-2 程序运行结果

5.3 抽象与密封

在现实世界中,有的描述不能代表具体的实体,而是用来表示对问题领域进行分析、设计中得出的抽象概念,它是对同一系列的对象看上去不同但是本质上相同的具体概念的抽象。如动物(animal),它只是一个名词,不代表任何具体的对象,cat(猫)、dog(狗)等才对应真正的实体,它们都具有动物(animal)实体的共有属性和行为。

对于类中的某些行为也如此,如所有动物都有"叫(shout)"这样一个方法,但不同的动物该方法的具体行为是不一样的,所以,可以在 animal 类中声明一个方法 shout(),要求所有继承自 animal 类的类都必须覆盖 shout()方法,这个方法就是抽象方法,通过覆盖抽象的方法可以实现多态。

5.3.1 抽象类与抽象成员

如果一个类的设计目的是被其他类继承,它代表一类对象所具有的公共属性或方法,那么这个类就应该设置为抽象类。

在类中不包含任何实现代码,不具有任何具体功能的类成员(称为抽象成员)。只要在类中包含一个抽象方法,该类就是抽象类。

1. 声明抽象类和抽象方法

声明抽象类的语法格式如下。

```
abstract   class   类名
{
   ...     //抽象类的成员定义
}
```

一个抽象类的派生类可以是抽象类,也可以是非抽象类。
抽象成员包括方法、属性、索引、事件,声明抽象方法的语法格式如下。

```
public   abstract class 类名
{
   public   abstract 返回类型 方法名称(参数列表);        //抽象方法
   public   abstract 类型 属性名  { get;set; }           //抽象属性
   public   abstract 类型 this[参数] {get;set;}         //抽象索引
   public   abstract event EventHandler  eventName;    //抽象事件
}
```

2. 覆盖抽象方法

1) 抽象方法的覆盖

当定义抽象类的非抽象派生类时,该派生类继承的所有抽象方法成员必须覆盖。

【例 5-13】 抽象类和抽象方法的使用。

定义一个抽象类 Person。

```
public abstract class Person                    //抽象类(基类)
{
    protected const float  Basesaly = 1000;
    public string ID
    { get; set; }
    public String Name
    { get; set; }
    public Person() { }                         //不带参数的构造方法
    public Person(string id, string name)
    {ID = id; Name = name; }
    public abstract void play();                //抽象方法
    public void say()                           //非抽象方法
    { Console.WriteLine("我是" + Name); }
}
```

定义一个非抽象的派生类 Teacher,继承自抽象类 Person,覆盖抽象类中的抽象方法 play()。

```
public class Teacher: Person                    //非抽象的派生类
{   public Employee(string ID, string Name): base(ID, Name)
    public override void play()                 //覆盖基类(抽象类)中的方法
    { Console.WriteLine("我是教师"); }
}
```

定义另一个非抽象的派生类 Manager，继承自抽象类 Person，覆盖抽象类中的抽象方法 play()。

```
public class Manager : Person                   //定义另一个非抽象的派生类
{
    public Manager(string ID, string Name): base(ID, Name){}
    public override void play()                 //覆盖基类(抽象类)中的方法
    {Console.WriteLine("我是管理员");}
}
```

定义应用类如下。

```
class Program{
    static void Main(string[] args)
    {
        Person p
        p = new Teacher();
        p.play();
        p = new Manager();
        p.play();
    }
}
```

定义一个 Person 类型的变量 p，实例化 Teacher 和 Manager，当 p 指向不同的对象时，它就调用相应对象的 play()方法，也就是说，不同的对象 Teacher 和 Manager 执行相同的方法 play()，但结果是不一样的。

如果将两个派生类中的覆盖方法定义的 override 修饰符换成 new，则编译时将出错。因为编译器必须确保程序代码中基类的抽象方法能被派生类中的方法正确覆盖，而不是继承。

2) 抽象类中可以有抽象方法和非抽象方法

抽象类不能实例化，一个抽象类可以包含抽象和非抽象方法，当一个类继承自抽象类，那么这个派生类必须实现所有的基类抽象方法，但非抽象类中不能有抽象方法。

【例 5-14】 抽象类的抽象方法与非抽象方法。

在上面的抽象类 Person 中，添加一个非抽象方法 say()，将前面的代码做部分修改。

```
public abstract class Person                    //抽象类(基类)
{
    protected const float   Basesaly = 1000;
    public string ID
```

```
    { get; set; }
    public String Name
    { get; set; }
    public Person() { }                         //不带参数的构造方法
    public Person(string id, string name)
    {
        ID = id;Name = name;
    }
    public abstract void play();                //抽象方法
    public void say()                           //非抽象方法
    {
        Console.WriteLine("我是" + Name);
    }
}
```

定义一个派生类 Teacher，继承自抽象类 Person。

```
public class Teacher: Person                    //非抽象的派生类
{
    protected int Year;                         //教龄
    public Teacher() : base() { }
    public Teacher(string ID, string Name, int year) : base(ID, Name)
    { Year = year; }
    public override void play()                 //覆盖基类(抽象类)中的方法
    {
        base.say();
        Console.WriteLine("我的教龄是:{0}", Year);
    }
}
```

抽象类的应用如下。

```
class Program{
  static void Main(string[] args)
  {
    Person p = new Teacher();
    p.play();                                   //调用抽象方法
    p.say();                                    //调用非抽象方法
  }
}
```

3. 抽象类的继承

1) 派生类可以是抽象类

通过声明派生类也为抽象的，可以避免所有或特定的虚方法的实现，这就是抽象类的部分实现。

【例5-15】 派生抽象类。

```
public abstract class TPerson : Person
{
    protected int Year;                    //工龄
    public abstract float Sum();
    public override void Play()            //覆盖基类(抽象类)中的方法
    {
        base.say();
        Console.WriteLine("我的工龄是}",Year);
    }
}
```

定义一个抽象类 TPerson，继承自抽象类 Person。TPerson 类中可以实现 Person 中的方法 Play()，也可以不实现。在这里又定义一个抽象方法 Sum()，那么当 TPerson 派生一个非抽象类时，必须覆盖 Sum()方法。

2) 抽象类的基类可以是非抽象类

在 C#中，一个抽象类能够继承另一个非抽象类，可以继承基类的方法，并可以添加新的抽象和非抽象方法。

【例5-16】 抽象类的基类为非抽象类。

定义一个抽象类 AbsTeacher，它继承自非抽象类 Teacher，在其中又新添加抽象方法 Sum()和非抽象方法 Show()。

```
public abstract class AbsTeacher : Teacher
{
    public AbsTeacher() : base() { }
    public AbsTeacher(string id, string name,int year)
        : base(id, name,year) { }
    public void Show()
    {
        Console.WriteLine("特殊津贴{0}", Sum());
    }
    public abstract float Sum();
}
```

AbsTeacher 类的派生类必须实现其继承链上的所有抽象方法。定义一个类 Mteacher，继承自抽象类 AbsTeacher。

```
public class Mteacher : AbsTeacher
{
    public Mteacher() { }
    public Mteacher(string id, string name,int year):base(id,name,year) { }
    public override float Sum()
    {return Basesaly+this.Year * 10;}
}
```

类的应用如下。

```
class Program{
static void Main(string[] args)
{
    Person a = new Mteacher("111","张三",2);
    a.Play();
    ((Mteacher)a).Show();
}
}
```

实例化一个 Mteacher 对象并赋值给 Person 类型变量 p,可以通过 p 调用 Play()方法,但不能调用 Show()方法,如要调用 Show()方法,必须强制转换为 Mteacher 类型。

程序运行结果如图 5-13 所示。

3) 抽象类可以继承自接口

一个抽象类可以继承自接口,这种情况下,必须为接口的所有方法提供方法体。

4) 抽象类不能密封

不能把关键字 abstract 和 sealed 一起用,因为密封类不能够被抽象。

图 5-13　例 5-16 程序运行结果

5.3.2　密封类和密封成员

在实际应用中,有时不希望所创建的类再让其他类继承,如果滥用继承,可能会造成整个继承结构非常庞大,或层次太多,反而降低了程序的可读性。为此,C#提供了阻止类被继承的技术——密封类和密封方法。

密封类就是不允许其他类继承的类,密封方法就是不允许在派生类中重载该方法。

1. 密封类的定义

定义密封类使用 sealed 修饰符,这种被定义的类不能派生出其他类,也即它不能被继承。定义密封类的一般格式如下。

```
sealed class 类名
{
   ...    //类成员定义
}
```

不能将密封类定义为其他类的基类,密封类一定不能是抽象类。

例如,定义一个密封类:

```
sealed class A {
  //略
}
```

以下代码中的继承将会出错。由于 A 是一个密封类，A 不能被派生。

class A: B{ }   //出错。A 是一个密封类

2. 密封成员

sealed 修饰符可以应用在方法、属性、事件和索引器上，但是不能应用于静态成员。密封成员可以存在于密封或非密封类中，但密封成员必须是对虚成员或隐含虚成员进行覆盖，即 sealed 修饰符必须与 override 修饰符结合使用。

```
class AutoMobile
{
  public virtual void Display()
  { Console.WriteLine("这是基类 AutoMobile 的 Display 方法"); }
  //Show()方法不是覆盖方法，所以不能使用 sealed 关键字
  public sealed void Show()                      //编译出错
  { Console.WriteLine("这是基类 AutoMobile 的 show 方法");}
}
```

这里，Show()方法并不是派生类的覆盖方法，所以不能密封，编译要出错。密封的方法一定是派生类要覆盖的方法。

密封方法可以重载，例如：

```
class Car : AutoMobile
{
  //使用 sealed 关键字来密封方法
  public sealed override void Display()
  { Console.WriteLine("这是派生类 Car"); }
  //使用 sealed 关键字密封的方法，能被重载
  public void Display(string mark)
  { Console.WriteLine("这是派生类 Car:{0}", mark); }
}
```

虽然派生类的密封成员不能被覆盖，但是一个基类的密封成员可以用 new 修饰符在派生类中进行隐藏。

```
class SmallCar : Car
{
  //在基类中 Car 使用 sealed 关键字密封了 Display()方法，不能被覆盖，但能被隐藏
  public new void Display()
  { Console.WriteLine("这是派生类 Car"); }
}
```

任务5-3 计算员工的工资

1. 任务要求

计算员工工资,假设员工分为小时工和管理者,小时工的工资构成包括基本工资和计时工资,计时工资＝工作时数×单价,管理者的工资＝基本工资＋津贴。

2. 任务分析

定义如下的类。

(1) 小时工(HourlyEmployee),包括编号 ID、姓名 Name、基本工资 Salary、工作时间 Hours、小时工资 price、奖金 Bonus 等属性,其中 Bonus＝Hours * price。领取工资 Pay() 方法用于显示员工工资,该类不允许再继承,所以定义为密封类。

(2) 管理员(Manager),包括编号 ID、姓名 Name、基本工资 Salary、津贴 Allowance、等级 Level、奖金 Bonus 等属性,其中 Bonus＝Level * 10,领取工资 Pay()方法用于显示员工工资,该类不允许再继承,所以定义为密封类。

(3) 从 HourlyEmployee 类、Manager 类找出其共有的属性和方法,构造一个抽象类 Employee,包括编号 ID、姓名 Name、基本工资 Salary 等属性以及领取工资的 Pay()方法。Pay()方法的处理过程不允许修改,所以定义为密封方法。不同的员工计算其 Bonus 的方法不同,所以定义为抽象方法。

(4) 由于 Pay()是一个密封方法,必须从一个可以覆盖的基类继承,所以构造一个抽象类 Person,该类包括编号 ID、姓名 Name 属性以及一个抽象方法 Pay()。

3. 任务实施

创建一个控制台项目 EMIS,新增一个类文件 Emploee.cs 文件,编写如下代码。
(1) 定义一个抽象基类 Person。

```
public   abstract class Person
{
    public string ID { get; set; }                    //编号
    public string Name { get; set; }                  //姓名
    public Person(string ID, string Name)             //构造方法
    { this.ID = ID; this.Name = Name; }
    public Person() { }
    public override string ToString()
    { return ID+"\t"+Name;  }
    public abstract String Pay();                     //抽象方法,工资发放
}
```

(2) 定义一个由 Person 派生的抽象类 Employee。

```
public abstract class Employee : Person
```

```
{
    public float Salary{ get; set; }            //基本工资
    public Employee(string ID, string Name, float salary) : base(ID, Name)
    { this.Salary= salary; }                    //带参数的构造方法,通过base将参数传递给父类
    protected abstract float Bonus
    { get; }                                    //抽象属性,计算奖金,保护类型
    public sealed override String Pay()         //密封方法
    {
       float baseSalary, bonus, total;
       baseSalary = Salary;
       bonus = Bonus;
       total = baseSalary + bonus;
       return base.ToString() + "\t"+baseSalary + "\t\t" + bonus + "\t" + total;
    }
}
```

(3) 定义一个由 Employee 派生的密封类 HourlyEmployee。

```
public sealed class HourlyEmployee : Employee
{
    public int Hours                          //工时数
    { get; set; }
    public float price                        //单价(小时酬金)
    { get; set; }
    protected override float Bonus            //奖金
    { get{
       return price * Hours; }
    }
    public HourlyEmployee(string ID, string Name, float Salary, int Hours, float price)
    : base(ID, Name, Salary)                  //带参数的构造方法,通过base将参数传递给父类
    {
        this.Hours = Hours; this.price= price;
    }
    public override string ToString() //覆盖方法
    {
       return base.ToString() +"\t 普通\t"+ Salary + "\t" + price+ "\t" + Hours ;
    }
}
```

(4) 定义一个由 Employee 派生的密封类 Manager。

```
public sealed class Manager : Employee
{
    public float Allowance                    //津贴
```

```csharp
        { get; set; }
        public int Level                        //等级
        { get; set; }
        protected override float Bonus          //奖金
        {
            get { return Allowance + 10 * Level; }
        }
        public Manager(string ID,string Name, float Salary,float Allowance,int lel)
        : base(ID, Name, Salary)                //带参数的构造方法,通过base将参数传递给父类
        { this.Allowance = Allowance;this.Level = lel; }
        public override string ToString() //覆盖方法
        {
            return base.ToString() + "\t 管理 \t" + Saly + "\t" + Allowance + "\t" + Level;
        }
    }
```

(5) 在pragram.cs文件中编写如下代码。

```csharp
class Program
{
    static void Main(string[] args)
    {//将员工的工资存放到数组中
        person[] ps = new person[] { new HourlyEmployee("A001", "张三", 1200, 32, 30), new Manger("B001", "王五", 1500, 800,3) };
        System.Console.WriteLine("编号\t 姓名\t 类别\t 基本工资\t 津贴\t 等级/小时");
        foreach (person p in ps)
            //输出员工基本信息
            System.Console.WriteLine(p);
        System.Console.WriteLine("编号\t 姓名\t 基本工资\t 奖金\t 总额");
            //输出员工工资
        foreach (person p in ps)
            System.Console.WriteLine(p.Pay());       //基类的抽象方法
    }
}
```

(6) 编译并运行。程序运行结果如图5-14所示。

图5-14 任务5-3程序运行结果

5.4 接 口

在日常生活中,某类物体属性和对外功能有一个共同的标准和协议,人们只须知道其属性和具体的功能特征即可,至于其工作原理、内部构造及其特征都不需要考虑,每个工厂在生产时都必须遵守这个协议或标准。例如,现在流行的 USB 接口,就是一个标准,通过 USB 接口,可以连接手机、充电器、移动存储设备等,这些设备都遵守这个标准,按照这个标准设计,至于其内部结构、原理、其他功能都不需要考虑。

所以,接口是一组规则的集合,它规定了实现本接口的类或接口必须拥有的一组规则,体现了自然界"如果你是……则必须能……"的理念。接口封装的是公共行为的标准(方法定义),实现接口的类或者结构体要与接口的定义严格一致。有了这个协定,就可以抛开编程语言的限制。

C♯不支持多重继承,但是客观世界出现多重继承的情况又比较多。为了防止传统的多重继承给程序带来的复杂性等问题,C♯提出了接口的概念。通过接口可以实现多重继承的功能。一旦定义了一个接口,许多类都可以实现它。"实现接口"是指某个将要使用这个接口的类,必须为该接口所定义的方法、属性、索引或事件提供实现的代码。

5.4.1 接口的概念

1. 定义接口

定义接口的一般形式如下。

```
[代码属性][访问修饰符]interface 接口名[:基接口列表]
{
    接口成员定义
}
```

说明:

(1) 代码属性(可选)是附加的定义性信息。

(2) 用 interface 关键字声明接口。

(3) 接口名可以是任意的合法标识符。

(4) new 修饰符仅允许在类中定义的接口中使用,它指定接口隐藏同名的继承成员。public、protected、internal 和 private 修饰符控制接口的访问权限。

例如:

```
interface IShape {
    void Draw ( ) ;
}
```

2. 基接口与接口继承

基接口列表(可选)包含一个或多个显式基接口的列表,一个接口可以从零或多个接口继承,这些接口被称为这个接口的显式基接口。当接口有1个或多个显式基接口时,那么在接口的定义形式如下。

接口:基接口1,基接口2,...,基接口 n

注意:

(1) 接口的显式基接口必须至少与接口本身具有同样的访问权限。例如,在 public 的接口中指定 private 或 internal 成员就会出现一个编译时错误。

(2) 接口的基接口包括显式基接口以及这些显式基接口的基接口。

(3) 接口不能直接或间接地从它自己继承。

(4) 接口继承它的基接口的所有成员。

```
interface IControl
{ void Paint();}
//继承了接口 IControl 的方法 Paint()
interface ITextBox:IControl
{
   void SetText(string text);
}
//继承了接口 IControl 的方法 Paint()
interface IListBox:IControl
{void SetItems(string[] items);}
```

如果从两个或者两个以上的接口派生,父接口的名字列表用逗号分隔,例如:

```
interface IComboBox:ITextBox,IListBox
{   //可以声明新方法
}
```

接口 ITextBox 和 IListBox 都从接口 IControl 中继承,也就继承了接口 IControl 的 Paint()方法。接口 IComboBox 从接口 ITextBox 和 IListBox 中继承,因此它继承了接口 ITextBox 的 SetText()方法和 IListBox 的 SetItems()方法,还有 IControl 的 Paint()方法。

5.4.2 接口成员

接口的成员包括从基接口继承的成员和由接口本身声明的成员,一个接口可以声明零个或多个成员。接口的成员必须是方法、属性、事件或索引器,接口不能包含常量、字段、运算符、实例构造方法、析构方法或类型,也不能包含任何种类的静态成员。

所有接口成员都隐式地具有 public 访问权限,接口成员声明中包含任何修饰符都会导致编译时错误。具体来说,不能使用修饰符 abstract、public、protected、internal、 private、virtual、override 或 static 来声明接口成员。

【例 5-17】 定义一个接口。

```
public delegate void ListEvent(IStringList sender);
public interface IStringList
{
  void Add(string s);
  int Count { get; }
  event ListEvent Changed;
  string this[int index] { get; set; }
}
```

本例声明了一个接口,该接口的成员涵盖了所有可能的接口成员:方法、属性、事件和索引器。

定义接口成员需注意以下几个问题。

(1) 方法的名称必须与同一接口中声明的所有属性和事件的名称不同。此外,方法的签名必须不同于在同一接口中声明的所有其他方法,并且在同一接口中声明的两个方法的签名不能只是 ref 和 out 不同。

(2) 属性或事件的名称必须与同一接口中声明的所有其他成员的名称不同。

(3) 一个索引器的签名必须有别于在同一接口中声明的其他所有索引器的签名。

(4) 允许接口用与它所继承的成员相同的名称或签名来声明新的成员。发生这种情况时,则称派生的接口成员隐藏了基接口成员。隐藏一个继承的成员不是错误,但这会导致编译器发出警告。为了避免出现上述警告,派生接口成员的声明中必须包含一个 new 修饰符,以指示该派生成员将隐藏对应的基成员。

下面分别介绍接口成员的定义方法。

1. 接口方法

定义接口方法的语法格式如下。

[代码属性]　[new]　返回类型 方法名([参数 1,参数 2,...]);

接口中只能提供方法的格式声明,而不能包含方法的实现,所以接口方法的声明总是以分号结束。

用户可以使用 new 修饰符在派生的接口中隐藏基接口的同名方法成员,其作用与类中 new 修饰符的作用相同。例如:

```
interface  IA
{void  Math();}
interface  IB: IA            //接口 IB 继承自接口 IA
{
  new  void  Math();         //如果不加 new 修饰符,将会有警告。加上 new 就可消除
}
```

【例 5-18】 定义一个接口 DataSeries，任何类使用该接口可以产生一系列数字。

```
public interface DataSeries
{
  int  getNext();            //返回数字系列中的下一个数字
  void reset();              //重新开始
  void setStart(int x);      //设置初始值
}
```

2. 接口的属性

定义接口属性的语法格式如下。

[代码属性]　[new]　属性类型 属性名{[get;]|[set;]};

同理，接口中的属性成员不能直接实现，所以只能以分号结束。在接口属性成员中同样也可以使用 new 修饰符来隐藏从基接口继承的同名属性成员。接口属性成员的访问方式有只读、只写和可读写 3 种。

【例 5-19】 重写接口 DataSeries，通过类 MyThree 实现接口，同时使用接口属性来获取数列中的下一个元素。

```
public interface DataSeries                //接口
{
  int  Next                                //接口的一个属性
  {
    get;                                   //返回数列的下一个数字
    set;                                   //设置下一个数字
  }
}
```

3. 接口的索引器成员

定义索引器成员的语法格式如下。

[代码属性]　[new]　数据类型　this [索引器参数类型　参数名]
{
  get; 和/或 set;
}

此格式中的代码属性和 new 修饰符的用法和作用与接口的方法成员和属性成员声明的含义完全一样。

"数据类型"是指索引器引入的元素类型，接口声明中的索引器成员只能用来指定索引器的访问方式。同样不允许在索引器参数上使用 out 和 ref 关键字。例如，以下是接口 DataSeries 的另一个版本，其中添加了返回第 i 个元素的只读索引。

```
public   interface  DataSeries              //接口
{
   [name("这是一个索引接口")]              //附加信息(即属性说明)
   int   Next { get; set; }                 //接口的一个属性
   int   this[int   index]                  //接口的一个索引,是一个只读索引
   {
      get;                                  //返回数列中的指定数字
   }
}
```

4. 接口的事件成员

定义接口事件成员的语法格式如下。

[代码属性]   [new]   event   事件委托名   事件名;

此格式中代码属性和 new 修饰符的用法和作用与接口的方法成员和属性成员的声明含义完全一样。例如:

```
Interface  IA
{
  ...     //其他成员的定义
  event  Click  MyEvent;
}
```

5. 访问接口成员

可以通过 I.M 形式访问接口成员,索引器通过 I[A]形式访问。其中,I 是接口,M 是该接口类型的方法、属性或事件,A 是索引器参数列表。

对于严格单一继承的接口,成员查找、方法调用和索引器访问规则的效果与类和结构体完全相同。

对于多重继承接口,当两个或更多个不相关(互不继承)的基接口中声明了具有相同名称或签名的成员时,就会发生多义性。可以采用下面的方法来消除多义性。

1) 消除多义性

【例 5-20】 使用显式强制转换消除多义性。

```
interface IList
{ int Count { get; set; }
}
interface ICounter
{ void Count(int i);
}
interface IListCounter: IList, ICounter {}
class C
{
```

```
void Test(IListCounter x)
{
    x.Count(1);                          //错误
    x.Count = 1;                         //错误
    ((IList)x).Count = 1;                //正确,引用 IList.Count.set 属性
    ((ICounter)x).Count(1);              //正确,引用 ICounter.Count()方法
}
```

由于在 IListCounter 中对 Count 的成员查找所获得的结果是不明确的,因此前两个语句将导致编译时错误。将 x 强制转换为适当的基接口类型就可以消除这种多义性。

【例 5-21】 利用重载消除多义性。

```
interface IInteger
{ void Add(int i);
}
interface IDouble
{ void Add(double d);
}
interface INumber: IInteger, IDouble {}
class C
{
    void Test(INumber n)
    {
        n.Add(1);                        //引用 IInteger.Add()方法,方法重载
        n.Add(1.0);                      //引用 IDouble.Add is()方法,方法重载
        ((IInteger)n).Add(1);            //强制转换,引用 IInteger.Add i()方法
        ((IDouble)n).Add(1);             //强制转换,引用 IDouble.Add()方法
    }
}
```

调用 n.Add(1)将选择 IInteger.Add()方法；调用 n.Add(1.0)将选择 IDouble.Add()方法。插入显式强制转换后,就只有一个候选方法了,因此没有多义性。

【例 5-22】 利用隐藏消除多义性。

```
interface IBase
{ void F(int i);
}
interface ILeft: IBase
{ new void F(int i);                     //隐藏基类 IBase.F()
}
interface IRight: IBase
{   void G();                            //继承基类 IBase.F()
}
```

```
interface IDerived: ILeft, IRight
{  //隐藏了 IBase 的 F()方法,含有 ILeft.F()和 IRight.G()
}
class A
{
   void Test(IDerived d)
   {
      d.F(1);                //调用 ILeft.F(),隐藏了基类的 F()
      ((IBase)d).F(1);       //调用 IBase.F()
      ((ILeft)d).F(1);       //调用 ILeft.F()
      ((IRight)d).F(1);      //调用 IBase.F()
   }
}
```

接口的继承层次如图 5-15 所示。

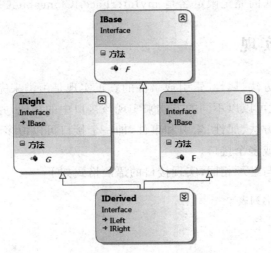

图 5-15　接口的继承层次

Base.F()方法成员被 ILeft.F()方法成员隐藏。因此,即使在通过 IRight 的访问路径中 IBase.F()方法似乎没有被隐藏,调用 d.F(1)仍选择 ILeft.F()方法。

多重继承接口中的直观隐藏规则简单地说就是,如果成员在任何一个访问路径中被隐藏,那么它在所有访问路径中都被隐藏。由于从 IDerived 经 ILeft 到 IBase 的访问路径隐藏了 IBase.F,因此该成员在从 IDerived 经 IRight 到 IBase 的访问路径中也被隐藏。

2) 完全限定名访问接口成员

接口成员有时也用它的完全限定名来引用。接口成员的完全限定名是这样组成的:"声明该成员的接口的名称.该成员的名称"。成员的完全限定名将引用声明该成员的接口。例如,定义如下的接口:

```
interface IControl
{ void Paint();
}
```

```
interface ITextBox: IControl
{ void SetText(string text);
}
```

其中，Paint()的完全限定名是 IControl.Paint，而 SetText 的完全限定名是 ITextBox.SetText()。但不能用 ITextBox.Paint()来引用 Paint()。

当接口是命名空间的组成部分时，该接口的成员的完全限定名需包含命名空间名称。例如：

```
namespace myInterFace
{
  public interface ICloneable
  { object Clone();}
}
```

这里，Clone()方法的完全限定名是 myInterFace.ICloneable.Clone。

5.4.3 接口的实现

在接口中声明的方法、属性、索引或事件的真正实现是由类来完成的。一旦定义了接口，一个或更多的类就可以以不同的方式来实现该接口中的功能，并且每个类必须实现该接口中所定义的所有方法、属性、索引和事件，即一个接口可以由多个类来实现，而在一个类中也可以实现一个或多个接口。

实现接口的方式与继承相同，实现接口的语法格式如下。

```
class  类名:接口名列表
{
    ...     //类实体
}
```

其中，接口名列表是指该类所要实现的接口的名称。接口的实现有以下几种情况。

（1）一个类实现一个接口。一个类实现一个接口时，这个类就必须实现接口中声明的所有接口成员。例如：

```
interface ICloneable
{  object Clone();
   Object Copy();
}
```

接口的实现方式如下。

```
class Text: ICloneable
{ public object Clone() {...}            //实现接口成员
  public Object Copy(){...}              //实现接口成员
}
```

（2）一个接口可以被多个类实现。例如，ICloneable 接口同时也可以由另外一个类来实现。

```
class List: ICloneable                    //接口的实现
{
  public object Clone() {...}             //实现接口成员
  public Object Copy(){...}               //实现接口成员
}
```

（3）一个类实现多个接口 JF，在类中必须将多个接口的接口成员全部实现。例如：

```
//接口 1
interface ICloneable
{  object Clone();}
//接口 2
interface IComparable
{  int CompareTo(object other);}
//一个类实现多个接口
class ListEntry: ICloneable, IComparable  //接口的实现
{ public object Clone() {...}             //实现接口成员
   public int CompareTo(object other) {...}  //实现接口成员
}
```

（4）如果一个类或结构体实现某接口，它可能还隐式实现了该接口的所有基接口，即使在类或结构体的基类列表中没有显式列出所有基接口。例如：

```
//基接口
interface IControl
{  void Paint();}
//接口继承
interface ITextBox: IControl
{  void SetText(string text);}
```

在 ITextBox 接口中隐藏了基类的接口成员 Paint()，在此，类 TextBox 同时实现了 IControl 接口和 ITextBox 接口。

```
class TextBox: ITextBox
{
  public void Paint() {...}
  public void SetText(string text) {...}
}
```

（5）一个类可以继承自一个基类，并同时实现一个或多个接口，基类必须放在接口列表的前面。例如：

```
interface Interface1
{ void F();
```

```
}
class Class1
{ public void G() {}
}
```

类继承自基类和接口的方式如下。

```
class Class2: Class1, Interface1
{ void F(){...}                          //实现接口中的方法成员
}
```

【例 5-23】 DataSeries 接口在不同类中实现。

(1) 声明一个接口。

```
public interface DataSeries              //接口 DataSeries
{
    int getNext();                       //返回数字系列中的下一个数字
    void reset();                        //重新开始
    void setStart(int x);                //设置初始值
}
```

(2) 获取指定步长的数字序列。

```
class onSeries : DataSeries              //实现接口 DataSeries 的类
{
    int value;
    public int step
    { get; set; }
    public onSeries()                    //构造方法
    { step=0; value = 0; }
    //实现接口 DataSeries 中的方法 setStart()
    public void setStart(int start)
    { value = start; }
    public onSeries(int start,int step)  //构造方法
    {
        this.step = step; this.value = start;
    }
    //实现接口 DataSeries 中的方法 getNext()
    public int getNext()
    { value += step; return value; }
    //实现接口 DataSeries 中的方法 reset()
    public void reset()
    { value=0; }
}
```

（3）循环依次获取数组元素。

```
class ListSeries : DataSeries
{
    public int[] value=new int[]{10,20,30,40,5};
    public int First
    { get; set; }
    public int Last
    { get; set; }
    private int Current;
    public ListSeries()
    { First = 0; Last = value.Length; Current = First; }
    //实现接口 DataSeries 中的方法 getNext()
    public int getNext()
    {   int v = value[Current]; Current = (Current + 1) % value.Length;
        return v;
    }
    //实现接口 DataSeries 中的方法 reset()
    public void reset()
    {Current = First; }
    //实现接口 DataSeries 中的方法 setStart()
    public void setStart(int start)
    { Current = start; }
}
```

（4）类的应用。

```
class Program
{
    static void Main(string[] args){
        onSeries S1 = new onSeries(10,4);
        for (int i = 0; i < 10; i++)
            System.Console.Write("{0} ",S1.getNext());
        System.Console.WriteLine();
        ListSeries list = new ListSeries();
        int[] theArray = new int[] { 34, 6, 7, 8, 22 };
        list.value = theArray;
        for (int i = 0; i < 20; i++)
            System.Console.Write("{0} ", list.getNext());
    }
}
```

程序运行结果如图 5-16 所示。

程序说明：

在两个类中，接口的实现方法是不同的，但调用接口的方法是相同的，实现接口的基

图 5-16　例 5-23 程序运行结果

本思想也是一致的。如接口方法 GetNext()实现后都是获取下一个元素。这就是使用接口的好处。

（5）显式接口成员的实现。为了实现接口，类或结构体可以定义显式接口成员的执行体。显式接口成员执行体可以是一个方法、一个属性、一个事件或者一个索引指示器的定义，定义与该成员对应的全权名应保持一致。

① 显式接口用完全限定名实现。

【例 5-24】　显式接口用完全限定名实现。

```
interface ICloneable
{ object Clone();
}
interface IComparable
{ int CompareTo(object other);
}
class ListEntry: ICloneable, IComparable
{
  int[] IntArray ;
  int length,Max;
  public ListEntry(int Max)
  {
    length = 0; this.Max = Max;
    IntArray = new int[Max];
  }
  public void add(int  obj)
  {
    if (length < Max) IntArray[length++] = obj;
  }
  public int this[int index]
  {
    get { return IntArray[index]; }
    set {IntArray[index] = value;  }
  }
  object ICloneable.Clone()                    //显式接口成员
  {
    ListEntry list = new ListEntry(Max);
    for (int i = 0; i < length; i++)
```

```
            list.IntArray[i] = this.IntArray[i];
        list.length = this.length;
        return list;
    }
    int IComparable.CompareTo(object other)      //显式接口成员
    {
        ListEntry list = (ListEntry)other;
        if (list.length != this.length) return this.length - list.length;
        int i;
        for (i = 0; i < length && list.IntArray[i] == this.IntArray[i]; i++)
            ;
        return this.IntArray[i] - list.IntArray[i];
    }
}
```

在此，ICloneable.Clone()和 IComparable.CompareTo()是显式接口成员实现。

② 显式接口的访问。在进行方法调用、属性访问或索引器访问时，不能直接访问显式接口成员实现的成员，即使用它的完全限定名也不行。显式接口成员实现的成员只能通过接口的实例访问，并且在访问时，只能用该接口成员的简单名称来引用。

【例 5-25】 访问例 5-24 中 ListEntry 类的成员。

```
class Program
{
    static void Main(string[] args)
    {
        ListEntry list=new ListEntry(100);
        ListEntry temp=new ListEntry(100);
        for (int i = 0; i < 10; i++)
        {   list.add(i);temp.add(i); }
        ListEntry CList;
        ICloneable IClon;
        IComparable ICom;
        IClon = list;
        CList=(ListEntry)IClon.Clone();      //通过接口来访问,不能通过 List 直接访问
        for (int j=0;j<10;j++)
            Console.Write("{0} ",CList[j]);
        ICom = list;
        int p;
        p=ICom.CompareTo(temp);              //通过接口来访问,不能通过 List 直接访问
        if (p == 0)
            Console.Write("相等");
        else
            if (p>0) Console.Write("大于");else Console.Write("小于");
    }
```

}

程序运行结果如图 5-17 所示。

图 5-17 例 5-25 程序运行结果

显式接口成员实现具有与其他成员不同的访问权限。由于显式接口成员实现永远不能在方法调用或属性访问中通过它们的完全限定名来访问,因此,它们似乎是私有的。但是,因为它们可以通过接口实例来访问,所以它们似乎又是公有的。

③ 显式接口中不能包含修饰符。在显式接口成员实现中包含访问修饰符将导致编译时错误,而且如果包含 abstract、virtual、override 或 static 修饰符也将导致编译时错误。

显式接口成员实现有两个主要用途。

a. 显式接口成员实现可以消除因同时含有多个相同签名的接口成员所引起的多义性。如果没有显式接口成员实现,一个类或结构体就不可能为具有相同签名和返回类型的接口成员分别提供相应的实现,也不可能为具有相同签名和不同返回类型的所有接口成员中的任何一个提供实现。

b. 由于显式接口成员实现不能通过类或结构体的实例来访问,因此它们不属于类或结构体自身的公有接口。当需要在一个公有的类或结构体中实现一些仅供内部使用(不允许外界访问)的接口时,这就特别有用。

④ 显式接口成员声明的有效性。为了使显式接口成员实现有效,声明它的类或结构体必须在它的基类列表中指定一个接口,而该接口必须包含一个成员,该成员的完全限定名、类型和参数类型与该显式接口成员实现所具有的完全相同。因此,在下面定义的类中,IComparable.CompareTo()声明将导致编译时错误,原因是 IComparable 未列在 Shape 的基类列表中,并且不是 ICloneable 的基接口。

```
class Shape: ICloneable
{
  object ICloneable.Clone() {...}
  int IComparable.CompareTo(object other) {...}   //出错,该成员没有在基接口中
}
```

与上边类似,在下面定义的类中,Ellipse 中的 ICloneable.Clone()声明也将导致编译时错误,因为 ICloneable 未在 Ellipse 的基类列表中显式列出。

```
class Shape: ICloneable
{
    object ICloneable.Clone() {...}            //合法
}
class Ellipse: Shape
```

```
{
//非法,其接口成员没有在基接口中,它所继承的是基类
    object ICloneable.Clone() {...}
}
```

接口成员的完全限定名必须引用声明该成员的接口。因此,下面定义的类中,Paint()的显式接口成员实现必须写为IControl.Paint()。

```
interface IControl
{   void Paint();}
interface ITextBox: IControl
{ void SetText(string text);}
class TextBox: ITextBox
{
    void IControl.Paint() {...}
    void ITextBox.SetText(string text) {...}
}
```

5.4.4 接口映射

类或结构体必须为它的基类列表中所列出的接口的所有成员提供它自己的实现。在类或结构中定位接口成员实现的过程称为接口映射(interface mapping)。

下面讨论接口成员映射的几种情况。

1. 显式接口成员实现优先于其他成员

例如,类 C 的 ICloneable.Clone()成员成为 ICloneable 中 Clone()的实现,这是因为显式接口成员实现优先于其他成员。

```
interface ICloneable
{ object Clone(); }
class C: ICloneable
{
    object ICloneable.Clone() {...}
    public object Clone() {...}
}
```

2. 多接口同名接口成员的映射

如果类或结构体实现了两个或多个接口,而这些接口包含具有相同名称、类型和参数类型的成员,则这些接口成员可以全部映射到单个类或结构体成员上。例如:

```
interface IControl
{void Paint();}
interface IForm
```

```csharp
{ void Paint();}
class Page: IControl, IForm
{
    public void Paint() {...}
}
```

在此，IControl 和 IForm 的 Paint()方法都映射到 Page 中的 Paint()方法。当然也可以为这两个方法提供单独的显式接口成员实现。

【例 5-26】 同名接口的多重继承的实现。

```csharp
//定义英制接口
interface IEnglishDimensions {
    float Length ( ) ;
    float Width ( ) ;
}
//定义公制接口
interface IMetricDimensions {
    float Length ( ) ;
    float Width ( ) ;
}
//定义 Box 类,多重继承
class Box : IEnglishDimensions, IMetricDimensions {
    float lengthInches, widthInches ;
    public Box(float length, float width) {
        lengthInches = length ;  widthInches = width ;
    }
    float IEnglishDimensions.Length( ) {
        return lengthInches ;
    }
    float IEnglishDimensions.Width( ) {
        return widthInches ;
    }
    float IMetricDimensions.Length( ) {
        return lengthInches * 2.54f ;
    }
    float IMetricDimensions.Width( ) {
        return widthInches * 2.54f ;
    }
    public static void Main( ) {
        Box myBox = new Box(30.0f, 20.0f);      //创建对象 myBox
        //定义接口 eDimensions
        IEnglishDimensions eDimensions = (IEnglishDimensions) myBox;
        IMetricDimensions mDimensions = (IMetricDimensions) myBox;
        Console.WriteLine(" Length(in): {0}", eDimensions.Length( ));
        Console.WriteLine(" Width (in): {0}", eDimensions.Width( ));
```

```
        Console.WriteLine(" Length(cm): {0}", mDimensions.Length());
        Console.WriteLine(" Width (cm): {0}", mDimensions.Width());
    }
}
```

程序运行结果如图 5-18 所示。

3. 隐藏接口成员的映射

如果类或结构体实现了一个包含被隐藏成员的接口,那么一些成员必须通过显式接口成员实现来实现。例如:

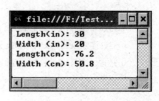

图 5-18　例 5-26 程序
　　　　运行结果

```
interface IBase{
  int P { get; }
}
interface IDerived: IBase{
  new int P();
}
```

此接口的实现将至少需要一个显式接口成员实现,可采取下列形式之一。

```
class C: IDerived{
  int IBase.P { get {...} }              //采用显式接口实现
  int IDerived.P() {...}                 //采用显式接口实现
}
```

或

```
class C: IDerived{
  public int P { get {...} }
  int IDerived.P() {...}                 //采用显式接口实现
}
```

或

```
class C: IDerived{
  int IBase.P { get {...} }              //采用显示接口实现
  public int P() {...}
}
```

4. 相同基接口的基接口成员的映射

当一个类实现多个具有相同基接口的接口时,为该基接口提供的实现只能有一个。例如:

```
interface IControl
{   void Paint();}
interface ITextBox: IControl
```

```
{   void SetText(string text); }
interface IListBox: IControl
{   void SetItems(string[] items); }
class ComboBox: IControl, ITextBox, IListBox
{
    void IControl.Paint() {...}                    //实现三个接口成员
    void ITextBox.SetText(string text) {...}
    void IListBox.SetItems(string[] items) {...}
}
```

在基类列表中的 IControl、由 ITextBox 继承的 IControl 和由 IListBox 继承的 IControl 不可能有各自不同的实现。事实上，没有为这些接口提供单独实现的打算。相反，ITextBox 和 IListBox 的实现共享相同的 IControl 的实现，因而可以简单地认为 ComboBox 实现了三个接口：IControl、ITextBox 和 IListBox。

5. 基类成员参与接口映射

例如，下面 Class1 中的方法 F() 用于 Class2 的 Interface1 的实现。

```
interface Interface1
{ void F();}
class Class1{
    public void F() {}
    public void G() {}
}
class Class2: Class1, Interface1{
    new public void G() {}                    //继承的基类成员 F() 实现了接口方法成员
}
```

6. 接口映射到虚方法

类将继承基类提供的所有接口的实现，如果不显式地重新实现接口，派生类就无法以任何方式更改它从其基类继承的接口映射。例如：

```
interface IControl
{void Paint();}
class Control: IControl
{public void Paint() {...}
}
class TextBox: Control{
    new public void Paint() {...}
}
```

TextBox 中的 Paint() 方法隐藏了 Control 中的 Paint() 方法，但这种隐藏并不更改 Control.Paint 到 IControl.Paint 的映射，所以通过类的实例和接口实例对 Paint() 进行的调用就将具有不同的结果。

```
Control c = new Control();
TextBox t = new TextBox();
IControl ic = c;
IControl it = t;
c.Paint();                                    //引用 Control.Paint();
t.Paint();                                    //引用 TextBox.Paint();
ic.Paint();                                   //引用 Control.Paint();
it.Paint();                                   //引用 Control.Paint();
```

但是,当接口方法被映射到类中的虚方法时,从该类派生的类若覆盖了该虚方法,则将同时更改该接口的实现。例如,将上面的声明改写为

```
interface IControl
{   void Paint(); }
class Control: IControl
{ public virtual void Paint() {...}
}
class TextBox: Control
{ public override void Paint() {...}
}
```

将产生以下效果。

```
Control c = new Control();
TextBox t = new TextBox();
IControl ic = c;
IControl it = t;
c.Paint();                                    //引用 Control.Paint();
t.Paint();                                    //引用 TextBox.Paint();
ic.Paint();                                   //引用 Control.Paint();
it.Paint();                                   //引用 TextBox.Paint();
```

由于显式接口成员实现不能被声明为虚,因此不可能重写显式接口成员实现。然而,显式接口成员实现的内部完全可以调用另一个方法,只要将该方法声明为虚方法,派生类就可以覆盖它了。例如:

```
interface IControl
{   void Paint();}
class Control: IControl{
    void IControl.Paint() { PaintControl(); }   //调用虚方法,实现覆盖重写
    protected virtual void PaintControl() {...}
}
class TextBox: Control{
    protected override void PaintControl() {...}
}
```

在此,从 Control 派生的类可通过重写 PaintControl()方法来专用 IControl.Paint 的实现。

5.4.5 接口的重新实现

接口的重新实现是指某个类可以再次实现已被它的基类实现的接口,即继承接口实现的类可以重新实现该接口。接口的重新实现与接口的初始实现遵循完全相同的接口映射规则,因此,继承的接口映射不会对为重新实现该接口而建立的接口映射产生任何影响。

1. 派生类重新实现接口方法

【例 5-27】 在派生类中重定义接口方法。

```
interface IControl                              //接口 IControl
{ void Paint(); }                               //方法
class Control: IControl {
  void IControl.Paint()
  { Console.WriteLine("在 Control 类中实现 Paint()方法"); }
}
class MyControl: Control, IControl              //类 MyControl
{
  public void Paint()                           //重新实现接口 IControl 中定义的 Paint()方法
  { Console.WriteLine("在 MyControl 类中实现 Paint()方法"); }
}
class Program
{  static void Main(string[] args) {
    Control F = new Control(); Ifa = F; Ifa.Paint();
    MyControl S = new MyControl();  Ifa = S; Ifa.Paint();
   }
}
```

程序运行结果如图 5-19 所示。

图 5-19 例 5-27 程序运行结果

程序说明:

Control 将 IControl.Paint()映射到 Control.IControl.Paint()并不影响 MyControl 中的重新实现,该重新实现将 IControl.Paint()映射到 MyControl.Paint()。

2. 继承的公共成员与显式接口成员的重新实现

继承的公共成员声明和继承的显式接口成员声明可以参与重新实现接口的接口映射过程。

【例 5-28】 继承的公共成员与显式接口成员的重新实现。

```
interface IMethods                    //声明接口 { void F(); void H(); }
class Base : IMethods{                //基类接口实现
  void IMethods.F()
  { System.Console.WriteLine("基类中显式接口成员"); }
    public void H() { System.Console.WriteLine("基类中隐式接口成员"); }
}
class Derived : Base, IMethods{       //派生类接口成员的重新实现

    public void F() { System.Console.WriteLine("派生类中公共成员"); }
    void IMethods.H() { System.Console.WriteLine("派生类中显式接口成员"); }
}
class Program                         //测试代码
{
  static void Main(string[] args){
      System.Console.WriteLine("基类方法------");
      Base B=new Base(); B.H();
      System.Console.WriteLine("派生类方法------");
      Derived D = new Derived();D.F(); D.H();IMethods Im;
      System.Console.WriteLine("基类接口实现方法------");
      Im = B; Im.F(); Im.H();
      System.Console.WriteLine("派生类接口实现方法------");
      Im = D;   Im.F(); Im.H();
    }
}
```

程序运行结果如图 5-20 所示。

程序说明：

Derived 类中 IMethods 接口的实现将接口方法映射到 Derived.F、Derived.IMethods.H()。

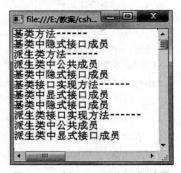

图 5-20 例 5-28 程序运行结果

3. 接口的所有基接口的实现

当类实现接口时，它还隐式实现了该接口的所有基接口。与此类似，接口的重新实现也同时隐式地对该接口的所有基接口进行重新实现。例如：

```
interface IBase                              //基接口
{ void F();}
```

```
interface IDerived: IBase                       //派生接口
{ void G();}
class C: IDerived                               //基类
{
    void IBase.F() {...}
    void IDerived.G() {...}
}
class D: C, IDerived                            //派生类,继承自派生接口和派生类
{
    public void F() {...}                       //实现基接口的方法
    public void G() {...}                       //实现派生接口的方法
}
```

在此,IDerived 接口的重新实现也重新实现 IBase 接口,并将 IBase.F()映射到 D.F()。

5.4.6 抽象类和接口

与非抽象类类似,抽象类也必须为在该类的基类列表中列出的接口的所有成员提供它自己的实现。但是,允许抽象类将接口方法映射到抽象方法上。例如:

```
interface IMethods
{   void F(); void G();}
    abstract class C: IMethods{
    public abstract void F();
    public abstract void G();
}
```

这里,IMethods 的实现将 F()和 G()映射到抽象方法上,这些抽象方法必须在从 C 类派生的非抽象类中覆盖。

注意:显式接口成员实现本身不能是抽象的,但是允许显式接口成员实现调用抽象方法。例如,以下代码中,从 C 类派生的非抽象类被要求覆盖 FF()和 GG(),从而提供 IMethods 的实际实现。

```
interface IMethods
{void F(); void G();}
abstract class C: IMethods{
    void IMethods.F() { FF(); }
    void IMethods.G() { GG(); }
    protected abstract void FF();
    protected abstract void GG();
}
```

任务 5-4　模拟虚拟打印机

1. 任务要求

某公司有一台特殊打印机,还可以使用一年,一年后可能换为另一种打印机,希望现在的程序在换了打印机后只做少量修改就可使用。

2. 任务分析

(1) 定义一个打印机接口。
(2) 定义打印机类 A、B,分别实现此接口。
(3) 定义一个工厂类,在类中可选择返回由 A 实现的接口,或者由 B 实现的接口。
(4) 程序中使用打印机时,可以使用工厂类来调用打印机,而不需要知道具体的是什么打印机。

如果打印机换了,只需要修改工厂类即可。如果有 1000 个地方都调用打印机,就不需要一个一个修改,修改一个地方就可以了。

3. 任务实施

(1) 创建一个控制台项目。
(2) 编写如下的代码。

```
//确定打印机类型
enum printtype { HP, Epson, Star }
//打印的文档类
class Docment{
   private string _doc;
   public Docmaent(string Content)
   {_doc=Content;}
   public string doc{
      get{retuen _doc;}
      set{_doc=value;}
   }
}
//打印机接口
interface Iprinter{
   void print(Docment Data);
}
//打印机抽象类
abstract class printer : Iprinter
{
   private printtype _Type;
   public printer(printtype Type)
```

```csharp
    { _Type = Type; }
    public virtual void print(Docment Doc)
    {
        Doc.doc = _Type.ToString() + "  Print ..." + Doc.doc;
    }
}
//惠普打印类
class HP :printer{
    public HP() : base(printtype.HP) { }
}
//Epson 打印机类
class Epson : printer{
    public Epson() : base(printtype.Epson) { }
}
//工厂类
class Factory
{
    public Iprinter Create(printtype type)
    {
        switch (type){
            case printtype.Epson: return new Epson();
            case printtype.HP: return new HP();
            default: return null;
        }
    }
    static void Main()
    {
        Docment doc1 = new Docment("我的文档");
        Factory printFactory = new Factory();
        Iprinter printer = printFactory.Create(printtype.HP);
        printer.print(doc1);
        System.Console.WriteLine(doc1.doc);
    }
}
```

项目实践 5　员工工资管理

1. 项目任务

输入员工的基本档案信息并计算工资，员工分为普通员工和管理人员，其工资的计算方法不同，参见任务 5-3。

2. 需求分析

设计一个主界面,根据需要用于显示员工基本信息和工资信息,要求实现员工数据的增加、修改、删除、查找等基本功能。设计普通员工、管理人员信息的录入窗体,设计两类人员信息的修改窗体。

3. 项目实施

(1) 创建一个 Windows 窗体项目 EmpMis。

(2) 定义一个抽象类 Person 和 Employee,Employee 继承 Person,Employee 派生密封类 HourlyEmployee 和 Manager,分别表示普通员工和管理人员,参考任务 5-3 的代码。

(3) 设计一个接口,实现增加、删除、修改、查找、索引等功能。

```
interface IPersonList{
   bool Add(Person p);                    //增加
   Boolean Delete(string id);             //删除
   void update(person p);                 //修改
   person FindByID(string id);            //查找
   person this[int index]                 //索引
   { get; set; }
}
```

(4) 定义员工集合类 PersonSet。

```
public class PersonSet : IPersonList
{
  private int _count, _max;
  private  Person[] record;
  //构造方法
  public PersonSet()
  {  _count = 0; _max = 100;
      record = new Person[_max];
  }
  public int Count{
    get { return _count; }
  }
  public int Max {
    get { return _max; }
  }
  //定位方法
  public int Locate(string id)
  { int i;
   for (i = 0; i < _count && id != record[i].ID; i++)
    if (i < _count) return i + 1;else return 0;
  }
```

```csharp
//索引
public Person this[int index]
{
    get{ return record[index];}
    set{ record[index] = value; }
}
//增加
public bool Add(Person p)
{   if (_count < _max)              //越界
    {
        record[_count++] = p;
        return true;
    }
    else return false;
}
//删除
public bool Delete(string id)
{
  int pos,i;
  pos=Locate(id);
  if (pos ==0) return false;
  for (i = pos; i < Count; i++)
     record[i - 1] = record[i];
  _count--;
  return true;
}
//按编号查找
public Person FindByID(string id) {
    int pos;
    pos = Locate(id);
    if (pos == 0) return null; else return record[pos - 1];
}
//修改
public virtual void update(Person p)
{
  person p1 = FindByID(p.ID);
  if (p1 != null){
    p1.ID = p.ID;
    p1.Name = p.Name;
  }
}
```

(5) 设计如图 5-21 所示的主界面。

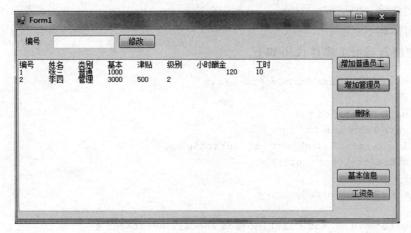

图 5-21 项目 5 员工工资管理主界面

其控件属性如表 5-3 所示。

表 5-3 控件属性

控件名	属性	属性值	控件名	属性	属性值
Button1	Name	bt_addEmploye	Button3	Name	bt_modify
	Text	增加普通员工		Text	修改
Button2	Name	bt_addmange	Button4	Name	bt_listSaly
	Text	增加管理员		Text	工资条
TextBox1	Name	tb_list	TextBox2	Name	tb_id
	Multiline	true	Lable1	Name	lb_id
	ReadOnly	true		Text	编号
	ScrollBars	vertical	Button5	Name	bt_base
Form1	FMain			Text	基本信息

(6) 设计增加普通员工界面如图 5-22 所示,增加管理人员员工界面如图 5-23 所示。

图 5-22 增加普通员工界面   图 5-23 增加管理人员员工界面

控件属性略。

其他窗体略。

（7）增加普通员工窗体代码如下。

```csharp
public partial class FormEmpAdd : Form
{
    private PersonSet ps;
    private FormMain fm;
    public FormEmpAdd(object obj,PersonSet p){
        InitializeComponent();
        ps = p;
        fm = (FormMain)obj;
    }
    private void bt_add_Click(object sender, EventArgs e)
    {
        float saly, price;
        int hour;
        Person p = ps.FindByID(tb_id.Text.Trim());
        if (p != null)
            MessageBox.Show("编号不能重复");
        else
        {   saly = float.Parse(tb_base.Text);
            hour = int.Parse(tb_hour.Text);
            price = float.Parse(tb_price.Text);
            HourlyEmployee he = new HourlyEmployee(tb_id.Text,
                            tb_name.Text, saly, hour,price);
            ps.Add(he);
            fm.listBase();
        }
    }
    private void bt_close_Click(object sender, EventArgs e)
    {Close();}
}
```

（8）增加管理员工窗体代码略。

（9）主窗体代码如下。

```csharp
public partial class FormMain : Form
{
    PersonSet PsList=new PersonSet();           //存放员工信息
    public FormMain(){
        InitializeComponent();
    }
    //显示员工工资
    public void listSalary()
    {
        tb_list.Text = "编号\t姓名\t基本\t奖金\t工资总额\r\n";
        for (int i=0;i<PsList.Count;i++)
```

```csharp
            tb_list.Text += PsList[i].Pay()+"\r\n";
}
//显示员工基本信息
public void listBase()
{   tb_list.Text = "编号\t姓名\t类别\t基本\t津贴\t级别\t小时酬金\t工时\r\n";
    for (int i = 0; i < PsList.Count; i++)
        tb_list.Text += PsList[i]+"\r\n";
}
//"增加普通员工"按钮click事件代码
private void bt_addEmployee_Click(object sender, EventArgs e)
{   FormEmpAdd f = new FormEmpAdd(this, PsList);
    f.Show();
}
//"基本信息"按钮click事件代码
 private void bt_lidstInfo_Click(object sender, EventArgs e)
{listBase();}
//"增加管理员"按钮click事件代码
private void bt_addmanger_Click(object sender, EventArgs e)
{
    FormMangerAdd fm = new FormMangerAdd(this, PsList);
    fm.Show();
}
//"工资条"按钮click事件代码
 private void bt_listSaly_Click(object sender, EventArgs e)
{ listSalary();}
//"修改"按钮的click事件代码
private void bt_find_Click(object sender, EventArgs e)
{
  person p = PsList.FindByID(tb_id.Text.Trim());
  if (p is HourlyEmployee){
    FormMangerFind fm = new FormMangerFind(this, p);
    fm.Show();
   }
  else{
     p FormEmpFind fm = new FormEmpFInd(this, p);
     pfm.Show();
   }
}
//"删除"按钮click事件代码
private void bt_delete_Click(object sender, EventArgs e)
{
  if (!PsList.Delete(tb_id.Text.Trim()))
     MessageBox.Show("不存在!");
  else listBase();
```

}
　}
(10) 其他代码略。

习　　题

一、判断题

1. 派生类隐藏基类成员时成员的名称和签名必须与基类相同。　　　　　　(　　)
2. 用 internal 修饰符定义的类或方法,允许在同一个命名空间内被调用或访问。
　　　　　　　　　　　　　　　　　　　　　　　　　　　　　　　　(　　)
3. 抽象类中必须有抽象成员。　　　　　　　　　　　　　　　　　　　　(　　)
4. 存在抽象成员的类一定是抽象类。　　　　　　　　　　　　　　　　　(　　)
5. 抽象类只能继承抽象类,不能继承非抽象类。　　　　　　　　　　　　(　　)
6. 密封成员可以存在于密封或非密封类中。　　　　　　　　　　　　　　(　　)
7. 可以将父类类型的变量作为方法的形式参数,在调用方法时传入子类对象。
　　　　　　　　　　　　　　　　　　　　　　　　　　　　　　　　(　　)
8. 抽象类的派生类不能是抽象类。　　　　　　　　　　　　　　　　　　(　　)

二、填空题

1. 析构方法的执行顺序先调用_____的析构方法,然后调用_____的析构方法。
2. C#语言中体现多态有三种方式,即_____、_____、_____。
3. 在派生类中声明对虚方法的重载,要求在声明中加上_____关键字。
4. 在方法定义中,virtual 表示被 virtual 修饰的方法可以被子类_____。
5. 接口(interface)是指只含有公有抽象方法的类。这些方法必须在_____中被实现。

三、选择题

1. 其对象可以被实例化的类称为(　　)类。
　　A. 抽象　　　　　　B. 密封　　　　　　C. 实体　　　　　　D. 保护
2. 接口是一种引用类型,在接口中可以声明(　　),但不可以声明公有的字段或私有的成员变量。
　　A. 方法、属性、索引器和事件　　　　　B. 方法、属性信息、属性
　　C. 索引器和字段　　　　　　　　　　　D. 事件和字段
3. 在.NET 中,一些数据类型为引用类型,当引用类型的值为(　　)时,表明没有引用任何对象。

A. Empty			B. null			C. Nothing			D. 0
4. 在C♯语法中,要在类中声明一个虚方法,要求在声明中使用(   )关键字。
   A. override		B. new			C. static			D. virtual
5. 以下代码的运行结果是(   )。

```
class Test
{
    public void F()
    {
        Console.WriteLine("A");
    }
}
class B:Test
{
    new public void F()
    {
        Console.WriteLine("B");
    }
    static void Main()
    {
        Test objA = new B();
        objA.F();
    }
}
```

   A. A			B. B			C. B			D. A
6. 如果一个类包含一个或多个abstract方法,它是一个(   )类。
   A. 抽象		B. 密封		C. 委托		D. 保护
7. 使用关键字(   )声明的类不能被继承。
   A. abstract		B. sealed		C. protected		D. public
8. 类通常从该类的客户端隐藏实现细节,这称为(   )。
   A. 信息隐藏		B. 类的封装		C. 对象细节		D. 类的重用
9. 方法的修饰符若包含sealed,则该声明还包含(   )。
   A. override		B. static		C. virtual		D. abstract
10. 继承具有(   ),即当基类本身也是某一类的派生类时,派生类会自动继承间接基类的成员。
    A. 规律性		B. 传递性		C. 重复性		D. 多样性

四、简答题

1. 简述C♯多态的概念。
2. 虚方法和抽象方法的区别是什么?
3. 重载和覆盖的区别是什么?

295

第 6 章　委托与事件

项目背景

在现实生活中,当某事件发生时,将引起相应的行为的响应,一个事件又可以引发不同对象多个行为的执行。本章将模拟商品修改价格时,批发商和零售商也自动修改其商品的价格。

项目任务

(1) 任务 6-1　模拟产品的研发和销售流程。
(2) 任务 6-2　模拟商品价格的调整。

知识目标

(1) 掌握创建和使用委托的方法。
(2) 掌握 Delegate 类和 MulticastDelegate 类实现多重委托的方法。
(3) 掌握创建和使用事件的方法。

技能目标

(1) 掌握事件驱动程序设计方法。
(2) 熟悉 Observer 设计模式。

关键词

委托(delegate),事件(event),消息(message),多播委托(MulticastDelegate)

6.1　委　托

在 C/C++ 中,调用方法有两种方式:①通过方法名调用;②利用方法指针(方法的入口地址)调用。采用第二种方法调用方式的目的是通过一个指向方法的指针变量(存放方法指针)来灵活调用多个不同功能的方法。那么在 C# 中如何实现呢?

6.1.1　委托的概念

对类的方法中的参数,人们在使用时习惯使用数据。委托实际上是指将方法作为参数传递给方法。只要是与委托的签名(返回类型和参数)相匹配的方法,都可以分配给委托,这样程序在运行时就可以调用不同的方法。

委托的最大作用就是在运行时决定调用哪个方法,可以调用对象的实例化方法,也可以调用类的静态方法。委托最重要的特征是,委托只检查要调用的方法是否与委托的标识相匹配,它只能调用和其定义特征相符的方法,所以委托可以执行匿名方法。

使用委托的程序结构如下。

(1) 定义一个委托。

(2) 使用 new 运算符创建一个委托对象,同时为该委托对象指出调用的方法名。这个过程又称委托的实例化。

(3) 应用程序中像使用方法名一样使用委托对象来调用方法。

6.1.2 委托的使用

1. 委托的定义

在 C♯ 中,委托同类和接口一样,也是一种引用类型。用关键字 delegate 定义一个委托,语法格式如下。

```
[访问修饰符]delegate 返回类型 委托名([形式参数表]);
```

其中:

(1) 访问修饰符可以是如下修饰符。

① new:表明当前定义的委托隐藏继承来的同名委托。

② public:所有对象和类型都可以无条件地访问所定义的委托。

③ protected:只允许定义委托的类及其派生类访问该委托。

④ internal:只有委托所属的项目的成员能访问该委托。

⑤ private:只有定义委托的类能访问该委托。

(2) delegate:委托声明关键字,相当于类声明的关键字 class。

(3) 返回类型:是指委托所指向方法的返回类型。只有委托的标识和返回类型与委托所指向的方法的标识和返回类型一致时,才能成功使用该委托。

(4) 形式参数表:用于指出委托所指向方法的参数表,这个参数表必须与委托所指向方法的参数表中的参数顺序、个数及类型一致。如果委托所指向的方法本身没有参数,则此处委托的定义中也不要任何参数。

所以,要想使委托对象能够指向一个方法,这个方法要满足两个条件。

(1) 方法返回类型要与 delegate 声明中的返回类型一致。

(2) 方法的形参表要与 delegate 声明中的形参表一致。

【例 6-1】 委托的定义。

```
public delegate void DelegateDemoOne(string s);      //定义一个委托
class   MyClass{
```

```
        //类的其他成员定义
        public  delegate  void  DelegateTwo(string  s);    //在类中定义一个委托
}
```

此委托定义中 void 表示委托指向的方法不返回任何值,参数 string s 表示委托指向的方法将接收一个字符串。

从委托的定义格式可以看出,它和定义一个抽象类的抽象方法的格式相像,只是定义的关键字不同。

2. 实例化委托

委托本身是一个类,委托可以是类的成员。使用委托前也必须实例化,即用 new 运算符创建一个委托对象。实例化委托的语法格式如下。

委托名　委托变量=new 委托名(方法名);

例如:

DeleteDemoOne md=new DeleteDemoOne(Show);

这里的 md 就是委托变量。在委托实例化时必须在构造方法中传入一个方法名。这个方法名就是该委托指向的方法,当然该方法的返回类型与参数类型一定要与委托的声明一致。

3. 委托的调用

调用委托的格式和调用对象方法类似,其语法格式如下。

委托变量名(实际参数表);

这里的实际参数表就是委托对象所指向方法的参数表,必须和该方法的参数类型、顺序、个数一致。

【例 6-2】 使用例 6-1 定义的委托。

```
public class delegateClass                              //定义一个类
{
  public static void StaticMethod(string s)
  { System.Console.WriteLine(s+"类的静态方法:");}
  public  void InstanceMethod(string s)
  { System.Console.WriteLine(s+"类的实例方法:");}
}
class Program                                           //使用委托引用类方法
{
  static void Main(string[] args)
  { //创建委托,引用静态方法
    DelegateDemoOne d1 = new DelegateDemoOne(delegateClass.StaticMethod);
    //或者 DelegateDemoOne d1 = delegateClass.StaticMethod;
```

```
    //创建委托,引用实例方法
     DelegateDemoOne d2 = new DelegateDemoOne ( new delegateClass ( ).
InstanceMethod);
    //类中创建的委托,引用静态方法
     MyClass. DelegateTwo cd = new MyClass. DelegateTwo (delegateClass.
StaticMethod);
    //通过委托调用方法
    d1("委托 d1:");
    d2("委托 d2:");
    cd("委托 cd:");
   }
}
```

图 6-1 例 6-2 程序运行结果

程序运行结果如图 6-1 所示。

程序说明:

(1) 如果使用实例方法,先创建一个对象实例,再由对象名和实例名组成参数创建委托,最后通过委托调用这个方法。

(2) 如果是静态方法,先创建一个静态方法的委托,参数由类名和方法名组成,然后通过委托调用这个静态方法。

6.1.3 多播委托

委托实例(对象)含有一个调用链表,该链表可以包含多个该委托要调用的方法,这种机制用于实现一个委托实例可同时调用多个方法的功能,这就是在 C♯ 中委托的一个最吸引人的特性——多播委托(又称多重委托)。声明多播委托的语法格式如下。

```
[访问修饰符]delegate  void <委托名>(<参数列表>);
```

注意:多播委托引用的方法必须是 void 类型。

多播委托具有创建方法链表的能力。当调用委托时,所有被链接的方法都会被自动调用,即使用多播可以在一次委托调用中调用方法链上的所有方法。创建方法链表的方法是,先实例化一个委托,然后使用＋＝运算符把方法添加到链表中。要从链表中删除一个方法,就使用－＝运算符。使用多播唯一的限制是:方法链表中的方法必须具有相同的参数,而且这些方法的返回类型必须定义为 void。

【例 6-3】 多播委托的应用,通过一个委托同时调用多个对象(类)的方法。

```
//声明一个委托
public delegate void CallDeletage(string Msg);      /*委托所指向的方法为 void 类型*/
//定义 person 类
class person{
  private string name;
  public person(string Name)
  { name = Name; }
```

```
    public void Run(string Msg){
        System.Console.WriteLine("{0},{1},快跑!", name, Msg);
    }
}
//定义一个 animal 类
class animal
{
    public static void Run(string Msg){
        System.Console.WriteLine("{0},动物都跑了!",Msg);
    }
}
//多播委托的调用
class Program
{
    static void Main(string[] args)
    {
        person p1 = new person("张三");person p2 = new person("李四");
        CallDeletage call
        call = animal.Run;                        //创建多播委托,构造一个方法链表
        call += p1.Run;call += p2.Run;            //增加方法到方法链表中
        call("地震了!");                           //调用多播委托
        call -= animal.Run;                       //在方法链中删除一个方法
        call("狼来啦!");                           //调用多播委托
    }
}
```

程序运行结果如图 6-2 所示。

程序说明:

(1) 创建多播委托和构造方法链表也可以采用下面的代码。

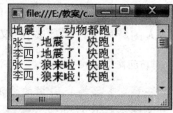

图 6-2　例 6-3 程序运行结果

```
delegateCall call = new delegateCall(animal.Run);
call += new delegateCall(p1.Run);
call += new delegateCall(p2.Run);
```

(2) 程序通过多播委托实现了只用一条语句,就执行了一个静态方法 animal.Run()和两个实例方法 p1.Run()、p2.Run()。

delegate、Delegate、MulticastDelegate 的区别如下。

(1) Delegate 是一个抽象基类,它引用静态方法或引用类的实例及该类的实例方法。然而,只有系统和编译器可以显式地从 Delegate 类派生委托类型。

(2) MulticastDelegate 是一个继承自 Delegate 的类,其拥有一个带有链表格式的委托列表,该列表称为调用列表,在调用多路广播委托时,将按照调用列表中的委托出现的顺序来调用这些委托。通常声明的委托,都是继承自 MulticastDelegate 类的,不能显式地从此类进行派生,这点与 Delegate 类是一样的,只有系统和编译器可以进行显式派生。

(3) delegate 是一个 C#关键字,用来定义一个新的委托。

6.1.4 协变和抗变

委托引用的方法的类型不需要与委托定义中指定的类型相同,但要"兼容",因此可能出现协变和抗变。

1. 返回类型协变

委托方法的返回类型可以继承自委托定义的类型。例如,委托 MyDelegate 定义为返回 DelegateReturn 类型。赋予委托实例 d1 的方法返回 DelegateReturn2 类型,DelegateReturn2 继承自 DelegateReturn,因此满足了委托的需求。这称为返回类型协变。

```
public class DelegateReturn{...}
public class DelegateReturn2 : DelegateReturn{...}

public delegate DelegateReturn MyDelegate1();
class Program
{
    static void Main(){
        MyDelegate1 d1 = Method1;
        d1();
    }
    static DelegateReturn2 Method1(){
        DelegateReturn2 d2 = new DelegateReturn2();
        return d2;
    }
}
```

2. 参数类型抗变

抗变表示委托定义的参数类型可以不同于委托引用的方法的参数类型,方法使用的参数类型可以继承自委托定义的参数类型。在下面的示例代码中,委托使用的参数类型是 DelegateParam2,而赋予委托实例 d2 的方法使用的参数类型是 DelegateParam,DelegateParam 是 DelegateParam2 的基类。

```
public class DelegateParam
{ }
public class DelegateParam2 : DelegateParam
{ }
public delegate void MyDelegate2(DelegateParam2 p);
class Program
{
```

```
static void Main()
{
    MyDelegate2 d2 = Method2;
    DelegateParam2 p = new DelegateParam2();
    d2(p);
}
static void Method2(DelegateParam p)
{ }
}
```

任务 6-1 模拟产品的研发和销售流程

1. 任务要求

模拟一个产品的研发和销售流程。

2. 任务分析

当要开发一个产品时，只要调用产品开发的委托方法，将自动完成开发、设计、销售一系列的处理流程。

3. 任务实施

采用多播的方法实现这一功能，代码如下。

```
//定义一个委托
public delegate void ProductionHeader(object Sender, Products Info);
//定义一个产品类
public class Products
{
    public string Name { get; set; }
    public Products(string Name)
    { this.Name = Name; }
}
//定义一个产品类的派生类——计算机类
class Computer : Products
{
    public Computer(string Name) : base(Name) { }
}
//定义一个产品类的派生类——手机类
class Mobile : Products
{   public Mobile(string Name) : base(Name) { }
}
//定义一个公司类
```

```csharp
class Company
{
    public string Name
    { get; set; }
    public Company(string Name) {
        this.Name = Name;
    }
    public Company() { }
}
//定义一个公司类的派生类——销售部类
class SaleCompany : Company
{
    public SaleCompany(string Name) : base(Name) { }
    public void SaleProducts(object Sender, Products products)
    {
        Company c = (Company)Sender;
        Console.WriteLine(base.Name + "销售" + c.Name + "的" + products.Name );
    }
}
//定义一个公司类的派生类——设计部类
class DesignCompany : Company
{
    public DesignCompany(string Name) : base(Name) { }
    public void DesignProducts(Object sender, Products products)
    {
        Company c = (Company)sender;
        Console.WriteLine(base.Name + "开发" + c.Name + "的" + products.Name );
    }
}
//定义一个公司类的派生类——开发部类
class Development : Company
{
    public Development(string Name) : base(Name) { }
    public ProductionHeader deletage = null;
    public void DevelopmentProduction(Products products)
    {
        if (deletage != null) deletage(this, products);
    }
}
//主程序
class Program
{
    static void Main(string[] args)
    {
```

```
        //实例化各部门
Development sc = new Development("DLT 公司");
DesignCompany ds = new DesignCompany("DEC 设计公司");
SaleCompany sl = new SaleCompany("SLC 销售公司");
        //实例化产品
Mobile bk = new Mobile("华为");
Computer pc = new Computer("联想");
        //委托签名
sc.deletage = ds.DesignProducts;
sc.deletage += sl.SaleProducts;          //多播
        //委托调用
sc.DevelopmentProduction(bk);
sc.DevelopmentProduction(pc);
    }
}
```

6.2 事　件

事件(event)是一个非常重要的概念,程序每时每刻都在触发和接收着各种事件:鼠标点击事件、键盘事件以及操作系统的各种事件。所谓事件就是由某个对象发出的消息导致另一对象做出相应的反应,如用户单击了某个按钮、某个文件发生了改变。引发事件的类或对象称为事件源,注册并处理事件的类或者对象称为事件订阅者或者事件监听者。一个事件可以存在多个接收者。

6.2.1 事件的原理

面向对象程序设计讲究的是对象的封装,既然可以声明委托类型的变量,那么可以将这个变量封装到类中,然后通过一个公开的属性来间接地调用委托,这个公开的属性就是事件。新建一个类,在类中封装委托,代码如下。

```
public class MsgManager
{
   //在 MsgManager 类的内部声明 delegateMsg 变量
   public CallDeletage delegateMsg;         //CallDeletage 例 6-3 中定义的委托
   public void SendMsg(string Msg)
   {
      if (delegateMsg != null)
      {                                      //如果有方法注册委托变量
         delegateMsg(Msg);                   //通过委托调用方法
      }
   }
}
```

}

下面看如何实现对象之间的通信。

```
class Program
{
    static void Main(string[] args)
    {
        person p1 = new person("张三");person p2 = new person("李四");
        MsgManager Gm = new MsgManager();          //实例化一个对象
        Gm.delegateMsg = p1.Run;                   //对象 P1 的 run()方法注册委托
        Gm.delegateMsg += p2.Run;                  //对象 P2 的 run()方法注册委托
        //Gm 对象通过 SendMsg()方法发送消息,P1、P2 对象接收到消息,执行注册的行为
        Gm.SendMsg("地震了,");
    }
}
```

在类 MsgManager 中,委托 delegateMsg 和 string 类型的变量没有什么分别,可以声明为 public。如果把 delegateMsg 声明为 private,则客户端对它根本就不可见,就不能注册。如果 delegateMsg 声明为 public,在客户端可以对它随意进行赋值等操作,就严重破坏了对象的封装性。

如果 delegateMsg 不是一个委托类型,而是一个 string 类型,那么处理的方法就是使用属性对字段进行封装,即保证其封装性能安全地被客户端访问。event 就是封装了委托类型的变量,使得在类的内部,不论声明它是 public 的还是 protected 的,它总是 private 的。在类的外部,通过＋＝、－＝来注册或取消事件。这样就达到了对象和对象通信的目的。

C♯事件机制的工作过程如下。

(1) 将问题对象注册到相应对象的事件处理程序,表示当该对象的状态变化时,该对象调用它注册的事件处理程序。

(2) 当事件发生时,触发事件的对象就会调用该对象所有已注册的事件处理程序。

6.2.2 创建事件和使用事件

C♯创建和使用事件的步骤如下。

(1) 为事件定义一个委托。
(2) 创建一个包含事件信息的类。
(3) 创建包含事件成员的类(又称为事件类)。
(4) 创建事件处理方法。
(5) 将事件处理方法和事件关联起来。
(6) 触发事件。

1. 为事件定义一个委托

要使用事件,首先必须为它创建一个委托。为事件定义一个委托的语法格式如下。

```
delegate void 委托名([触发事件的对象名,事件参数]);
```

其中,委托名是指事件处理方法对应的委托名称,即事件的委托。

事件的委托一般含有两个参数,用于指出所要委托的事件的触发者和该事件的作用。

第一个参数是触发事件的源,即触发事件的对象(事件发送者)。

第二个参数是一个类,它包含事件处理方法要使用的数据。

在.NET 框架的 System 命名空间内,已有一个专门用于处理事件的委托类 EventHandler,它可用于处理各种事件,其原型如下。

```
public delegate void EventHandler(Object sender, EventArgs e);
```

其中,sender 是发送事件或触发事件的对象;e 是描述关于被触发事件的事件信息。如果用户定义的事件不包含附加的信息,则可以直接使用 EventHandler,而不必再重新定义一个委托。这种做法是.NET 框架中事件处理机制中所使用的方式,即如果开发者准备使用.NET 框架的 EventHandler,则可以省去为事件创建委托的这一步。当然,用户也可以不使用这种模式的委托,完全可以自定义一个事件委托,并且也可以具有任意的参数和任意的返回类型。

【例 6-4】 自定义一个事件委托。

```
public delegate void MsgEventHandler(Object Sender,EventArgs arg);
```

其中,sender 为事件的源对象;arg 为事件传递的参数对象。

2. 创建一个包含事件信息的类

事件信息将作为事件参数发送给事件接收者。在.NET 框架的 System 命名空间内,已为用户提供了一个事件参数类 EventArgs。这个类是.NET 框架中所有事件参数的基类,用于存储所需的数据成员(其中定义的数据是将传递给事件处理方法的数据)。它的原型如下。

```
public class EventArgs
{
  public static readonly EventArgs Empty=new EventArgs();
  public EventArgs() { };                  //构造方法
}
```

EventArgs 类不包含任何实际的内容。如果用户要处理的事件不包含任何附加信息,则可以直接使用这个类来定义事件参数。

EventArgs 类的派生类格式如下。

```
class xxxEventArgs:EventArgs
```

```
    {
        ...                                    //数据成员
    public xxxEventArgs(类型名)
    {
        ...                                    //通过构造方法给数据成员赋初值
    }
}
```

xxxEventArgs 类可以取任何名称,xxxEventArgs 类将包含事件处理方法需要的所有数据,这些数据以后将被传递给事件处理方法。

在实际编程中,也可以任意地定义一个事件参数类,或根本不使用事件参数。

【例 6-5】 创建事件参数类。事件委托 MsgEventHandler 传递一个 MsgEventArgs 类的对象,而 MsgEventArgs 可以从 EventArgs 类派生,代码如下。

```
public class MsgEventArgs : EventArgs
{
    public string Msssage;                     //存放消息
    public MsgEventArgs(string Msssage)        //构造方法
    {this.Msssage = Msssage;}
}
```

3. 创建包含事件成员的类

包含事件成员的类(又称为事件类)事件类包含参与事件的事件成员以及在条件满足时触发事件的方法代码,创建事件类的步骤如下。

1) 事件的声明

由于事件方法是由委托来执行的,所以对于所要发生的事件的定义必须明确指定由哪个委托来处理这个事件,所以事件定义时必须含有一个委托该事件的委托,定义格式如下。

[访问修饰符] event 委托名 事件名;

其中,访问修饰符可为 public、private、protected、internal 或 protectedinternal。这些访问修饰符定义类的用户访问事件的权限。

2) 创建触发事件的方法或属性等成员

若要触发事件,类可以调用委托,并传递所有与事件有关的参数。然后,委托调用已添加到该事件的所有处理程序。如果该事件没有任何处理程序,则该事件为空。因此在引发事件之前,事件源应确保该事件不为空,以避免 NullReferenceException 异常。

每个事件都可以分配多个处理程序来接收该事件。这种情况下,事件自动调用每个接收器;无论接收器有多少,引发事件只须调用一次该事件。

【例 6-6】 创建一个传递消息的类。

```
public class MsgManager
{
```

```
       //定义一个由 MsgEventHandler 委托的事件成员 onCalled
       public   String Name;
       public   event  MsgEventHandler  onCalled;
       //触发事件的方法。接收触发事件的信息并调用相应的处理事件方法
       public void SendMsg(string Msg)
       {
           if (onCalled!= null){
           //创建 MsgEventArgs 类的对象
           MsgEventArgs  msgArg=new MsgEventArgs (Msg);
           //通过事件成员 onCalled 调用事件委托,并由委托调用注册的处理事件的方法
           onCalled(this,msgArg);                    //调用事件委托
           }
        }
    }
```

程序说明:

(1) onCalled 被定义为一个事件成员,如果事件没有被订阅,其值为 null;当事件被订阅时,则触发该事件。

(2) 如果有事件处理方法,则创建一个 MsgEventArgs 类的对象,该对象包含事件处理方法需要传递的消息。

(3) onCalled(this,msgArg)方法用于调用事件委托。其中参数 this 指的是调用事件成员对象,就是 MsgManager 事件成员本身;参数 msgArg 是 MsgEventArgs 类的对象。

4. 创建事件处理方法

当事件被触发后,将通过该事件的委托来调用处理该事件的事件处理方法,语法格式如下。

```
void   事件处理方法名(Object sender,  xxxEventArgs argName)
{
...   //事件处理代码
}
```

其中:

(1) 事件处理方法名是指事件发生时将被调用的方法的名称。

(2) 参数 Object sender 是指触发事件的对象。

(3) 参数 xxxEventArgs argName 是一个从 EventArgs 类派生的类,它包含事件处理方法要使用的数据。

事件处理方法可以定义在应用类中,也可以专门创建一个包含事件处理方法的类。

【例 6-7】 创建事件处理方法。

```
class Person
{
```

```
private string name;
public Person(string Name)
{ name = Name; }
public void Run(Object Sender, EventArgs e)     //接收消息的方法
{
  MsgManager M = (MsgManager)Sender;
  MsgEventArgs msg=(MsgEventArgs)e;
  Console.WriteLine("{0},{1}传来消息,{2}逃离现场",msg.Msssage,
                  M.Name, name);
}
public void Succor(Object Sender, EventArgs e)  //接收消息的方法
{
  MsgManager M = (MsgManager)Sender;
  MsgEventArgs msg = (MsgEventArgs)e;
  Console.WriteLine("{0},{1}传来消息,{2}参与救援",msg.Msssage,M.Name, name);
}
}
```

5. 将事件处理方法和事件关联起来(事件订阅)

最后,将包含事件成员的类和包含事件处理方法的类通过委托关联起来,以便当包含事件成员的类的状态发生变化时,可以通过委托来调用相应的事件处理方法,这一关联过程是在主程序中完成的。步骤如下。

1) 创建事件类的对象

要将事件处理方法与相应的事件关联,必须在主程序中事先创建一个事件类的对象。

`MsgManager MMg = new MsgManager();`

2) 将事件处理方法与事件对象关联

在接收某个事件的类中创建一个方法来接收该事件,然后向类的事件自身添加该方法的一个委托。这个过程称为"事件订阅"。

首先,接收类必须与事件自身具有相同签名(如委托签名)的方法。然后,该方法(称为事件处理程序)可以采取适当的操作来响应该事件。每个事件可有多个处理程序。多个处理程序按事件源的顺序调用。

若要订阅事件,接收器必须创建一个与事件具有相同类型的委托,并使用事件处理程序作为委托目标。然后,接收器必须使用加法赋值运算符(+=)将该委托添加到源对象的事件中。

事件对象名.事件类中定义的事件成员 +=new 事件委托名(事件处理方法名列表);

事件可以多播,这一特性可以使多个对象响应事件信息,还可以通过多点传送为同一个事件指定多个事件处理方法,加入其他的事件处理程序使用+=运算符实现。

若要取消订阅事件,接收器可以使用减法赋值运算符(-=)从源对象的事件中移除事件处理程序的委托。

事件对象名.事件类中定义的事件成员 -= new 事件委托名(事件处理方法名列表);

例如:

```
Person p = new Person("张三");
MMg.onCalled+=new MsgEventHandler(p.GetMsg);
```

6. 调用事件处理程序

【例 6-8】 事件订阅,订阅例 6-7 中声明的事件并触发事件。

```
class Program
{
    static void Main(string[] args)
    {
        Person p1 = new Person("张三");Person p2 = new Person("李四");
        MsgManager MMg = new MsgManager();
        MMg.Name ="王五";
        MMg.onCalled+=new MsgEventHandler(p1.Run);           //订阅事件
        MMg.onCalled += new MsgEventHandler(p2.Succor);      //事件多播
        String Msg = "地震了!";
        MMg.SendMsg(Msg);                                    //触发事件
    }
}
```

程序运行结果如图 6-3 所示。

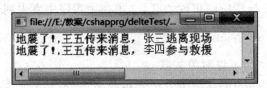

图 6-3　例 6-8 程序运行结果

6.2.3　委托、事件与 Observer 设计模式

Observer 设计模式也称观察者模式,是由 GoF 提出的 23 种软件设计模式之一。Observer 模式是一种行为模式。Observer 设计模式定义了对象间的一种一对多的依赖关系,当一个对象的状态改变时,其他依赖于它的对象会被自动告知并更新。Observer 设计模式是一种松耦合的设计模式。Observer 设计模式提供给关联对象一种同步通信的手段,使某个对象与依赖它的其他对象之间保持状态同步。

实际上,这种设计模式又被称为发布者/订阅者模式。在这种模式中,一个目标对象(被观察者)管理所有相依于它的相关对象(观察者),并且在目标对象的状态改变时主动发出通知。这通常通过使用各相关对象所提供的方法来实现,这种设计模式通常被用于事件处理系统。Observer 设计模式的典型应用如下。

(1) 监听事件驱动程序中设计的外部事件。

(2) 监听/监视某个对象的状态变化。

(3) 当一个外部事件被触发时,通知邮件列表中的订阅者。

Observer 设计模式的优点如下。

(1) 对象之间可以进行同步通信。

(2) 可以同时通知一到多个关联对象。

(3) 对象之间的关系是松耦合的,互不依赖。

Observer 设计模式中主要包括如下两类对象。

(1) Subject(被观察者):被观察的对象。当需要被观察的状态发生变化时,需要通知队列中所有观察者对象。Subject 需要维持(添加、删除、通知)一个观察者对象的队列列表,包含一些其他对象关心的基本的属性状态及行为。

(2) Observer(观察者):它监视 Subject,当 Subject 的状态发生变化时,Observer 对象会告知 Observer,Observer 则会采取相应的行动。

【例 6-9】 模拟商品调整价格的消息传递过程。当供应商调整价格后,批发商、零售商将相应地调整价格。采用 Observer 设计模式模拟这样一个过程。

这里有 4 个实体:商品、供应商、批发商、零售商。供应商就是一个被监视对象,它包含的其他对象所感兴趣的内容,就是商品,当商品的价格发生变化时,会不断把数据发给监视它的对象,即批发商和零售商,它们将分别采取的行动就是相应地调整价格。

事情发生的顺序应该如下。

(1) 批发商和零售商告诉供应商,他们对商品的价格比较感兴趣(注册)。

(2) 供应商知道后保留对批发商和零售商的引用。

(3) 供应商调整价格,通过对批发商和零售商的引用,自动调用零售商的调整价格方法、零售商的调整价格方法。

根据以上分析,编写如下代码。

```
//商品类
public class Goods
{
    public string Name                          //商品名
    { get; set; }
    public float Prices                         //商品价格
    { get; set; }
    public float RetailPrices                   //批发价格
    { get { return 1.2f * Prices; } }
    public float WholesalePrices                //零售价格
    { get { return 1.4f * Prices; } }
    public Goods() { }
    public Goods(string Name, float Prices)     //构造方法,初始化商品信息
    {
```

```csharp
            this.Name = Name;
            this.Prices = Prices;
        }
    }
    //批发商
    public class Retail
    {
        public Goods Goods                                  //批发的商品
        { get; set;  }
        public void Change(float price)                     //调整商品价格
        {Goods.Prices = price;}
    }
    //零售商
    public class Wholesale
    {
        public Goods Goods                                  //零售的商品
        {get; set;}
        public void Change(float price)                     //调整商品价格
        { Goods.Prices = price; }
    }
    //定义一个委托
    public delegate void NotifyHandler(float price);
    //供应商
    public class Supplier
    {
        public String Name
        { get; set; }
        public event NotifyHandler onModifyed;              //声明事件
        public Goods Goods
        {  get;set;  }
        public void ModifyPrices(float Prices)              //调整价格
        {
            Goods.Prices = Prices;
            Notify();                                        //发布消息
        }
        private void Notify()
        {
            if (onModifyed != null)                          //触发事件
                onModifyed(Goods.Prices);
        }
    }
    //调整商品价格
    static void Main(string[] args)
    {
```

```
        Supplier Sp = new Supplier();                //实例化一个供应商
        Retail Rt = new Retail();                    //实例化一个批发商
        Wholesale Sf = new Wholesale();              //实例化一个零售商
        Sp.onModifyed += new NotifyHandler(Sf.Change);  //零售商订阅事件
        Sp.onModifyed += Rt.Change;                  //批发商订阅事件
        Goods Gs = new Goods("啤酒", 12.4f);
        Sp.Goods = Gs;                               //供应商提供的商品
        Rt.Goods = Gs;
        Sf.Goods = Gs;
        Console.WriteLine("初始:{0}的价格为{1}", Sp.Goods.Name, Sp.Goods.Prices);
        Sp.ModifyPrices(13);                         //调整价格
         Console.WriteLine("供应商:{0}的价格为{1}", Sp.Goods.Name,
                          Sp.Goods.Prices);
         Console.WriteLine("批发:{0}的价格为{1}", Sf.Goods.Name,
                          Sf.Goods.RetailPrices);
         Console.WriteLine("零售:{0}的价格为{1}", Rt.Goods.Name,
                          Rt.Goods.WholesalePrices);
}
```

程序运行结果如图 6-4 所示。

程序说明：

(1) 程序中供应商通过事件委托的方法，通知批发商和零售商，执行各自的方法来调整价格。

(2) 一个事件可以被多个方法订阅，一个方法也可以订阅不同对象的事件。

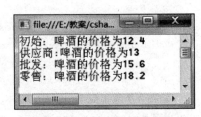

图 6-4 例 6-9 程序运行结果

任务 6-2 模拟商品价格的调整

1. 任务要求

模拟商品价格调整后的系列行为。

2. 任务分析

当供应商提高商品价格时，将自动触发批发商、零售商修改价格的相应行为。通过事件委托完成相应的功能。

3. 任务实施

创建一个控制台程序，编写如下代码。

```
//声明一个委托
public delegate void NotifyHandler(Object sender, GoodsdEventArgs e);
//事件参数
```

```csharp
public class GoodsdEventArgs : EventArgs
{
    public readonly float Prices;
    public GoodsdEventArgs(float Prices)
    { this.Prices = Prices; }
}
//商品类
public class Goods
{
    //略,见例 6-9
}
//批发商类
public class Retail
{
    public Supplier Supplier;                              //供应商
    public Goods Goods                                     //批发的商品
    {get;set; }
    public void Sell(Object sender, GoodsdEventArgs e)     //接收消息
    {
        Goods.Prices = e.Prices ;
        Supplier = (Supplier)sender;
    }
}
//定义一个零售商类
public class Wholesale
{
    public Supplier Supplier;                              //零售商
    public Goods Goods
    {   get;   set; }
    public void Supply(Object sender, GoodsdEventArgs e) //接收消息
    {
        Goods.Prices = e.Prices;
        Supplier = (Supplier)sender;
    }
}
//定义一个供应商
public class Supplier
{
  public String Name
   { get; set; }
   public event NotifyHandler onModifyed;                  //声明事件
   public Goods Goods
   { get;set;}
    public void ModifyPrices(float Prices)                 //调整价格
```

```csharp
        {
            Goods.Prices = Prices;
            Notify();                                      //发布消息
        }
        private void Notify()
        {
            if (onModifyed != null)                        //触发事件
                onModifyed(this, new GoodsdEventArgs(Goods.Prices));
        }
}
//模拟商品提交后的事务处理流程
class Program
{
    static void Main(string[] args)
    {
        Supplier Sp = new Supplier();                      //实例化一个供应商
        Retail Rt = new Retail();                          //实例化一个批发商
        Wholesale Sf = new Wholesale();                    //实例化一个零售商
        Sp.onModifyed += new NotifyHandler(Sf.Supply);     //零售商订阅事件
        Sp.onModifyed += Rt.Sell;                          //批发商订阅事件
        Goods Gs = new Goods("啤酒", 12.4f);
        Sp.Goods = Gs;                                     //供应商提供的商品
        Rt.Goods = Gs;
        Sf.Goods = Gs;
        Sp.Name = "张三";
        Console.WriteLine("初始:{0}的价格为{1}", Sp.Goods.Name, Sp.Goods.Prices);
        Sp.ModifyPrices(13);                               //调整价格
        Console.WriteLine("供应商:{0}的价格为{1}", Sp.Goods.Name,
                           Sp.Goods.Prices);
        Console.WriteLine("批发:{0}的价格为{1},供应商为:{2}", Sf.Goods.Name,
                           Sf.Goods.RetailPrices, Sf.Supplier.Name);
        Console.WriteLine("零售:{0}的价格为{1},供应商为:{2}", Rt.Goods.Name,
                           Rt.Goods.WholesalePrices, Sf.Supplier.Name);
    }
}
```

项目实践 6 调整员工工资

1. 项目任务

根据项目实践 5 的代码,增加一项功能,按照一定的规则批量调整员工工资。

2. 需求分析

在主窗体中添加一个按钮,即"调整工资"按钮,设计一个窗体,输入调整工资的基数,然后对所有员工按照规则要求调整工资。

工资的规则如下。

普通员工:基本工资=基本工资+调整工资额,工时酬金=工时酬金×2。

管理人员:基本工资=基本工资+调整工资额,津贴= 津贴+津贴×等级×0.1。

3. 项目实施

(1) 定义一个类,该类用于定义调整工资的方案。该类的定义如下。

```
public class Adujst:EventArgs        //该类作为事件参数,所以继承 EventArgs 类
{
  public float Money                 //调整工资的计算基数金额
  { get; set;}
  //定义一个虚方法,用于调整工资,可以根据不同类型的员工设计不同的调整工资方案
  virtual   public void Make(person e)
  {
    if (e is HourlyEmployee)   {
      HourlyEmployee ee;
      ee = (HourlyEmployee)e;
      ee.price *= 2;
      ee.Saly += Money;
    }
    else {
      Manger me;
      me = (Manger)e;
      me.Allowance += me.Allowance * me.Level * 0.1f;
      me.Saly += Money;
    }
  }
}
```

(2) 设计如图 6-5 所示的调整工资界面 FormAdjust,主界面如图 6-6 所示。

图 6-5　调整工资界面

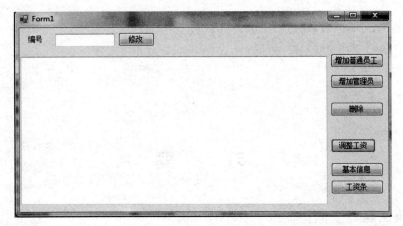

图 6-6 主界面

（3）编写调整工资窗体代码。

```
//定义委托
public   delegate void AdjustDeletgate(object obj, Adujst  adj);
public partial class FormAdjust : Form{
  public event AdjustDeletgate onAdjust;        //事件
  public FormAdjust()
  { InitializeComponent();
  }
  //窗体中调整按钮的 clicked 的事件代码
  private void button1_Click(object sender, EventArgs e){
      Adujst adj = new Adujst();
      adj.Money = float.Parse(textBox1.Text);
      if (onAdjust != null)
        onAdjust(this,adj);
  }
}
```

（4）主窗体中"调整工资"按钮的 click 事件代码如下。

```
public partial class FormMain : Form{
  PersonSet PsList=new PersonSet();
    //略,参见项目实践 5
  private void button1_Click(object sender, EventArgs e)
  {
      FormAdjust fa = new FormAdjust();
      fa.onAdjust += Fa_onAdjust;              //订阅事件
      fa.Show();
  }
  //事件委托方法
  private void Fa_onAdjust(object obj, Adujst adj)
```

```
        {
            for (int i=0;i<PsList.Count;i++)
              adj.Make(PsList[i]);
            listSalary();
        }
}
```

习 题

一、填空题

下面程序运行的结果是_____。

```
public class Employee
{
    public event SendMsgDelegate sendEvent;
    static void Main()
    {
        Employee t = new Employee();
        t.sendEvent += new SendMsgDelegate(work);
        t.sendEvent += new SendMsgDelegate(service);
        t.sendEvent("上班");
        t.sendEvent -= new SendMsgDelegate(work);
        t.sendEvent("下班");
    }
    private static void work(string msg)
    {
        Console.WriteLine("work"+msg);
    }
    private static void service(string msg)
    {
        Console.WriteLine("service"+msg);
    }
}
```

二、选择题

1. 接口是一种引用类型,在接口中可以声明(　　),但不可以声明公有的字段或私有的成员变量。

　　A. 方法、属性、索引器和事件　　　　B. 方法、属性信息、属性
　　C. 索引器和字段　　　　　　　　　　D. 事件和字段

2. 以下说法正确的是( )。
   A. 一个委托在某一时刻可以指向多个方法
   B. 一个委托在某一时刻不可以指向多个方法
   C. 一个委托在某一时刻只能指向多个方法
   D. 一个委托在某一时刻可以指向多个事件
3. 将事件通知给其他对象的对象称为( )。
   A. 发布方   B. 订户   C. 通知方   D. 接收方
4. 下列说法中错误的是( )。
   A. 必须指定用于设置委托可见性的访问修饰符
   B. 必须至少指定一个委托方法的参数
   C. 必须指定委托的返回类型
   D. 必须指定委托名
5. C#使用( )来读写类中的字段,从而便于为这些字段提供保护。
   A. 索引器   B. 委托   C. 属性   D. 事件
6. 声明一个委托 public delegate int myDelegate(int x);,则用该委托产生的回调方法的原型应该是( )。
   A. void myDelegate(int x)   B. int receive(int num)
   C. string Callback(int x)   D. 不确定
7. 在 C#中,假如有一个名为 MessageDelegate 的委托,下列能够正确定义一个事件的是( )。
   A. public delegate MessageDelegate messageEvent
   B. public MessageDelegate messageEvent
   C. private event MessageDelegate(messageEvent)
   D. public event MessageDelegate messageEvent

三、简答题

1. 委托定义的返回类型和参数有何作用?
2. 简述 delegate、Delegate、MulticastDelegate 的区别。

第 7 章　集合与泛型

项目背景

集合原本是数学上的一个概念,表示一组具有某种性质的数学元素,应用到程序设计中表示一组具有相同性质的对象。集合好比容器,将一系列相似的对象组合一起,与特殊的类或数组一样,可以通过索引访问集合成员。集合的大小可以动态调整,可以在运行时添加或删除元素。本章利用集合来实现客户信息管理,实现客户信息的增加、删除、修改、查找等基本功能。

项目任务

(1) 任务 7-1　数据的快速检索与遍历。
(2) 任务 7-2　提高代码的复用性。

知识目标

(1) 熟悉常见集合类型的属性、方法。
(2) 熟悉集合接口的应用编程。
(3) 熟悉遍历与遍历编程技术。
(4) 理解泛型的基本概念。
(5) 理解泛型的编程及应用。

技能目标

掌握集合的应用编程。

关键词

泛型(genericity),类型安全(type-safe),集合(collection),约束(constraint)

7.1　集　　合

用一个 Student 数组存储某个班级学生的信息,初始化代码如下。

string[] students=new string[4]{"张三","李四","王五","赵六"}

现在班上又来了新同学,是否可以直接在该数组中添加新同学的信息呢?

数组没有办法解决这个问题,除非创建一个新的数组,这样很不方便。System.Collections 命名空间中的很多类如 ArrayList、HashTable 都可以动态添加元素,有效解决这个问题。

7.1.1 集合的概念

可以用数组来存储对象或值的变量,但由于数据的大小是固定的,一旦创建好数组,其空间就难以改变。如果存储的数组元素个数超过了为数组分配的存储空间,就不能在现有数组的末尾添加新项,除非创建一个新的数组。

集合就如同数组,用来存储和管理一组特定类型的数据对象,除基本的数据处理功能外,集合还直接提供了各种数据结构及算法的实现,如队列、链表、排序等。在使用数组和集合时要先导入 System.Collections 命名空间,它提供了支持各种类型集合的接口及类。

集合分为泛型集合类和非泛型集合类。泛型集合类一般位于 System.Collections.Generic 命名空间,非泛型集合类位于 System.Collections 命名空间。此外,System.Collections.Specialized 命名空间中也包含一些有用的集合类。

集合本身也是一种类型,基本上可以将其作为存储一组对象的容器,由于 C#面向对象的特性,管理数据对象的集合同样被实现成为对象,而存储在集合中的数据对象则被称为集合元素。

7.1.2 集合类

1. Array 类与数组

数组是具有同一类型的多个对象的集合,是一种数据结构,包含同一类型的多个元素,数组类型从 System.Array 类型继承而来,System.Array 类表示所有的数组,不论这些数组的元素类型或秩如何。对数组定义的操作有以下几种。

- 根据大小和上下界信息分配数组。
- 编制数组索引以读取或写入值。
- 计算数组元素的地址。
- 查询秩、边界和数组中存储的值的总数。

数组与集合的关系体现在以下方面。

- 数组是固定大小的,不能伸缩。
- 使用数组要声明元素的类型,集合类的元素类型是 object。
- 数组可读可写,不能声明只读数组。集合类可以提供 ReadOnly 方法以只读方式使用集合。
- 数组要通过整数下标访问特定的元素,然而很多时候这样的下标并不是很有用,集合也是数据列表却不使用下标访问。

- System.Array 类实现了 IList、ICollection 和 IEnumerable 集合,但不支持 IList 集合的一些更高级的功能,它表示大小固定的项列表。

1) 常用属性

(1) Length:返回数组中的元素个数。如果是一个多维数组,该属性会返回所有维的元素个数。如果需要确定一维数组中的元素个数,则可以使用 GetLength() 方法。

(2) LongLength:Length 属性返回 int 值,而 LongLength 属性返回 long 值。如果数组包含的元素个数超出了 32 位 int 值的取值范围,就需要使用 LongLength 属性来获得元素个数。

(3) Rank:使用 Rank 属性可以获得数组的维数。

2) 常用方法

(1) CreateInstance():静态方法,创建数组实例。

(2) Copy():静态方法,可以在数组之间进行复制。

(3) CopyTo():实例方法,将一个一维数组中的所有元素复制到另一个一维数组。

(4) Clear():将数组中的元素设为 0 或 null。

(5) IndexOf:静态方法,返回一维数组中与给定值相匹配的元素第一次出现的位置。

(6) LastIndexOf:静态方法,返回给定值在一维数组最后一次出现的位置。

(7) Reverse():静态方法,反转一维数组中元素的顺序。

(8) Sort():静态方法,对数组中的元素进行排序。

(9) GetLength():实例方法,返回数组的长度。

(10) GetLowerBound():实例方法,获得指定数组的下界。

(11) GetUpperBound():实例方法,获得指定数组的上界。

(12) SetValue():实例方法,将数组中的指定元素设为指定值。

(13) GetValue():实例方法,获取数组元素的值。

3) 创建数组

Array 类是一个抽象类,所以不能使用构造方法来创建数组。但可以使用静态方法 CreateInstance() 创建数组。如果事先不知道元素的类型,可以使用下面的静态方法。

(1) Array Array.CreateInstance(elementType,int length)。创建从 0 开始索引、具有指定类型(System.Type)和长度的一维数组(System.Array)。elementType 为要创建的 System.Array 的元素类型(System.Type)。

(2) Array Array.CreateInstance(Type elementType, parms int[] length)。创建从 0 开始索引、具有指定类型和维数的多维数组。

(3) Array Array.CreateInstance(Type elementType,int length1,int length2)。创建从 0 开始索引、具有指定类型和长度的二维数组。

(4) Array Array.CreateInstance(Type elementType, int [ ] length, int [ ] lowerBounds)。创建具有指定下界、类型和长度的多维数组。

(5) Array Array.CreateInstance(Type elementType,int length1,int length2,int

length3)。创建具有指定类型、长度的三维数组。

可以用 SetValue()方法设置、用 GetValue()方法读取数组元素的值。

【例 7-1】 创建一个类型为 int、大小为 5 的一维数组。

```
class Program
{
    static void Main(string[] args)
    {
        Array intArray = Array.CreateInstance(typeof(int), 5);
        for (int i = 0; i < 5; i++)
            intArray.SetValue(i * 10+1, i);
        for (int i = 0; i < 5; i++)
            Console.Write(" {0}",intArray.GetValue(i));
    }
}
```

程序运行结果如图 7-1 所示。

程序说明：

程序中不能使用 intArray[i] = 1;进行赋值和 int j = intArray[i];进行取值，必须使用 SetValue()和 GetValue() 赋值和取值。

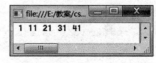

图 7-1 例 7-1 程序运行结果

【例 7-2】 创建一个包含 2×3 个元素的二维数组。第一维下界为 1,第二维下界为 10。

```
class Program
{
    static void Main(string[] args)
    {
        int[] lengths = { 2, 3 };
        int[] lowerBounds = { 1, 10 };
        //创建一个二维数组
        Array myArray = Array.CreateInstance(typeof(int),lengths,lowerBounds);
        for (int i=1;i<3;i++)
            for (int j=10;j<13;j++)
                myArray.SetValue( i * 10+j,i, j);              //赋值
        Console.Write("\r\nmyArray:   ");
        for (int i = 1; i < 3; i++)
            for (int j = 10; j < 13; j++)
                Console.Write("{0} ", myArray.GetValue(i, j));  //取值
        //二维数组赋值
        int[,] otherArray = (int[,])myArray;
        Console.Write("\r\notherArray: ");
        for (int i = 1; i < 3; i++)
            for (int j = 10; j < 13; j++)
```

```
            Console.Write("{0} ", otherArray[i,j]);
        }
    }
```

4）复制数组

因为数组是引用类型，所以将一个数组变量赋予另一个数组变量，就会得到两个指向同一数组的变量。而复制数组，会使数组实现ICloneable接口。这个接口定义的Clone()方法会创建数组的浅副本。

如果数组的元素是值类型，就会复制所有的值。

```
int intArray1 = {1, 2};
int intArray2 = (int[])intArray1.Clone();
```

如果数组的元素是引用类型，只能复制其地址，不能复制地址所指向的值。

【例7-3】 复制数组。

```
class Program
{
    static void Main(string[] args)
    {
        int[] intArray1 =new int[] { 1, 2 };
        int[] intArray2 = (int[])intArray1.Clone();          //复制数组
        person[]p = new person[]{new person("1","zhang"),new person("2", "li")};
        person[] c=(person[])p.Clone();                       //复制数组
        c[0].name="wang";intArray2[0] = 3;                    //修改数组元素的值
        Console.WriteLine("intArray1:{0}", intArray1[0]);
        Console.WriteLine("intArray2:{0}", intArray2[0]);
        Console.WriteLine("c[0].name:{0}", c[0].name);
        Console.WriteLine("p[0].name:{0}",p[0].name);
    }
}
```

程序运行结果如图7-2所示。

程序说明：

（1）程序中p是person类的对象，是引用类型，复制了一个c对象。当修改c[0]元素值时，实际上是修改p[0]，而intArray1和intArray2是值类型，修改intArray2的值对intArray1没有影响。

图7-2 例7-3程序运行结果

（2）如果要对引用类型的数组进行复制，必须采用深复制的方法。

2. ArrayList 类

动态数组 ArrayList 类提供了 IList 接口。ILsit 接口成员包括 Add()、Insert()、RemoveAt()、Remove()、Contains()、Clear()、IndexOf()方法，它最大的特色在于提供类似数组索引的访问机制。

1) ArrayList 类与数组的区别

(1) 数组的容量是固定的,而 ArrayList 的容量可根据需要自动扩充,定义时如果未设置容量,向 ArrayList 添加结束后,容量为初始的 2 倍;定义时设置了容量,但使用超出时,该容量自动翻倍。如果更改了 Capacity 属性的值,则可以自动进行内存重新分配和元素复制。

(2) ArrayList 提供了添加、插入或移除某一范围元素的方法。在数组中,只能一次获取或设置一个元素的值。

(3) ArrayList 提供了将只读和固定大小的包返回集合的方法;而数组则不提供该方法。

(4) ArrayList 只提供一维的形式,而数组可以是多维的。

2) ArrayList 类的常用属性

(1) Capacity:获取或设置 ArrayList 可包含的元素数。

(2) Count:获取 ArrayList 中实际包含的元素数。

(3) Item:获取或设置位于指定索引处的元素。

3) ArrayList 类的常用方法

(1) Add():将对象添加到 ArrayList 的结尾处。

(2) Clear():从 ArrayList 中移除所有元素。

(3) Clone():创建 ArrayList 的浅副本。

(4) Contains():确定某元素是否在 ArrayList 中。

(5) CopyTo():从目标数组的开始将整个 ArrayList 复制到兼容的一维数组中。

(6) GetEnumerator():返回整个 ArrayList 的一个枚举器。

(7) IndexOf():搜索指定的对象,并返回整个 ArrayList 中第一个匹配项的从 0 开始的索引。

(8) Insert():将元素插入 ArrayList 的指定位置。

(9) LastIndexOf():搜索指定的对象,并返回整个 ArrayList 中最后一个匹配项的从 0 开始的索引。

(10) Remove():从 ArrayList 中移除特定对象的第一个匹配项。

(11) RemoveAt():移除 ArrayList 中指定位置的元素。

(12) RemoveRange():从 ArrayList 中移除一定范围内的元素。

(13) Reverse():将整个 ArrayList 中元素的顺序反转。

(14) Sort():对整个 ArrayList 中的元素进行排序。

(15) ToArray():将 ArrayList 的元素复制到新的对象数组中。

在 ArrayList 类的对象生成时,系统在对象内部放置了一个内置的数组,并为该内置数组开辟了一个 Capacity 大小的空间。随着数据的存储,Count 不断变化,当 Count 等于或者超过 Capacity 时,系统会给该对象重新开辟一个新的内置数组,并把旧的内置数组的内容赋值过去。

向 ArrayList 对象中插入一个新项时,如果插入的位置 Location 等于 Count,并且 Count 小于 Capacity 时,将新项直接插入 ArrayList;如果插入的位置 Location 不等于

Count，而且 Count+1 小于 Capacity，则将插入位置后的元素后移，然后插入新项。

【例 7-4】 ArrayList 的应用。

```csharp
class person
{
    public string code,name;
    public person() { }
    public person(string code, string name){
        this.code = code; this.name = name;
    }
}
//对象比较
public class StringComparer : IComparer
{
    int IComparer.Compare(object x, object y){
    person cmpstr1 = (person)x;person cmpstr2 = (person)y;
    return cmpstr1.code.CompareTo(cmpstr2.code);     //按编号比较
}
class Program
{ //ArrayList 的属性
    private static void PrintProperty(string name, ArrayList al)
    { Console.WriteLine("\r\n<<<<{0}的属性列表>>>>>>", name);
        Console.WriteLine("{0}的容量是:{1}", name, al.Capacity);
        Console.WriteLine("{0}中元素的个数是:{1}", name, al.Count);
    }
    //输出数组元素
    static void PrintArray(string name, ArrayList arraylist)
    { Console.WriteLine("\r\n<<<<<<<{0}中的元素>>>>>>>>>>", name);
        foreach (Object obj in arraylist)  {
            person p = (person)obj;
            Console.Write("({0},{1})  ", p.code, p.name);
        }
    }
    static void Main(string[] args)
    {
        string[] name=new string[]{"赵","钱","孙","李","张","周","王","陈","吴"};
        ArrayList arrayList = new ArrayList(3);
        int i;
        for (i=0;i<3;i++)
            arrayList.Add(new person(i.ToString(),name[i]));
        PrintArray("数组 arrayList:", arrayList);
        PrintProperty("数组 arrayList", arrayList);
        arrayList.Capacity = 9;                    //设置 arrayList 的实际容量
        for (; i < 9; i++)
```

```
        arrayList.Add(new person(i.ToString(), name[i]));
    PrintProperty("数组 arrayList:", arrayList);
    PrintArray("数组 arrayList:", arrayList);
    for (int j = 0; j < 3; j++)
        arrayList.RemoveAt(j);
    PrintArray("数组 arrayList:", arrayList);
    PrintProperty("数组 arrayList:", arrayList);
    arrayList.TrimToSize();                            //调整数组空间的大小
    person p1=new person("1","吴");
    arrayList.Sort(new StringComparer());              //排序
    PrintArray("数组 arrayList:", arrayList);
    int p = arrayList.BinarySearch(p1, new StringComparer());//查找,必须排序
    System.Console.WriteLine(p);
   }
}
```

程序说明:

(1) 程序中 arraylist 的初始存储空间为 3,当增加 9 个元素时,它将自动调整其容量为 $3 \times 2 \times 2 = 12$。

(2) 注意利用循环删除 3 个数据元素,删除数据元素后,该数组的值为{"钱","李","周","王","陈","吴"}。

(3) 利用 arrayList.TrimToSize()调整数组空间的大小,使其存储空间的大小为元素的个数。

(4) arrayList.Sort(new StringComparer())实现了排序,排序时利用类 StringComparer 中的 Comparer()方法实现比较。

(5) BinarySearch(p1,new StringComparer())用于查找数据元素 p1,采用 StringComparer 中的 Comparer 方法实现比较。

在使用动态数组时要注意下面的问题。

(1) 内部的 Object 类型的影响。对于一般的引用类型来说,这部分的影响不是很大,但是对于值类型来说,向 ArrayList 中添加元素求修改元素,都会引起装箱和拆箱的操作,频繁的操作可能会影响一部分效率。

(2) 数组扩容。这是对 ArrayList 效率影响比较大的一个因素。每当执行 Add()、AddRange()、Insert()、InsertRange()等方法时,都会检查内部数组的容量是否够用,如果不够用,它就会以当前容量的两倍来重新构建一个数组,将旧元素复制到新数组中,然后丢弃旧数组,在这个临界点的扩容操作是比较影响效率的。

所以说,正确预估可能的元素,并且在适当的时候调用 TrimSize()方法是提高 ArrayList 使用效率的重要途径。

(3) 频繁调用 IndexOf()、Contains()等方法会降低程序的执行效率。

3. Queue 类

Queue(队列)类用于实现 FIFO(first-in-first-out,先进先出)机制,如在机场排队,打

印队列中等待处理的打印任务等。

1) 常用属性

(1) Count：获取 Queue 中的元素数。

(2) IsSynchronized：获取一个值，该值指示是否同步对 Queue 的访问。

(3) SyncRoot：获取可用于同步对 Queue 访问的对象。

2) 常用方法

(1) Clear()：从 Queue 中移除所有对象。

(2) Clone()：创建 Queue 的浅副本。

(3) CopyTo()：从指定索引开始将 Queue 元素复制到现有的一维数组中。

(4) Dequeue()：移除并返回位于 Queue 开始处的对象。

(5) Enqueue()：将对象添加到 Queue 的结尾处。

(6) GetEnumerator()：返回循环访问 Queue 的枚举器。

(7) ToArray()：将 Queue 元素复制到新数组。

(8) TrimToSize()：将容量设置为 Queue 中元素的实际数目。

【例 7-5】 模拟订单处理队列。

```
//订单类
public class Order{
  public string ID
  {get;set;}
  public string Content
  {get; set;}
  public Order(string id, string content)
  {this.ID = id;this.Content = content; }
}
//订单管理类
public class OrderManager{
  private readonly Queue OrderQueue = new Queue();    //定义一个订单队列
  public void AddOrder(Order doc)                     //增加一个订单
  {
    lock (this) {
      OrderQueue.Enqueue(doc);                        //将订单加入订单队列中
    }
  }
  public Order GetOrder()                             //获取订单
  {
    Order doc = null;
    lock (this) {
      doc =(Order) OrderQueue.Dequeue();              //订单出队
    }
    return doc;
  }
```

```
        public bool IsOrderAvailable                 //是否存在可以处理的订单
        {
            get {
                return OrderQueue.Count > 0;
            }
        }
    }
    //模拟订单处理
    class Program
    {
        static void ProcessOrder(DocumentManager dm)    //处理订单
        {
            if (dm.IsOrderAvailable)                    //如果存在处理的订单
            {
                Order doc = dm.GetOrder();              //获取订单
                Console.WriteLine("处理{0}号{1}订单", doc.ID,doc.Content);
            }
        }
        static void Main(string[] args)
        {
            DocumentManager dm = new DocumentManager();
            int i = 0;
            Order doc;
            doc = new Order("ID " + (++i).ToString(), "张三提交的订单");
            dm.AddOrder(doc);
            doc = new Order("ID " + (++i).ToString(), "李四提交的订单");
            dm.AddOrder(doc);   ProcessOrder(dm);
            Order doc1 = new Order("ID " + (++i).ToString(), "王五提交的订单");
            Order doc2 = new Order("ID " + (++i).ToString(), "赵六提交的订单");
            dm.AddOrder(doc1);   dm.AddOrder(doc2);
            while (dm.IsOrderAvailable)                 //循环依次处理订单
                ProcessOrder(dm);
        }
    }
```

程序运行结果如图 7-3 所示。

程序说明：

（1）处理订单时采用先来先服务的原则，所以用一个队列来存放订单。

（2）提交订单相当于将订单加入订单队列，所以调用入队方法。处理订单时，首先获取订单，相当于订单出队。

图 7-3 例 7-5 程序运行结果

（3）当订单出队时，要判断订单队列中是否存在订单。

4. Stack 类

Stack(栈)类是与队列非常类似的另一个容器,栈是一个后进先出(LIFO)容器。

1) 常用属性

Count：获取 Stack 中包含的元素数。

2) 常用方法

(1) Clear()：从 Stack 中移除所有对象。

(2) Clone()：创建 Stack 的浅副本。

(3) CopyTo()：从指定位置开始将 Stack 复制到现有的一维数组中。

(4) GetEnumerator()：返回 Stack 的 IEnumerator 集合。

(5) Pop()：移除并返回位于 Stack 顶部的对象。

(6) Push()：将对象插入 Stack 的顶部。

(7) ToArray()：将 Stack 复制到新数组中。

【例 7-6】 进制转换,将十进制数 1998 转换为二进制数。

```
class Program
{
    static string Converse(int m, int n)
    {   string code="";
        Stack S = new Stack();
        while (m > 0){
            S.Push(m % n);m = m / n;
        }
        while (S.Count > 0)
          code += ((int)S.Pop()).ToString();
        return code;
     }
    static void Main(string[] args)
    {
        int m = 1998;
        int n = 2;
        Console.WriteLine("{0}的{1}进制是{2}", m, n, Converse(m, n));
    }
}
```

程序运行结果如图 7-4 所示。

程序说明：

图 7-4 例 7-6 程序运行结果

(1) 进制转换采用辗转相除法进行。可以看到,所转换的二进制数是按低位到高位的顺序产生的,而通常的输出是从高位到低位进行的,恰好与计算过程相反,因此转换过程中每得到一位八进制数则进栈保存,转换完毕依次出栈则正好是转换结果。

(2) 当应用程序中需要与数据保存时相反顺序使用数据时,就可以使用栈。

5. Hashtable 类

在.NET 框架中，Hashtable(哈希表)类是 System.Collections 命名空间提供的一个容器，用于处理 key/value(键/值)对，其中 key 通常可用来快速查找，同时 key 区分大小写；value 用于存储对应于 key 的值。Hashtable 中 key/value 对均为 Object 类型，所以 Hashtable 可以支持任何类型的 key/value 对。

1) 常用属性

(1) Count：获取包含在 Hashtable 中的键/值对的数目。
(2) Keys：获取包含在 Hashtable 中的键的 ICollection 集合。
(3) Values：获取包含在 Hashtable 中的值的 ICollection 集合。

2) 常用方法

(1) Add()：将带有指定键和值的元素添加到 Hashtable 中。
(2) Clear()：从 Hashtable 中移除所有元素。
(3) Clone()：创建 Hashtable 的浅副本。
(4) ContainsKey()：确定 Hashtable 是否包含特定键。
(5) ContainsValue()：确定 Hashtable 是否包含特定值。
(6) CopyTo()：将 Hashtable 中的元素复制到一维数组中的指定位置。
(7) GetEnumerator()：返回循环访问 Hashtable 的 IDictionaryEnumerator。
(8) GetHash()：返回指定键的哈希值。
(9) Remove()：从 Hashtable 中移除带有指定键的元素。

【例 7-7】 哈希表的应用。

```
//定义一个 Client 类
class Client
{
  public string ID { get; set; }             //编号
  public string Name { get; set; }           //姓名
  public Client() { }
  public Client(string id, string name)
  { this.ID = id; this.Name = name; }
  public override string ToString()          //覆盖 ToString()方法
  { return ID+"\t"+Name; }
}
//哈希表的应用
class Program
{
  static void Main(string[] args)
  {
    Hashtable Clients = new Hashtable();
    string[] id = { "001","002","003","004","005","006" };
    string[] name = { "张三","李四","王五","武生","洋洋","孙丽" };
```

```
//将 client 加入哈希表中
for (int i = 0; i < 5; i++)
   Clients.Add(id[i], new Client(id[i],name[i]));
try{
    Clients.Add("001", new Client("001","李"));
}
catch{
   Console.WriteLine("001,李四已经在哈希表中存在");
}
System.Console.WriteLine("遍历哈希表");
foreach (object obj in Clients.Values)       //遍历
    Console.WriteLine(((Client)obj).ToString());
System.Console.WriteLine("查找 001");
Client c =(Client) Clients["001"];           //通过关键字索引查找
if (c != null) Console.WriteLine(c.ToString());
else   Console.WriteLine("没有找到");
   }
}
```

程序运行结果如图 7-5 所示。

程序说明：

(1) 哈希表中,将编号作为键,将客户名作为值。

(2) 遍历哈希表的数据元素也可以用下面的代码实现。注意哈希表的值要进行类型的强制转换。

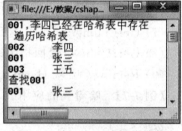

图 7-5　例 7-7 程序运行结果

```
foreach (DictionaryEntry de in Clients)
    Console.WriteLine (((Client) de.Value).ToString());
```

(3) 可以通过键进行哈希表中的数据元素的查找、删除等操作。如果要删除键为 001 的元素,可以使用下面的代码。

```
Clients.Remove("001");
```

6. SortedList 类

SortedList 类是可以排序的字典类,与哈希表不同的是,SortedList 类内部管理的键和值各为一个数组。这些数组有初始容量,并可自动扩容,SortedList 根据它们的键保持排序状态,这种特性要求为 SortedList 中指定的键实现 IComparable 接口。

1) 常用属性

(1) Capacity：获取或设置 SortedList 对象的容量。

(2) Count：获取 SortedList 对象中包含的元素数。

(3) Keys：获取 SortedList 对象中的键。

(4) Values：获取 SortedList 对象中的值。

2）常用方法

（1）Add()：将带有指定键和值的元素添加到 SortedList 对象。

（2）Clear()：从 SortedList 对象中移除所有元素。

（3）Clone()：创建 SortedList 对象的浅副本。

（4）ContainsKey()：确定 SortedList 对象是否包含特定键。

（5）ContainsValue()：确定 SortedList 对象是否包含特定值。

（6）CopyTo()：从指定位置开始将 SortedList 元素复制到一维数组中。

（7）GetEnumerator()：返回一个循环访问 SortedList 对象的 IDictionaryEnumerator 对象。

（8）GetKey()：获取 SortedList 对象指定位置的键。

（9）GetKeyList()：获取 SortedList 对象中的键。

（10）GetValueList()：获取 SortedList 对象中的值。

（11）IndexOfKey()：返回 SortedList 对象中指定键的从 0 开始的索引。

（12）IndexOfValue()：返回指定的值在 SortedList 对象中第一个匹配项的从 0 开始的索引。

（13）Remove()：从 SortedList 对象中移除指定键的元素。

（14）RemoveAt()：移除 SortedList 对象的指定位置的元素。

（15）TrimToSize()：将容量设置为 SortedList 对象中元素的实际数目。

【例 7-8】 将例 7-7 的哈希表用 SortedList 代替。

```
class Program
{
   //遍历 SortedList 中的数据元素
   static void Traverse(SortedList Clients)
   {
      foreach (object obj in Clients.Values)
          Console.WriteLine(((Client)obj).ToString());
   }
   static void Main(string[] args)
   {
      SortedList Clients = new SortedList();
      string[] id = { "001","002","003","004","005","006" };
      string[] name = { "张三","李四","王五","武生","洋洋","孙丽" };
      for (int i = 0; i < 3; i++)
          Clients.Add(id[i], new Client(id[i], name[i]));
      System.Console.WriteLine("遍历 SortedList");
      Traverse(Clients);                          //遍历
      System.Console.WriteLine("查找 001");
      Client c = (Client)Clients["001"];
      if (c != null)
          Console.WriteLine(c.ToString());
```

```
            else
               Console.WriteLine("没有找到");
            System.Console.WriteLine("删除 001 后");
            Clients.Remove("001");
            Traverse(Clients);
        }
    }
```

程序运行结果如图 7-6 所示。

程序说明：

和例 7-7 比较，SortedList 中的数据元素始终按照 Key 保持有序状态。

图 7-6 例 7-8 程序运行结果

7.1.3 集合接口

1. 遍历器

遍历器的作用是按照指定的顺序来访问一个集合中的所有元素，而不需要了解集合的详细数据结构。

如果要自定义对集合元素的遍历，可以编写自定义的集合，然后实现.NET 框架提供的所有相关接口。这些接口提供了与集合交互的常见方法和属性。可供选择的接口有 IEnumerable 和 IEnumerator。

（1）IEnumerable：该接口允许通过返回集合枚举器来枚举集合。该接口提供了可返回 IEnumerator 对象的唯一方法 GetEnumerator()。IEnumerator 对象用于快速遍历整个集合。实现了此接口的任何集合都可以通过 C# 的 foreach 语言进行访问。

（2）IEnumerable<T>：此接口通过附加的 GetEnumerator() 方法扩展了非泛型集合 IEnumerable，该方法返回 IEnumerator<T> 而不是 IEnumerator。这意味着如果计划实现 IEnumerable<T>，则还必须实现 IEnumerable。

（3）IEnumerator：此接口通常不由集合自身实现。它用于构建自定义集合，从而枚举集合中的项目。它提供了三个方法：Reset()、Current() 和 MoveNext()。Reset() 方法用于将游标重新定位在集合的第 1 个元素；Current() 方法用于获取当前元素；MoveNext() 方法用于将游标移至下一个元素。如果能用 GetEnumerator() 方法为集合获取一个枚举器，就可以实现 foreach 循环。

IEnumerator 接口的属性和方法如下。

```
//支持对非泛型集合的简单遍历
public   interface   IEnumerator
{
    /* MoveNext()方法将游标移至下一个元素,如果元素存在,该方法就返回 true。否则返回 false*/
    bool MoveNext();
```

```
    /*Reset()方法将游标重新定位于集合的第1个元素,若失败则抛出
NotSupportedException 异常*/
    void Reset();
    //属性 Current 返回游标指向的元素
    Object Current { get; }
}
    //提供枚举元素数量,以支持在非泛型集合上进行简单遍历
    public interface IEnumerable
    {
    /返回可遍历集合的枚举器
    IEnumerator GetEnumerator();
}
```

IEnumerable 和 IEnumerator 的区别与联系如下。

(1) 一个集合要支持 foreach 方式的遍历,必须实现 IEnumerable 接口(即必须以某种方式返回 IEnumerator 对象)。

(2) IEnumerator 对象具体实现了遍历器(通过 MoveNext()、Reset()、Current())。

(3) IEnumerable 是一个声明式的接口,声明实现该接口的类是可枚举的,但并没有说明如何实现遍历器。IEnumerator 是一个实现式的接口,IEnumerator 对象就是一个遍历器。

(4) IEnumerable 和 IEnumerator 通过 IEnumerable 的 GetEnumerator()方法建立了连接,client 可以通过 IEnumerable 的 GetEnumerator()方法得到 IEnumerator 对象。

(5) IEnumerator 是所有枚举器的基接口。

【例 7-9】 实现自定义集合的 IEnumerable 和 IEnumerator 接口。

```
//定义 Person 类
public class Person
{
  public Person(string fName, string lName)
  { this.firstName = fName;  this.lastName = lName;}
  public string firstName, lastName;
}
//定义 People 类,派生自 IEnumerable 接口,同样定义一个 People 类
public class People : IEnumerable
{
    private Person[] _people;                    //定义 Person 数组
    public People(Person[] pArray)               //重载构造方法,迭代对象
    {
       _people = new Person[pArray.Length];      //创建对象
       for (int i = 0; i < pArray.Length; i++)   //遍历初始化对象
          _people[i] = pArray[i];                //数组赋值
    }
    IEnumerator IEnumerable.GetEnumerator()      //实现接口
```

```csharp
        {
            return (IEnumerator) GetEnumerator();        //返回接口
        }
        public PeopleEnum GetEnumerator()               //实现接口
        {
            return new PeopleEnum(_people);             //返回方法
        }
    }
```

上述代码重构了 People 类并实现了接口，接口实现的具体代码如下。

```csharp
    public class PeopleEnum : IEnumerator            //实现 foreach 语句内部,并派生
    {
        public Person[] _people;
        int position = -1;
        public PeopleEnum(Person[] list)
        { _people = list; }
        public bool MoveNext()                        //实现向前移动
        { position++;
            return (position < _people.Length);
        }
        public void Reset()                           //位置重置
        {position = -1; }
        object IEnumerator.Current
        {  get
            { return Current; }
        }
        public Person Current{
            get {
                try {
                    return _people[position];
                }
                catch (IndexOutOfRangeException)
                {
                    throw new InvalidOperationException();
                }
            }
        }
    }
```

测试代码如下。

```csharp
class App
{
    static void Main()
    {
```

```
        Person[] peopleArray = new Person[3]{
            new Person("John","Smith"),
            new Person("Jim", "Johnson"),
            new Person("Sue","Rabon")
        }
        People peopleList = new People(peopleArray);
        foreach (Person p in peopleList)
            Console.WriteLine(p.firstName + " " + p.lastName);
    }
}
```

2. yield 语句

yield 语句用于创建枚举器。yield return 语句返回集合的一个元素,并将游标移动到下一个元素。yield break 语句可停止遍历。遍历器块中的 yield 语句用于生成一个值,或发出一个遍历完成的信号。

yield 语句的语法格式如下。

yield return   表达式；
yield break；

为了保证和现有程序的兼容性,yield 并不是一个保留字,只有当一个 return 语句紧随其后时,yield 语句才有这特殊的意义。其他情况下,yield 可以用作标识符。

(1) 使用一个 yield return 语句返回集合的一个元素。

(2) 包含 yield 语句的方法或属性是遍历器。遍历器必须满足以下要求。

① 返回类型必须是 IEnumerable、IEnumerable＜T＞、IEnumerator 或 IEnumerator＜T＞。

② 它不能有任何 ref 或 out 参数。

(3) yield return 语句不能位于 try-catch 块中。yield return 语句可以位于 try-finally 块的 try 块中。

(4) yield break 语句可以位于 try 块或 catch 块中,但是不能位于 finally 块中。

例如：

```
try{
    yield return "test";
}
catch { }
try{
    yield return "test again";
}
finally{ }
try
{ }
```

```csharp
finally{
    yield return "";
}
```

【例 7-10】 用 yield return 语句实现集合遍历。

```csharp
public class Person
{
    public string ID
    { get; set; }
    public String Name
    { get; set; }
    public Person() { }
    public Person(string id, string name)
    { ID = id; Name = name; }
    public override string ToString()
    {  return ID + "\t" + Name; }
}
//实现集合的遍历
class personSet
{
    Person[] pSet = new Person[3]{
      new  Person("E0001", "张三"),
      new Person("C0002", "李四"),
      new Person("C0003", "李杨")
    }
    public IEnumerable<Person> getAll(){
        for (int i = 0; i < 3; i++)
            yield return pSet[i];
    }
}
class Program
{
   static void Main(string[] args){
        personSet ps = new personSet();
        foreach (Person c in ps.getAll())
        Console.WriteLine(c);
   }
}
```

【例 7-11】 使用 yield return 语句实现集合遍历。

```csharp
public class MusicTitles
{
   string[] names = { "a", "b", "c", "d" };
   public IEnumerator<string> GetEnumerator()
```

```
    {  for (int i = 0; i < 4; i++)
          yield return names[i];
    }
    public IEnumerable<string> Reverse()
    {  for (int i = 3; i >= 0; i--)
          yield return names[i];
    }
}
class Program
{
    static void Main(string[] args)
    {
        MusicTitles titles = new MusicTitles();
        foreach (string title in titles)
           Console.WriteLine(title);
        Console.WriteLine();
        foreach (string title in titles.Reverse())
           Console.WriteLine(title);
        Console.WriteLine();
    }
}
```

任务 7-1 数据的快速检索与遍历

1. 任务要求

修改任务 5-3 的代码。实现客户信息登记。客户信息包括编号、姓名、性别、电话等。采用 Windows 操作界面，要求界面简洁，操作方便。

2. 任务分析

定义一个客户类，使用哈希表来存放客户信息。

3. 任务实施

（1）创建一个 Windows 应用程序项目。
（2）定义客户信息类，引用任务 5-3 的代码。

```
class Customer
{
    public string id, name, gender, tel, address;        //编号、姓名、性别、电话
    public Customer() { }
    public Customer(string ID, string Name, string Gender,
                    string Tel, string Add) {
```

```
      id = ID; name = Name;
      gender = Gender; tel = Tel; address = Add;
    }
    public override string ToString()
    { return id+"\t"+name+"\t"+gender+"\t"+tel+"\t"+address; }
}
```

（3）创建类似任务 5-3 的窗体。增加几个按钮，如图 7-7 所示。

图 7-7 任务 7-1 客户管理系统界面

其控件属性参见任务 5-3。

（4）在代码窗口中编写如下代码。

```
using System.Collections;
namespace List
{
  public partial class Form1 : Form
  {
  Hashtable cuList = new Hashtable();        //哈希表
  //构造方法
  public Form1()
  { InitializeComponent();
  }
  //显示所有客户信息
  private void Listall()
  { tb_list.Text = "";
    foreach (Customer c in cuList.Values)
       tb_list.Text += c.ToString() + "\r\n";
  }
  //"增加"按钮的 Click 事件方法
  private void button1_Click(object sender, EventArgs e)
  { string gender;
    if (rb_man.Checked) gender="男"; else gender="女";
    Customer c = new Customer(tb_ID.Text, tb_name.Text, gender,
                              tb_tel.Text, tb_add.Text);
```

```
        cuList.Add(c.id,c);                      //增加到哈希表中
        Listall();                               //浏览显示
    }
    //"修改"按钮的Click事件方法
    private void button2_Click(object sender, EventArgs e)
    {   Customer c;
        c = (Customer)cuList[tb_ID.Text];        //按编号查找
        if (c!=null)  {
           c.address= tb_add.Text;               //修改
           c.name = tb_name.Text;c.tel=tb_tel.Text;
        }
        Listall();                               //浏览显示
    }
    //"查找"按钮的Click事件方法
    private void button3_Click(object sender, EventArgs e)
    {   Customer c;
        c = (Customer)cuList[tb_ID.Text];
        if (c!=null)  {
           tb_add.Text = c.address;
           tb_tel.Text = c.tel;
        }
    }
}
```

7.2 泛 型

"一次编码,多次使用",这就是引入泛型的根源。通过泛型可以定义类型安全的数据结构,而无须使用实际的数据类型。这能够显著提高性能并得到更高质量的代码,因为可以复用数据处理算法,而无须复制类型特定的代码。在概念上,泛型类似于C++的模板,但是在实现和功能方面存在明显差异。

7.2.1 泛型概述

1. 为什么要使用泛型

泛型(genericity)是指一种参数化类型,与C++的模板有些相似。通过泛型(参数化类型)来实现在同一代码上操作多种数据类型。利用泛型将类型抽象化,从而实现灵活的复用。

例如,要实现两个数据的交换,可以编写如下的代码。

```
void swap(ref int a,ref int b){
    int Temp;
    Temp=a;a=b;b=Temp;
}
```

该方法实现了两个 int 类型的数据的交换,但是如果要实现 float 数据类型的交换,就必须重写该程序或实现方法的重载。应用这种方式会影响工作效率,编写类型特定的数据结构是一项乏味的、重复性的且易于出错的任务。在修复该数据结构的缺陷时,不能只在一个位置修复该缺陷,而必须在同一数据结构的类型特定的副本所出现的每个位置进行修改。此外,没有办法预知未知的或尚未定义的将来类型的使用情况。当然也可以编写如下的代码。

```
void swap(object a,object b){
    int Temp;
    Temp=a;a=b;b=Temp;
}
```

这种解决方案存在两个问题。

第一个问题是性能,在使用值类型时,必须将它们装箱以便存储它们,并且在把值类型弹出堆栈时要将其拆箱,装箱和拆箱都会造成性能损失,还会增加托管堆的压力,导致更多的垃圾回收工作。

第二个问题(通常更为严重)是类型安全。因为编译器允许在任何类型和对象之间进行强制类型转换,所以将丢失编译时类型安全,而且在运行时可能抛出无效强制类型转换异常。

2. 什么是泛型

泛型是具有占位符的类、结构体、接口和方法。将上面的代码进行改写,在代码块中将每个 object 替换成 ref T。

```
static void Swap<T>(ref T a, ref T b){
    T temp; temp = a;
    a = b; b = temp;
}
```

在应用时,只须使用一般的数据类型代替参数 T 就可以了。

```
static void Main(string[] args){
    int a = 2, b = 3;
    Swap<int>(ref a, ref b);
    System.Console.WriteLine("a={0},b={1}", a, b);
}
```

3. 泛型的优点

(1) 通过创建泛型类,可以创建一个在编译时类型安全的集合(编译时进行类型检查)。

（2）通过创建泛型类，可以提高程序的性能，避免不必要的强制转换、装箱、拆箱操作。

7.2.2 泛型类型参数及约束

1. 泛型类型参数简介

在定义泛型类型和泛型方法时，常用到泛型类型参数，泛型类型参数是在实例化泛型时指定类型的占位符。泛型类型参数放在"＜＞"内。例如：

```
private void PromptName<T>(T t) {}
private void PromptName<Tuser>(Tuser user) {}
```

2. 泛型类型参数约束

在定义泛型类时，可以对在实例化泛型类时用于类型参数的类型种类施加限制。如果实例化泛型类时使用某个约束不允许的类型来实例化类，则会产生编译时错误。

1) 泛型约束的类型

泛型约束有下面几种类型。

（1）T 结构体——类型参数必须是值类型。可以指定除 Nullable 以外的任何值类型。

（2）T 类——类型参数必须是引用类型；这一点也适用于任何类、接口、委托或数组类型。

（3）T new()——类型参数必须具有无参数的公有构造方法。当与其他约束一起使用时，new()约束必须最后指定。

（4）T＜基类名＞——类型参数必须是指定的基类或派生自指定的基类。

（5）T＜接口名称＞——类型参数必须是指定的接口或实现指定的接口。可以指定多个接口约束。约束接口也可以是泛型的。

（6）T U——为 T 提供的类型参数必须是为 U 提供的参数或派生自为 U 提供的参数。

2) 类型参数约束为结构体

```
public class ShowObjectType<T> where T : struct
{
  public void ShowValue(T t)
  { Console.WriteLine(t.GetType());}
}
public class test
{
  static void Main()
  {
    ShowObjectType<int> showInt = new ShowObjectType<int>();
```

```csharp
        showInt.ShowValue<int>(5);
        showInt.ShowValue(5);      //从参数可以推导出类型参数类型,则可以省略类型参数类型
        //因为约束为值类型,下面代码不能通过编译
        ShowObjectType<string> showString = new ShowObjectType<string>();
        showString.ShowValue("5");
    }
}
```

3) 类型参数约束为类

在应用 where T:class 约束时,避免对类型参数使用==和!=运算符,因为这些运算符仅测试引用类型,而不测试值是否相等。

```csharp
class Program
{
  private static void AddClass<T>(List<T> list, T t) where T : class
  { list.Add(t);   }
  static void Main()
  {
     List<string> list = new List<string>();
     AddClass<string>(list, "hello generic");
  }
}
```

4) 类型参数约束为具体类

约束为具体类时,可利用类型参数调用具体类的属性和方法。

```csharp
public class Person
{
  public int ID
  { get; set;  }
  public string Name
  {  get; set;  }
  public override string ToString()
  {
   return ID + "\t" + Name;
  }
  static void Main()
  {
      Person person = new Person()
      person.ID = 1;person.Name = "David"  ;
      PromptName<Person>(person);
  }
      //此约束 T 为 Person 对象或者继承 Person 对象
  private static void PromptName<T>(T t) where T:Person
  { Console.WriteLine(t); }
```

5) 约束多个参数

```
class Base { }
class Test<T, U> where U : struct  where T : Base, new() { }
```

6) 未绑定类型参数

没有约束的类型参数,称为未绑定的类型参数。

```
class  List<T>{}
```

7.2.3 创建泛型类

1. 泛型类

泛型类封装的不是特定的具体数据类型的操作,泛型类最常用于集合,如链表、哈希表、堆栈、队列、树等。

(1) 泛型类可以继承其他类。例如:

```
class BaseNode { }
class BaseNodeGeneric<T> { }
//继承具体类
class NodeConcrete<T> :BaseNode { }
//继承封闭式构造基类,封闭式构造基类指基类类型参数指定具体类型
class NodeClosed<T> :BaseNodeGeneric<int> { }
//继承开放式构造基类,开放式构造基类指基类类型参数未指定
class NodeOpen<T> :BaseNodeGeneric<T> { }
```

(2) 基类类型参数必须在子类中指定实现。例如,若定义

```
class BaseNodeGeneric<T> { }
class BaseNodeMultiple<T, U> { }
```

则

```
class Node1:BaseNodeGeneric<int> { }         //正确
class Node2:BaseNodeGeneric<T> {}            //错误,在子类中未指定父类类型参数实现
class Node3:T {}                              //错误,在子类中未指定父类类型参数实现
class Node4<T> : BaseNodeMultiple<T, int> { }    //正确
class Node5<T, U> : BaseNodeMultiple<T, U> { }   //正确
class Node6<T> : BaseNodeMultiple<T, U> {}//错误,在子类中未指定父类类型参数实现
```

(3) 从开放式构造类型继承的泛型类必须指定约束,这些约束是基类约束的超集或隐式基类约束。

```
class NodeItem<T> where T:System.IComparable<T>, new() { }
```

```
class SpecialNodeItem<T> :NodeItem<T> where T:System.IComparable<T>, new() { }
```

(4) 泛型类可以使用多个类型参数和约束。

```
class SuperKeyType<K, V, U> where U:System.IComparable<U>  where V:new()
{ }
```

(5) 开放式构造类和封闭式构造类可以用作方法参数。

```
void Swap<T>(List<T> list1, List<T> list2){}
void Swap(List<int> list1, List<int> list2){}
```

2. 泛型接口

(1) 泛型类型参数可指定多重接口约束。

```
class Stack<T> where T:System.IComparable<T>, IEnumerable<T>{}
```

(2) 接口可以定义多个类型参数。

```
interface IDictionary<K,V>{}
```

(3) 类继承规则适用接口继承规则。

3. 泛型方法

包含类型参数声明的方法即为泛型方法。

(1) 泛型类的类型参数与它内部泛型方法的类型参数一致,编译器将生成警告。

```
class GenericList<T>{
    void SampleMethod<T>() { }
}
```

(2) 泛型方法的类型参数可以进行约束。

(3) 泛型方法可以使用许多类型参数进行重载。

```
void DoWork() { }
void DoWork<T>() { }
void DoWork<T,U>() { }
```

任务 7-2 提高代码的复用性

1. 任务要求

利用线性表实现对客户信息的存储。

2. 任务分析

编写一个通用的线性表类,实现对数据元素的增加、删除、修改、遍历的功能。

3. 任务实施

（1）结点类。

```
public class Node<T>
{
  public T Data                          //数据元素
  { get; set;}
  public Node<T> Next                    //指向下一个结点
  {get;   set;}
  public Node(T t)                       //构造方法
  {   Data = t;   Next = null;}
  public Node()
  { Next = null;   }
}
```

（2）线性表类。

```
public class GenericList<T> :System.Collections.Generic.IEnumerable<T>
{
  public Node<T> firstNode=new Node<T>();  //头结点
  public void AddNode(T t)                 //增加一个结点
  {   Node<T> node = new Node<T>(t);
      node.Next=firstNode.Next;
      firstNode.Next = node;
  }
  //遍历
  public IEnumerator<T> GetEnumerator()
  {   Node<T> current = firstNode.Next;
      while (current != null){
      yield return current.Data;
      current = current.Next;
       }
  }
  IEnumerator IEnumerable.GetEnumerator()
  {   return GetEnumerator();}
}
```

（3）定义 person 类。

```
public class person
{
  public string Code
  {get; set;}
  public string Name
  { get;   set; }
```

```
    public person(string id, string name)
    { Code = id; Name = name;}
}
```

(4) 设计如图 7-8 所示的界面。

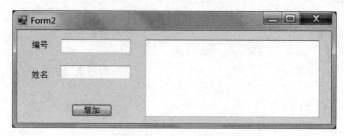

图 7-8　界面设计

(5) 在 Form2 的代码窗口中编写如下代码。

```
public partial class Form2 : Form
{
   //将客户信息保存到线性表中
   GenericList<person> clients=new GenericList<person>();
   public Form2()
   {
       InitializeComponent();
   }
   //遍历线性表中的元素并显示
   private void listall()
   { tb_list.Text = "";
     foreach (person p in clients)
       tb_list.Text += p.Code + "\t" + p.Name + "\r\n";
   }
   //"增加"按钮的 click 事件方法
   private void button1_Click(object sender, EventArgs e)
   { person p = new person(tb_id.Text, tb_name.Text);
     clients.AddNode(p);
     listall();
   }
}
```

项目实践 7　客户管理系统的优化

1. 项目任务

优化项目实践 4 中的相关程序，利用集合类来存放客户信息，并完成项目的相关功能。

2. 需求分析

(1) 利用哈希表来存放客户信息。
(2) 界面与如项目实践 4 中的界面设计相同。
(3) 优化相关代码。

3. 项目实施

(1) 创建一个 Windows 应用程序项目,创建主窗体、增加客户窗体、修改客户窗体,参考项目实践 4。
(2) 定义客户类 Customer。

```
public enum Grander { 男, 女 };
public class Customer
{
    public string ID ;                              //编号
    public string Name;                             //姓名
    public Grander Sex ;                            //性别
    public String Tel;                              //电话
    public String Addr;                             //地址
    private static string prefix;                   //编号前缀
    private static int _NextID;                     //顺序号
    public Customer() { }
    static Customer()                               //静态构造方法
    {   _NextID = 0;                                //顺序号起始值
        prefix = "A00";                             //前缀
    }
    public static string NextID
    {   get{
          _NextID += 1;
          return prefix + _NextID.ToString();
        }
    }
}
```

(3) 增加客户信息的界面参考项目实践 4,编写代码如下。

```
public delegate void AddDelegate(Customer cst);     //声明委托
public partial class Fadd : Form
{
    public event AddDelegate onAdd;                 //定义事件
    public Fadd()
    {
        InitializeComponent();
        tb_id.Text = Customer.NextID;               //自动生成编号,并显示
```

```csharp
    }
    //"增加"按钮click事件代码
    private void bt_add_Click(object sender, EventArgs e)
    {
        Customer c = new Customer();
        c.ID = tb_id.Text; c.Name = tb_Name.Text;
        if (rb_man.Checked) c.Sex = Grander.男; else c.Sex = Grander.女;
        c.Tel = tb_tel.Text;
        c.Addr = tb_add.Text;
        if (onAdd != null)   onAdd(c);                    //触发事件
        tb_Name.Clear();tb_tel.Clear();tb_add.Clear();
        tb_id.Text = Customer.NextID;                     //自动产生编号,并显示
    }
    //"关闭"按钮button2的click事件方法
    private void button2_Click(object sender, EventArgs e)
    {   Close(); }
}
```

(4) 修改客户信息的界面参考项目实践4,编写代码如下。

```csharp
public delegate void ChangedDelegate(Customer cst);       //声明委托
public partial class Fmodify : Form
{
    public event ChangedDelegate onChanged;               //定义事件
    Customer c;
    public Fmodify(Customer cst)
    {
        InitializeComponent();
        c = cst;
        //显示客户信息
        tb_id.Text = c.ID; tb_Name.Text = c.Name;
        tb_tel.Text = c.Tel;tb_add.Text = c.Addr;
        if (c.Sex == Grander.男) rb_man.Checked = true;
            else rb_wman.Checked = false;
    }
    //"确认"按钮click事件代码
    private void bt_ok_Click(object sender, EventArgs e)
    {   c.Name = tb_Name.Text;                            //修改客户信息
        if (rb_man.Checked) c.Sex = Grander.男; else c.Sex = Grander.女;
        c.Tel = tb_tel.Text; c.Addr = tb_add.Text;
        if (onChanged != null)
            onChanged(c);                                 //触发事件
    }
}
```

(5) 主窗体参考项目实践 4,编写代码如下。

```csharp
public partial class Fmain : Form
{
    Hashtable  cSet = new Hashtable();           //利用哈希表来存储客户信息
    public Fmain()
    {
        InitializeComponent();
    }
    //显示客户信息
    public void list()
    { tb_list.Text = " 编号\t 姓名\t\t 性别\t 电话\r\n";
        foreach (Customer c in cSet.Values)
            tb_list.Text += c.ID + "\t" + c.Name + "\t\t" + c.Sex + "\t" + c.Tel + "\r\n";
    }
    //"增加"按钮 click 事件代码
    private void bt_add_Click(object sender, EventArgs e)
    {   Fadd fadd = new Fadd();                   //实例化增加窗体 Fadd
        fadd.onAdd += Fadd_onAdd;                 //定义增加窗体的 onAdd 事件
        fadd.Show();
    }
    //事件委托方法
    private void Fadd_onAdd(Customer cst)
    {   if (cSet[cst.ID] != null)                 //检查编号是否重复
        { MessageBox.Show("编号重复");
            return;
        }
        cSet.Add(cst.ID, cst);                    //将客户增加到哈希表中
        list();                                   //显示
    }
    //"删除"按钮 click 事件代码
    private void bt_del_Click(object sender, EventArgs e)
    { cSet.Remove(tb_id.Text.Trim());
        list();
    }
    //"修改"按钮的 click 事件代码
    private void bt_midfy_Click(object sender, EventArgs e)
    {   Customer c =(Customer) cSet[tb_id.Text.Trim()];
        if (c == null)                            //检查客户是否存在
        { MessageBox.Show("不存在");
            return;
        }
        Fmodify fm = new Fmodify(c);
        fm.onChanged += Fm_onChanged;             //订阅修改窗体的 onChanged 事件
```

```
            fm.Show();
    }
    //事件委托方法,显示客户信息
    private void Fm_onChanged(Customer cst)
    { list();}
}
```

习　　题

一、判断题

1. 在定义泛型类时,可以对在实例化泛型类时用于类型参数的类型种类施加限制。
（　　）
2. 数组是值类,所以将一个数组变量赋予另一个数组变量会具有各自不同的存储空间。（　　）
3. 数组是具有同一类型的多个对象的集合。（　　）
4. 数组和集合类要声明元素的类型。（　　）
5. 集合数据列表可以不使用下标访问。（　　）
6. 集合类可以提供只读方法以只读方式使用集合。（　　）
7. Queue类主要实现了一个先进先出的机制。（　　）

二、选择题

1. 在Array类中,可以对一维数组中的元素进行排序的方法是(　　)。
　　A. Sort()　　　　B. Clear()　　　　C. Copy()　　　　D. Reverse()
2. 在Array类中,可以对一维数组中的元素进行查找的方法是(　　)。
　　A. Sort()　　　　B. BinarySearch()　　C. Convert()　　　D. Index()
3. 以下程序的输出结果是(　　)。

```
public class Test
{
    string[] names = { "a", "b", "c", "d" };
    public IEnumerator<string> GetEnumerator()
    {
        for (int i = 0; i < 4; i++)
            yield return names[i];
    }
    static void Main(string[] args)
    {
        Test titles = new Test();
        IEnumerator ie= titles.GetEnumerator();
```

```
        ie.MoveNext();
        System.Console.Write(ie.Current);
    }
}
```

A. a   B. b   C. d   D. ［空］

4. 以下代码的运行结果是(　　)。

```
class A
{
    public Hashtable studentlist = new Hashtable();
    public int this[string name]
    {
        get { return (int)studentlist[name]; }
        set { studentlist[name] = value; }
    }
    static void Main(string[] args)
    {
        A a = new A();
        a[10] = "张三";
        Console.WriteLine(a[10]);
    }
}
```

A. 10   B. 张三   C. 0   D. 无法运行

5. 如果要使实例化泛型类时使用的类型参数限定为值类型,则泛型类型参数约束应该是(　　)。

A. new   B. struct   C. class   D. Base

6. 若有如下定义:

```
class BaseNodeMultiple<T, U> { }
```

则下面定义中错误的是(　　)。

    A. class Node4＜T＞:BaseNodeMultiple＜T,int＞{ }
    B. class Node5＜T,U＞:BaseNodeMultiple＜T,U＞{ }
    C. class Node6＜T＞:BaseNodeMultiple＜T,U＞{ }
    D. class Node6＜T,U＞:BaseNodeMultiple＜int,int＞{ }

7. 声明一个数组:int[,] arr ＝ new int[3,5],这个数组内包含(　　)个元素。

A. 5   B. 35   C. 15   D. 3

8. 可以通过一个主题词访问其元素的数据类型是(　　)。

A. 数组   B. 结构体   C. 枚举   D. 集合

第8章 文件处理

项目背景

客户信息最终要存储到外存中。如何将客户信息长久地保存到文件中,并从文件中读取信息,是本章要解决的问题。本章将客户信息按照不同的格式保存到指定的文件中并读出,实现真正意义上的客户信息的管理。

项目任务

(1) 任务 8-1 查找指定文件。
(2) 任务 8-2 客户信息的存储。
(3) 任务 8-3 客户数据的存储优化。

知识目标

(1) 熟悉磁盘和文件夹操作的编程。
(2) 熟悉文本文件处理的编程。
(3) 熟悉二进制文件处理的编程。
(4) 理解异步模式文件处理的编程。
(5) 理解对象序列化编程技术。

技能目标

掌握数据存储处理的编程方法。

关键词

文件夹(directory),文件(file),对话框(dialog),异步(asynchronism),序列化(serialization)

8.1 文件系统管理

在描述文件时有两种方式:①相对路径的文件名;②绝对路径的文件名。对磁盘文件的管理包括了文件夹的管理和文件的管理,创建、查找、删除文件和文件夹是本节的主要目的。

8.1.1 文件夹管理

在 System.IO 命名空间中，.NET 框架提供了 Directory 类和 DirectoryInfo 类。这两个类均可用于对文件夹进行操作和管理，如复制、移动、重命名、创建和删除等。

1. Directory 类

Directory 类位于 System.IO 命名空间。下面介绍 Directory 类的常用方法。
1）文件夹创建：CreateDirectory()方法
方法原型：

public static DirectoryInfo CreateDirectory(string path);

例如，在 C:\tempuploads 文件夹下创建名为 NewDirectory 的文件夹。

Directory.CreateDirectory(@"C:\tempuploads\NewDirectoty");

2）文件夹属性：Atttributes
例如，设置 C:\temp\NewD 文件夹为只读、隐藏。与文件属性相同，文件夹属性也是使用 FileAttributes 来进行设置的。

DirectoryInfo NewDirInfo = new DirectoryInfo(@"C:\temp\NewD");
NewDirInfo.Atttributes =FileAttributes.ReadOnly|FileAttributes.Hidden;

3）文件夹删除：Delete()方法
方法原型：

public static void Delete(string path,bool recursive);

例如，将 C:\tempuploads\BackUp 文件夹删除。Delete()方法的第二个参数为 bool 类型，它可以决定是否删除非空文件夹。如果该参数值为 true，将删除整个文件夹，即使该文件夹下有文件或子文件夹；若为 false，则仅当文件夹为空时才可删除。

Directory.Delete(@"c:\tempuploads\BackUp",true);

4）文件夹移动：Move()方法
方法原型：

public static void Move(string sourceDirName,string destDirName);

例如，将文件夹 C:\temp\NewD 移动到 C:\tempuploads\BackUp。

File.Move(@"C:\temp\NewD",@"C:\tempuploads\BackUp");

5）获取当前文件夹下的所有子文件夹：GetDirectories()方法
方法原型：

public static string[] GetDirectories(string path);

例如，读出 C:\temps\ 文件夹下的所有子文件夹，并将其存储到字符串数组中。

```
string [] Directorys;
Directorys = Directory.GetDirectories (@"C:\temps");
```

6）获得所有逻辑盘符：GetLogicalDrives()方法
方法原型：

```
public static string[] GetLogicalDrives();
```

例如，获得所有逻辑盘符：

```
string[] AllDrivers=Directory.GetLogicalDrives();
```

7）获取当前文件夹下的所有文件：Directory.GetFiles()方法
方法原型：

```
public static string[] GetFiles(string path;);
```

例如，读出 C:\temp\ 文件夹下的所有文件，并将其存储到字符串数组中。

```
string [] Files;
 Files = Directory. GetFiles (@"C:\temp");
```

8）判断文件夹是否存在：Exist()方法
方法原型：

```
public static bool Exists(string path);
```

注意：在 C# 中 "\" 是特殊字符，要表示它需要使用 "\\"。由于这种写法不方便，C#语言提供了 @ 对其简化。只要在字符串前加上 @ 即可直接使用 "\"。

2. DirectoryInfo 类

DirectoryInfo 类需要实例化。如果使用同一个对象执行多个操作，使用这个类比较有效。下面介绍 DirectoryInfo 类的常用属性和方法。

1）CreationTime 属性
该属性用于设置或获取当前 FileSystemInfo 对象的创建时间。
属性原型：

```
public DataTime CreationTime {get;set;}
```

属性值：当前 FileSystemInfo 对象的创建日期和时间。
例如，要获得 C:\test/0000\AA 文件夹的创建日期和时间，首先将 DirectoryInfo 实例化，然后通过 CreationTime 属性得到此文件夹的创建日期和时间。

```
String paths=@"C:\test";
DirectoryInfo di=new DirectoryInfo(path);
string name = di.CreationTime.ToString();
```

```
System.Console.Write("文件夹创建时间:{0}", name);
```

2) Exists 属性

该属性用于判断指定的文件夹是否存在。

属性原型:

```
public override bool Exists{get;}
```

属性值:如果文件夹存在,则为 true;否则为 false。

例如,要判断 C:\test\ 文件夹下是否存在名为 mydir 的子文件夹,首先将 DirectoryInfo 实例化,然后通过 Exists 属性判断此文件夹是否存在,如果文件夹存在,返回值为 true,否则为 false。

```
String paths=@"C:\test\mydir";
DirectoryInfo di = new DirectoryInfo(path);
if (di.Exists) System.Console.Write("文件夹已经存在");
```

3) 创建文件夹:Create()方法

方法原型:

```
pulic void Create();
```

例如,要在 D 盘下创建名为 AA 的文件夹,首先将 DirectoryInfo 类实例化,然后判断是否存在同名的文件夹,如果不存在,则使用 Create()方法创建文件夹。

```
String path="D:\AA";
DirectoryInfo di = new DirectoryInfo(path);
if (di.Exists)System.Console.Write("文件夹已经存在");else di.Create();
```

4) 获取文件夹:GetDirectories()方法

方法原型:

```
public DirectoryInfo  GetFIleSystemInfos()
```

该方法返回指定文件夹下的所有子文件夹。

5) 获取文件夹中的文件:GetFiles()方法

方法原型:

```
public FileInfo GetFIleSystemInfos();
```

该方法返回指定文件夹下的所有文件。

6) 获取文件夹信息:GetFileSystemInfos()方法

方法原型:

```
public FilSystemInfo[] GetFIleSystemInfos();
```

返回值:FileSystemInfo 数组。

例如,访问 C 盘根文件夹下的文件和文件夹,代码如下:

```
string folderFullName = "C:\\";
System.Console.WriteLine(folderFullName + "文件夹下的子文件夹:");
DirectoryInfo TheFolder = new DirectoryInfo(folderFullName);
foreach (DirectoryInfo NextFolder in TheFolder.GetDirectories())
    System.Console.WriteLine(NextFolder);
System.Console.WriteLine(folderFullName + "文件夹下的文件");
foreach (FileInfo NextFile in TheFolder.GetFiles())
    System.Console.WriteLine(NextFile.Name);
System.Console.WriteLine(folderFullName + "文件夹下的子文件夹及文件");
foreach (FileSystemInfo NextFile in TheFolder.GetFileSystemInfos())
    System.Console.WriteLine(NextFile.FullName + "-" + NextFile.LastAccessTime);
```

7) 移动文件夹：MoveTo()方法

方法原型：

```
public void MoveTo(string destDirName);
```

参数：destDirName 为要将当前文件夹移动到的目标文件夹，目标不能是另一个具有相同名称的磁盘卷或文件夹。

8) 删除指定的文件夹：Delete()方法

方法原型：

```
public override void Delete();
```

例如，要删除 D 盘下名为 AA 的文件夹，首先将 DirectoryInfo 类实例化，然后判断是否存在此文件夹，如果存在则使用 Delete()方法删除此文件夹。

```
String path="D:\\AA";
DirectoryInfo di = new DirectoryInfo(path);
if (!di.Exists) System.Console.Write("文件夹不存在"); else  di.Delete();
```

3. Path 类

Path 类用来处理路径字符串，它的方法也全部是静态的。其常用方法如下。

1) 获取文件扩展名：GetExtension()方法

方法原型：

```
public static string GetExtension(string path);
```

该方法返回指定的路径字符串的扩展名。例如：

```
string fileName = @"C:\mydir.old\myfile.ext";
string path = @"C:\mydir.old\";
string extension;
extension = Path.GetExtension(fileName);
Console.WriteLine("GetExtension('{0}') returns '{1}'",fileName, extension);
extension = Path.GetExtension(path);
```

```
Console.WriteLine("GetExtension('{0}') returns '{1}'",
path, extension);
```

2) 获取文件名和扩展名：GetFileName()方法

方法原型：

```
public static string GetFileName(string path);
```

该方法返回指定路径字符串的文件名和扩展名。例如：

```
string fileName = @"C:\mydir\myfile.ext";
string path = @"C:\mydir\";
string result;
result = Path.GetFileName(fileName);
Console.WriteLine("GetFileName('{0}') returns '{1}'",fileName, result);
result = Path.GetFileName(path);
Console.WriteLine("GetFileName('{0}') returns '{1}'", path, result);
```

3) 获取绝对路径：GetFullPath()方法

方法原型：

```
public static string GetFullPath(string path);
```

该方法返回指定相对路径字符串的绝对路径。例如：

```
string fileName = "myfile.ext";
string path1 = @"mydir";
string path2 = @"\mydir";
string fullPath;
fullPath = Path.GetFullPath(path1);
Console.WriteLine("GetFullPath('{0}') returns '{1}'",path1, fullPath);
fullPath = Path.GetFullPath(fileName);
Console.WriteLine("GetFullPath('{0}') returns '{1}'",fileName,fullPath);
fullPath = Path.GetFullPath(path2);
Console.WriteLine("GetFullPath('{0}') returns '{1}'",path2, fullPath);
```

4) 获取临时文件夹路径：GetTempPath()方法

方法原型：

```
string tempPath = Path.GetTempPath();
```

该方法返回当前用户的临时文件夹的路径。

5) 获取随机文件夹名或文件名：GetRandomFileName()方法

方法原型：

```
public static string GetRandomFileName();
```

6) 获取文件夹信息：GetDirectoryName()方法

方法原型：

```
public static string GetDirectoryName(string path);
```

该方法返回指定路径字符串的文件夹信息。例如：

```
string filePath = @"C:\MyDir\MySubDir\myfile.ext";
string directoryName;
int i = 0;
while (filePath != null)
{   directoryName = Path.GetDirectoryName(filePath);
    Console.WriteLine("GetDirectoryName('{0}') returns '{1}'",
        filePath, directoryName);
    filePath = directoryName;
    if (i == 1)
        filePath = directoryName + @"\";
    i++;
}
```

7) 更改路径字符串的扩展名：ChangeExtension()方法

方法原型：

```
public static string ChangeExtension(string path, string extension);
```

8) 将 2~4 个字符串组合成一个路径：Combine()方法

方法原型：

```
public static string Combine(string path1, string path2,
                     * string path3, * string path2 )
```

【例 8-1】 获取文件夹的属性。

```
class Program
{
    static void Main(string[] args)
    {
        String myPath = "D:\\empMyTest.txt";
        Console.WriteLine("文件夹名称:{0}", Path.GetDirectoryName(myPath));
        Console.WriteLine("路径扩展名:{0}", Path.GetExtension(myPath));
        Console.WriteLine("文件名:{0}", Path.GetFileName(myPath));
        Console.WriteLine("不带扩展名的名称:{0}",
        Path.GetFileNameWithoutExtension(myPath));
        Console.WriteLine("绝对全路径:{0}", Path.GetFullPath(myPath));
        Console.WriteLine("根文件夹:{0}", Path.GetPathRoot(myPath));
        Console.WriteLine("不带根文件夹的路径:{0}",
        Path.GetFullPath(myPath).Remove(0, 3));
    }
}
```

8.1.2 文件管理

C♯语言中通过 File 和 FileInfo 类来创建、复制、删除、移动和打开文件。在 File 类中提供了一些静态方法，FileInfo 类提供的是实例方法。

1. File 类

File 类常用的方法如下。
1) 打开指定文件夹下的文件：Open()方法
方法原型：

public static FileStream Open(string path,FileMode mode);

参数：path 为文件名，mode 为打开方式。
例如，打开存放在 C:\Example 文件夹下名为 e1.txt 的文件，并在该文件中写入"hello"。

FileStream TextFile=File.Open(@"c:\ Example\e1.txt",FileMode.Append);
byte [] Info={(byte)'h',(byte)'e',(byte)'l',(byte)'l',(byte)'o'};
TextFile.Write(Info,0,Info.Length);
TextFile.Close();

2) 创建文件：Create()方法
方法原型：

public static FileStream Create(string path;);

参数：path 为路径名。
例如，在 C:\Example 下创建名为 e1.txt 的文件。

FileStream NewText=File.Create(@"C:\Example\e1.txt");
NewText.Close();

3) 删除文件：Delete()方法
方法原型：

public static void Delete (string path);

4) 复制文件：Copy()方法
方法原型：

public static void Copy (string sourceFileName,string destFileName);

参数：sourceFileName 为要复制的文件；destFileName 为目标文件的名称，它不能是一个文件夹或现有文件。
例如，将 C:\Example\e1.txt 复制为 C:\Example\e2.txt。

File.Copy(@"c:\Example\e1.txt",@"c:\Example\e2.txt",true);

由于 Copy()方法的 OverWrite 参数设为 true,所以如果 e2.txt 文件已存在的话,将会被复制过去的文件所覆盖。

5) 移动文件:Move()方法

方法原型:

`public static void Move (string sourceFileName, string destFileName);`

参数:sourceFileName 为要移动的文件名称,destFileName 为文件的新路径。

Move 方法用于将指定文件移到新位置,并提供指定新文件名的选项。例如,将 C:\Example 下的 BackUp.txt 文件移动到 C 盘根文件夹下。

`File.Move(@"C:\Example\BackUp.txt",@"C:\BackUp.txt");`

注意:只能在同一个逻辑分区下进行文件移动。如果试图将 C 盘下的文件转移到 D 盘,将发生错误。

6) 设置文件属性:SetAttributes()方法

方法原型:

`public static void SetAttributes (string path, FileAttributes fileAttributes);`

参数:path 为文件的路径,fileAttributes 为所需的 FileAttributes 枚举值(文件属性)。

例如,设置文件 C:\Example\e1.txt 的属性为只读、隐藏。

```
File.SetAttributes(@"C:\Example\e1.txt",
FileAttributes.ReadOnly|FileAttributes.Hidden);
```

FileAttributes 枚举用于获取或设置文件夹或文件的属性,部分枚举值如表 8-1 所示。

表 8-1 FileAttributes 枚举值

成员名	说 明
Archive	文件的存档状态。应用程序使用此属性为文件加上备份或移除标记
Compressed	文件已压缩
Directory	当前对象为一个文件夹
Hidden	文件是隐藏的,因此没有包括在普通的文件夹列表中
ReadOnly	文件为只读
SparseFile	文件为稀疏文件
System	文件为系统文件。文件是操作系统的一部分或由操作系统以独占方式使用
Temporary	文件是临时文件。文件系统试图将所有数据保留在内存中以便更快地访问,而不是将数据刷新回大容量存储器中。不再需要临时文件时,应用程序会立即将其删除

7) 获取文件属性:GetAttributes()方法

方法原型:

`public static FileAttributes GetAttributes (string path);`

参数：path 为该文件的路径。
8）判断文件是否存在：Exist()方法
方法原型：

```
public static bool Exist(string path);
```

例如，判断是否存在 C:\Example\e1.txt 文件：

```
if(File.Exists(@"C:\Example\e1.txt"))        //判断文件是否存在
{...}                                         //处理代码
```

【例 8-2】 创建一个新文件。

```
class Program
{
  static void Main(string[] args)
  {
    string path = "D:\\Test.txt";
    try {
     if (File.Exists(path))
         File.Delete(path);                          //如果文件存在,则删除
     using (FileStream fs = File.Create(path))       //创建一个文件
     {
      Byte[] info = new UTF8Encoding(true).GetBytes("This is  new file.");
         fs.Write(info, 0, info.Length);
      }
    }
     catch (Exception Ex)
     {
         Console.WriteLine(Ex.ToString());
     }
  }
}
```

程序运行后将在 D 盘根文件夹下创建一个新文件 Test.txt。

2. FileInfo 类

FileInfo 类提供了与 File 类相同的功能，不同的是 FileInfo 来提供的都是实例方法，如果打算多次重用某个对象，可考虑改用 FileInfo 类的相应实例方法。

1）常用方法

（1）OpenRead()方法。该方法创建只读的 FileStream 类型的文件。
方法原型：

```
public FileStream OpenRead()
```

（2）OpenText()方法。该方法创建使用 UTF-8 编码、从现有文本文件中进行读取

的 StreamReader 类型的文件。

方法原型：

public StreamReader OpenText();

（3）OpenWrite()方法。该方法创建只写的 FileStream 类型的文件。

方法原型：

public FileStream OpenWrite();

（4）AppendText()方法。该方法创建一个 System.IO.StreamWriter 对象，它向 System.IO.FileInfo 的实例代表的文件追加文本。

方法原型：

public StreamWriter AppendText();

（5）Open()方法。该方法用于打开文件。

① 以指定的模式中打开文件。

方法原型：

public System.IO.FileStream Open(FileMode mode);

参数：mode 为打开方式，FileMode 为枚举类型。

② 用读、写或读/写访问权限以指定模式打开文件。

方法原型：

public FileStream Open(FileMode mode[, FileAccess accesss]);

参数：FileAccess 为访问方式，为 FileAccess 枚举类型。

③ 用读、写或读/写访问权限和指定的共享选项以指定的模式打开文件。

方法原型：

public FileStream Open(System.IO.FileMode mode, FileAccess access, FileShare share)

参数：FileAccess 为文件访问权限性，其值有 Read、ReadWrite、Write。

share 为文件共享，其值有 Delete、Read、ReadWrite、Write、Inheritable、None。

mode 指定打开文件的方式，如表 8-2 所示。

表 8-2　打开文件的方式

值	含 义
Append	若文件存在，则打开该文件并将文件指针指向文件尾；若文件不存在则创建一个新文件。FileMode.Append 只能与 FileAccess.Write 一起使用
Create	创建新文件。如果文件已存在，它将被覆盖。这需要 Write 权限。FileMode.Create 等效于这样的请求：如果文件不存在，则使用 CreateNew；否则使用 Truncate。如果该文件已存在但为隐藏文件，则将抛出 UnauthorizedAccessException 异常

续表

值	含 义
CreateNew	创建新文件。这需要 Write 权限。如果文件已存在,则将抛出 IOException 异常
Open	打开现有文件。打开文件的能力取决于 FileAccess 枚举所指定的值。如果文件不存在,抛出一个 FileNotFoundException 异常
OpenOrCreate	打开文件或创建新文件。如果用 FileAccess.Read 打开文件,则需要 Read 权限。如果文件访问为 FileAccess.Write,则需要 Write 权限。如果用 FileAccess.ReadWrite 打开文件,则同时需要 Read 和 Write 权限
Truncate	打开现有文件。该文件被打开时,将被截断为零字节大小。这需要 Write 权限。尝试从使用 FileMode.Truncate 打开的文件中进行读取将抛出 ArgumentException 异常

(6) Copy()方法。该方法用于复制文件。

① 将现有文件复制到新文件,不允许覆盖现有文件。

方法原型:

```
public FileInfo CopyTo(string destFileName);
```

② 将现有文件复制到新文件,允许覆盖现有文件。

方法原型:

```
public FileInfo CopyTo(string destFileName, bool overwrite);
```

(7) MoveTo()方法。该方法将指定文件移到新位置,并提供指定新文件名的选项。

方法原型:

```
public void MoveTo(string destFileName)
```

(8) Replace()方法。该方法用于替换文件内容。

① 使用当前 FileInfo 对象所代表的文件替换指定文件的内容,这一过程将删除原始文件,并创建被替换文件的备份。

方法原型:

```
public FileInfo Replace(string destinationFileName, string
                       destinationBackupFileName);
```

② 使用当前 FileInfo 对象所代表的文件替换指定文件的内容,这一过程将删除原始文件,并创建被替换文件的备份,还指定是否忽略合并错误。

方法原型:

```
public FileInfo Replace(string destinationFileName, string destinationBackupFileName,
                       bool ignoreMetadataErrors);
```

(9) Encrypt()方法。该方法将某个文件加密,使得只有加密该文件的账户才能将其解密。

方法原型:

```
public void Encrypt();
```

(10) Decrypt()方法。该方法解密由当前账户使用 System.IO.FileInfo.Encrypt()方法加密的文件。

方法原型:

```
public void Decrypt();
```

(11) Delete()方法。该方法永久删除文件。

方法原型:

```
public override void Delete();
```

(12) 获得文件属性

使用 FileInfo 类获取文件的相关属性不再是方法了,都是通过属性获得的,并且除"是否只读"属性为可读可写的,其他性都是只读的。相关属性原型如下。

```
public DirectoryInfo Directory { get; }           //获取上级文件夹
public string DirectoryName { get; }              //获取文件夹的完整路径
public override bool Exists { get; }              //文件是否存在
public bool IsReadOnly { set; get; }              //文件是否为只读
public long Length { get; }                       //获取当前文件的大小(字节)
public override string Name { get; }              //获取文件名
```

例如,获取文件的属性,如文件创建时间、最近访问时间、最近修改时间等。

```
FileInfo fileInfo=new FileInfo("file1.txt");
string s=fileInfo.FullName+"文件长度="+fileInfo.Length+
                  ",建立时间="+ fileInfo.CreationTime+";
```

8.1.3 通用对话框

1. 文件浏览对话框(FolderBrowserDialog 类)

用户可以通过该对话框浏览、新建并选择文件夹。其主要属性如下。

(1) Description:获取或设置对话框中在树状视图控件上显示的说明文本。

(2) RootFolder:获取或设置从其开始浏览的根文件夹。

(3) SelectedPath:获取或设置用户选定的路径。

(4) ShowNewFolderButton:获取或设置一个值,该值指示"新建文件夹"按钮是否显示在文件夹浏览对话框中。

【例 8-3】 用系统的对话框浏览文件。在 Windows 窗体上放置一个"浏览"按钮,编写按钮的 click 事件方法。

```
private void button1_Click(object sender, EventArgs e)
{
    FolderBrowserDialog dialog = new FolderBrowserDialog();
    //首次 defaultfilePath 为空,按 FolderBrowserDialog 默认设置选择
```

```
    if (defaultfilePath != "")
        //设置此次默认文件夹为上一次选中的文件夹
        dialog.SelectedPath = defaultfilePath;
    if (dialog.ShowDialog() == DialogResult.OK)
        defaultfilePath = dialog.SelectedPath;    //记录选中的文件夹
}
```

2. 打开文件对话框（OpenFileDialog 类）

用户可以通过该对话框选择一个文件以打开它。

1) 主要属性

（1）AddExtension：如果用户省略扩展名，是否自动在文件名中添加扩展名。

（2）CheckFileExists：如果用户指定的文件名不存在，是否显示警告。

（3）CheckPathExists：如果用户指定的路径不存在，是否显示警告。

（4）DefaultExt：默认文件扩展名。

（5）FileName：文件名。

（6）FileNames：对话框中所有选定文件的文件名。

（7）Filter：对话框的"文件类型"下拉列表框中出现的选项。

（8）FilterIndex：当前选定筛选器的索引。

（9）InitialDirectory：对话框显示的初始目录。

（10）Multiselect：是否允许选择多个文件。

（11）ReadOnlyChecked：是否选定"只读"复选框。

（12）SafeFileName：所选文件的文件名和扩展名。文件名不包含路径。

（13）SafeFileNames：所有选定文件的文件名和扩展名的数组。文件名不包含路径。

（14）ShowHelp：对话框中是否显示"帮助"按钮。

（15）ShowReadOnly：对话框中是否出现"只读"复选框。

（16）SupportMultiDottedExtensions：是否支持显示和保存具有多个文件扩展名的文件。

（17）Title：对话框标题。

2) 主要方法

（1）OpenFile()：打开用户选定的具有只读权限的文件。该文件由 FileName 属性指定。

（2）Reset()：将所有属性重新设置为其默认值。

（3）ShowDialog()：运行通用对话框。

【例 8-4】 在例 8-3 的 Windows 窗体上添加一个"打开文件"按钮，编写其 click 事件方法。

```
private void button2_Click(object sender, EventArgs e)
{
    OpenFileDialog dlgOpenFile=new OpenFileDialog();
```

```
    dlgOpenFile.Title = "打开文件";
    dlgOpenFile.InitialDirectory = @"C:\Inetpub\";
    dlgOpenFile.Filter = "文本文件(*.txt)|*.txt|所有文件(*.*)|*.*";
    dlgOpenFile.FilterIndex = 2;
    dlgOpenFile.ShowReadOnly = true;
    DialogResult dr = dlgOpenFile.ShowDialog();
    if (dr == DialogResult.OK){
        string fileName = dlgOpenFile.FileName;
    }
}
```

3. 保存文件对话框（SaveFileDialog 类）

用户可以通过该对话框保存文件。

1）主要属性

（1）AddExtension：如果用户省略扩展名，是否自动在文件名中添加扩展名。

（2）CheckFileExists：如果用户指定的文件名不存在，是否显示警告。

（3）CheckPathExists：如果用户指定的路径不存在，是否显示警告。

（4）CreatePrompt：如果用户指定的文件不存在，是否提示用户允许创建该文件。

（5）DefaultExt：默认文件扩展名。

（6）FileName：文件名。

（7）FileNames：所有选定文件的文件名。

（8）Filter：对话框的"另存为文件类型"或"文件类型"下拉列表框中出现的选项。

（9）FilterIndex：当前选定的筛选器的索引。

（10）InitialDirectory：对话框显示的初始文件夹。

（11）OverwritePrompt：如果用户指定的文件名已存在，是否显示警告。

（12）ShowHelp：对话框中是否显示"帮助"按钮。

（13）SupportMultiDottedExtensions：是否支持显示和保存具有多个文件扩展名的文件。

2）主要方法

（1）SaveFile()：打开用户选定的具有读/写权限的文件。

（2）Reset()：将所有对话框选项重置为默认值。

（3）ShowDialog()：用默认的所有者运行通用对话框。

【例 8-5】 保存文件对话框，在例 8-3 的 Windows 窗体上添加一个"保存"按钮，编写其 click 事件方法。

```
private void button3_Click(object sender, EventArgs e)
{
    SaveFileDialog dlgSaveFile = new SaveFileDialog();
    dlgSaveFile.Title = "保存目标文件";
    dlgSaveFile.InitialDirectory = @"C:\Inetpub\";
```

```
dlgSaveFile.Filter = "文本文件 (*.txt)|*.txt|所有文件 (*.*)|*.*";
dlgSaveFile.FilterIndex = 2;
DialogResult dr = dlgSaveFile.ShowDialog();
if (dr == DialogResult.OK){
    string SavaefileName = dlgSaveFile.FileName;
}
}
```

任务 8-1　查找指定文件

1. 任务要求

在指定的文件夹中查找文件。

2. 任务分析

Windows 操作系统提供了一个查找文件的程序，可以在指定的文件夹中查找指定文件，本例也实现了同样的功能。

3. 任务实施

具体实现步骤如下。

（1）新建一个 Windows 应用程序项目，其界面如图 8-1 所示。在界面中放置三个控件：文本框 TextBox1 用于显示查找结果；TextBox2 用于输入要查找文件的文件名；一个按钮，其 text 属性为"查找文件"

（2）在界面中添加一些方法：方法实现在指定目录(含子目录)中查找指定文件，将查找到的文件添加到 Arraylist 中。

图 8-1　任务 8-1 程序窗体界面

```
public partial class Form1 : Form
{
    ArrayList myfiles = new ArrayList();
    public Form1()
    {
        InitializeComponent();
    }
//...
}
private ArrayList FindFiles(DirectoryInfo dir,string FileName)
{     //如果非根路径且是系统文件则跳过
    string fname = string.Empty;
```

```csharp
        if (null != dir.Parent && dir.Attributes.ToString().IndexOf("System") > -1)
           return myfiles;
        FileInfo[] files = dir.GetFiles();              //在当前文件夹中查找文件
        if (files.Length != 0)
        {
           foreach (FileInfo aFile in files)
           {
              fname = aFile.Name;
                      //判断文件是否包含查询名
              if (fname.IndexOf(FileName) > -1)
                 myfiles.Add(aFile);
           }
        }
        DirectoryInfo[] dirs = dir.GetDirectories();    //查找子文件夹中的匹配文件
        if (dirs.Length != 0)
        {
           foreach (DirectoryInfo aDir in dirs)
              FindFiles(aDir, FileName);
        }
        return myfiles;
    }
```

"查找文件"按钮的 click 事件处理程序如下。

```csharp
private void button5_Click(object sender, EventArgs e)
{
   FolderBrowserDialog dialog = new FolderBrowserDialog();
   string findfile = textBox2.Text;
   if (findfile == ""){
      MessageBox.Show("请输入要查找的文件名");
      return;
   }
   if (dialog.ShowDialog() == DialogResult.OK){
      String defaultfilePath = dialog.SelectedPath;     //记录选中的目录
      DirectoryInfo dir = new DirectoryInfo(defaultfilePath);
      ArrayList all = FindFiles(dir, findfile);
      foreach (FileInfo aFile in all) {
         textBox1.Text += aFile.FullName+"\r\n";
      }
   }
}
```

8.2 文件存取

如何长期有效地保存客户信息,是信息化处理的关键。C#可以用不同的数据格式和方法来保存数据。本节将采用C#提供的输入/输出流类实现对数据文件的保存。

System.IO命名空间提供了诸多文件读/写操作类,对文件内容进行操作有3种常见方式:文本模式、二进制模式以及异步模式。

8.2.1 文本模式

StreamReader 和 StreamWriter 类提供了按文本模式读/写数据的方法。

1. StreamReader 类的成员方法

(1) Close():关闭 StreamReader 对象并释放与读取器关联的所有系统资源。

(2) GetLifetimeSrvice():检索控制此实例的生存期策略的当前生存期服务对象。

(3) Peek():返回下一个可用字符的位置,用来确定读取的文件是否结束。如果结束会返回 int 型的−1。

(4) Read():读取输入流中的下一个字符或下一组字符。

(5) ReadBlock():从当前流中读取最大数量的字符并从索引开始将该数据写入缓存。

(6) ReadLine():从当前流中读取一行字符并将数据作为字符串返回。

(7) ReadToEnd():从流的当前位置到末尾读取流。

StreamReader 类提供了特定的编码方式(默认为 Unicode UTF-8),从字节数据流读取。

【例 8-6】 读取文件信息。

利用任务 8-1 的窗体,添加一个"读取"按钮,编写按钮的 click 事件方法。

```
private void button2_Click(object sender, EventArgs e)
{
    string fileName="";
    OpenFileDialog dlgOpenFile = new OpenFileDialog();
    dlgOpenFile.Title = "打开文件";
    dlgOpenFile.Filter = "文本文件 (*.txt)|*.txt|所有文件 (*.*)|*.*";
    dlgOpenFile.ShowReadOnly = true;
    DialogResult dr = dlgOpenFile.ShowDialog();
    if (dr == DialogResult.OK)
        fileName = dlgOpenFile.FileName;
    textBox1.Text = "";
    StreamReader sr = new StreamReader(fileName);
```

```
    while (sr.Peek() != -1){
        string str = sr.ReadLine();
        textBox1.Text += str;
    }
    sr.Close();
}
```

2. StreamWriter 类的成员方法

（1）Close()：关闭当前的 StreamWriter 对象和基础流。
（2）Flush()：清理当前写缓存，并使所有缓存数据写入基础流。
（3）Write()：写入流。
（4）WriteLine()：写入指定的数据，后跟行结束符。

【例 8-7】 存储文本信息。

利用任务 8-1 的窗体，添加一个"保存"按钮，编写按钮的 click 事件方法：

```
private void button3_Click(object sender, EventArgs e)
{
    SaveFileDialog dlgSaveFile = new SaveFileDialog();
    dlgSaveFile.Title = "打开目标文件";
    dlgSaveFile.Filter = "文本文件（*.txt)|*.txt|所有文件（*.*)|*.*";
    DialogResult dr = dlgSaveFile.ShowDialog();
    if (dr == DialogResult.OK) {
        string SavaefileName = dlgSaveFile.FileName;
        StreamWriter sw = new StreamWriter(SavaefileName);
        sw.WriteLine(textBox1.Text);
        sw.Close();
    }
}
```

8.2.2 二进制模式

System.IO 还提供了 BinaryReader 类和 BinaryWriter 类，用于以二进制模式读写文件。通常用于读取图片文件，也可读取文本文件。它们提供的一些读/写方法是对称的。

1. BinaryReader 类的成员方法

（1）Close()：关闭当前读取器及基础流。
（2）PeekChar()：返回下一个可用的字符，但不移动游标的位置。
（3）ReadXXX()：从基础流中读取字符，并推进流的当前位置。XXX 表示 Boolean、Byte、Bytes、Bytes、char、chars、string 等。

2. BinaryWriter 类的成员方法

(1) Close()：关闭当前的 BinaryWriter 对象和基础流。
(2) Flush()：清理当前的写缓存，并使所有缓存数据写入基础设备。
(3) Seek()：设置当前流中的位置。
(4) Write()：将值写入当前流。

【例 8-8】 二进制文件存储。

修改例 8-7 的"保存"按钮的单击事件方法，实现文件的保存。

```
private void button6_Click(object sender, EventArgs e)
{
    SaveFileDialog dlgSaveFile = new SaveFileDialog();
    dlgSaveFile.Title = "保存目标文件";
    dlgSaveFile.Filter = "文本文件 (*.txt)|*.txt|所有文件 (*.*)|*.*";
    DialogResult dr = dlgSaveFile.ShowDialog();
    if (dr == DialogResult.OK) {
        string SavaefileName = dlgSaveFile.FileName;
        FileStream fs = new FileStream(SavaefileName, FileMode.Create);
        BinaryWriter bw = new BinaryWriter(fs);
        bw.Write(textBox1.Text);
        bw.Close();
        fs.Close();
    }
}
```

读取文件，修改例 8-6 的"读取"按钮的单击事件方法，实现文件的保存。

```
private void button7_Click(object sender, EventArgs e)
{
    string fileName = "";
    OpenFileDialog dlgOpenFile = new OpenFileDialog();
    dlgOpenFile.Title = "打开文件";
    dlgOpenFile.Filter = "文本文件 (*.txt)|*.txt|所有文件 (*.*)|*.*";
    dlgOpenFile.ShowReadOnly = true;
    DialogResult dr = dlgOpenFile.ShowDialog();
    if (dr == DialogResult.OK)
        fileName = dlgOpenFile.FileName;
    textBox1.Text = "";
    FileStream fs = new FileStream(fileName, FileMode.Open);
    BinaryReader br = new BinaryReader(fs);
    fs.Position = 0;
    while (fs.Position != fs.Length)
        textBox1.Text += br.ReadString();
    br.Close();
```

```
        fs.Close();
    }
```

任务 8-2　客户信息的存储

1. 任务要求

编程实现客户信息的存储。

2. 任务分析

(1) 参照前面的任务定义客户类和客户集合类,将客户信息保存到客户集合类中。

(2) 定义一个文件管理类,将客户集合类的记录保存到指定的文件中,并可以读取指定文件到客户集合类中,从而实现文件的读/写操作。

3. 任务实施

(1) 定义 Customer 类。

```
public class Customer{
  public string ID
  { get; set; }
  public string Name
  { get; set; }
  public Customer(string id, string name){
      ID = id; Name = name;
  }
  public override string ToString() {
      return ID+"\t"+Name;
  }
}
```

(2) 定义 IfileManage 接口。

```
interface IfileMange
{
  String FileName                    //文件名
  { get; set; }
  ArrayList Records                  //保存文件的记录
  { get; set; }
  Load();                            //读取文件
  void Save();                       //保存文件
}
```

(3) 定义文件管理类 IfileManage。

```
public class BinaryFile : IfileMange
{
    public string FileName                    //文件名
    { get; set; }
    public ArrayList   Records
    { get;   set;}
    //读文件
    public void  Load()
    {
        string id, name;
        Records = new ArrayList();
        FileStream fs = new FileStream(FileName, FileMode.Open,
                                      FileAccess.Read);
        BinaryReader br = new BinaryReader(fs);
        fs.Position = 0;
        while (fs.Position != fs.Length)
        {
            id = br.ReadString(); name = br.ReadString();
            Records.Add(new Customer(id, name));
        }
    }
    //写文件
    public void Save()
    {
        FileStream fs = new FileStream(FileName, FileMode.Create,
                                      FileAccess.Write);
        BinaryWriter bw = new BinaryWriter(fs);
        foreach (Customer c in Records)
        {   bw.Write(c.ID); bw.Write(c.Name);
        }
          bw.Close();
          fs.Close();
    }
}
```

(4) 如果要采用文本模式，可以修改 Load()和 Save()方法如下。

```
public class TxtFile : IfileMange
{
    public string FileName                    //文件名
    { get; set; }
    public ArrayList Records
    { get; set; }
    private object c;
    //读文件
```

```
public void Load() {
    StreamReader mySr = new StreamReader(FileName);
    Records = new ArrayList();
    while (!mySr.EndOfStream)
        Records.Add(new Customer(mySr.ReadLine(), mySr.ReadLine()));
    mySr.Close();
}
//写文件
public void Save(){
    StreamWriter mySw = new StreamWriter(FileName);
    foreach (Customer c in Records)
    { mySw.WriteLine(c.ID); mySw.WriteLine(c.Name);
    }
  mySw.Close();
}
}
```

(5) 编写测试程序。

```
static void Main(string[] args){
  ArrayList cSet = new ArrayList();
  cSet.Add(new Customer("981101", "张三"));
  cSet.Add(new Customer("981102", "李四"));
  IfileMange fm = new BinaryFile();
  fm.FileName = "c:\\mydatat.dat";
  fm.Records = cSet;
  fm.Save();
  ArrayList myc;
  fm.Load();
  myc = fm.Records;
  foreach (Customer c in myc)
     Console.WriteLine(c);
}
```

8.3 序列化对象

在任务 8-2 中,当要保存的数据信息的内容发生变化时,对于数据存储的相关代码也要做大量的修改,如何能避免这种烦琐的工作,使代码的可复用性最好,就是本节要解决的问题。

8.3.1 序列化的概念

往往需要将程序的某些数据存储在内存中,然后将其写入某个文件,这时就需要将数据转化成能被存储并传输的格式,这个转换过程称为序列化(serialization),而它的逆过程则称为反序列化(deserialization)。

简单来说,序列化就是将对象实例的状态转换为可保持或传输的格式的过程。与序列化相对的是反序列化,它根据流重构对象。将这两个过程结合起来,可以轻松地存储和传输数据。

.NET 框架提供了三种序列化的格式。

(1) 二进制格式(使用 BinaryFormatter 序列化器)。

(2) SOAP 格式(使用 SoapFormatter 序列化器)。

(3) XML 格式(使用 XmlSerializer 序列化器)。

第一种方式提供了一个简单的二进制数据流以及某些附加的类型信息,可序列化一个类的所有可序列化字段,不管它是公有字段还是私有字段。而第二种将数据流格式转化为 XML 存储;第三种也是 XML 格式存储,但比第二种的 XML 格式要简化很多(去掉了 SOAP 特有的额外信息)。SOAP 格式和 XML 格式仅能序列化公有字段或具有公有属性的字段。

8.3.2 序列化的应用

.NET 框架提供了两种方式的序列化:①基本序列化;②自定义序列化。

基本序列化是完成序列化的最简单的方法,它让.NET 框架自动完成整个过程,而不必去管它内部是如何实现的。

如果要获得对序列化的更大的控制权,必须使用自定义序列化方式。使用这种方式,可以完全控制类的哪些部分能被序列化而哪些部分不能,同时还可以控制如何具体地进行序列化。运用该方式的好处就是能克服基本序列化所会遇到的问题。

1. 使用 BinaryFormatter 进行序列化

BinaryFormatter 在命名空间 System.Runtime.Serialization.Formatters.Binary 中。如果要对一个对象进行序列化,那么必须将它的类型标记为[Serializable],类型标记为[NonSerialized]则表明它是不可以被序列化的。如果可序列化类的字段中包含指针、句柄或其他某些针对于特定环境的数据结构,并且不能在不同的环境中以有意义的方式重建,则最好将 NonSerialized 属性应用于该字段。

1) 主要属性

(1) AssemblyFormat:获取或设置关于查找和加载程序集的反序列化程序的行为。

(2) Binder:获取或设置 SerializationBinder 类的对象,它控制将序列化对象绑定到类型的过程。

(3) Context:获取或设置此格式化程序的 StreamingContext。

(4) FilterLevel:获取或设置 BinaryFormatter 所执行的自动反序列化的 TypeFilterLevel。

(5) SurrogateSelector:获取或设置 ISurrogateSelector,它控制序列化和反序列化过程中的类型替换。

(6) TypeFormat：获取或设置类型说明在序列化流中的布局格式。

2) 主要方法

(1) Deserialize(Stream)：将指定的流反序列化为对象。

(2) Deserialize(Stream，HeaderHandler)：将指定的流反序列化为对象。所提供的 HeaderHandler 处理该流中的标题。

(3) Serialize(Stream，Object)：将对象序列化为流。

(4) Serialize(Stream，Object，Header[])：将对象序列化为附加标题的流。

【例 8-9】 实现对客户信息的序列化与反序列化处理。

(1) 定义客户类，确定需要序列化和不需要序列化的字段。

```
[Serializable]
public class Customer
{
    public string ID ;
    public string Name ;
    [NonSerialized]                          //标记为不可序列化
    public string sex ;                      //不进行序列化处理
    public Customer() { }
    public Customer(string id, string Name,string sex){
        this.ID = id; this.Name = Name; this.sex = sex;
    }
    public override string ToString(){
    return   ID+"\t"+ Name+"\t"+sex;
    }
}
```

(2) 定义一个序列化处理的泛型类。

```
Public class Serialize<T>
{
    public T Source;                         //序列化的对象
    public string FileName="C:\\mydat.dat";  //保存的文件名
    //序列化
    public void BinarySerialize()
    {   FileStream fileStream = new FileStream(FileName, FileMode.Create);
        BinaryFormatter bf = new BinaryFormatter();
        bf.Serialize(fileStream, Source);
        fileStream.Close();
    }
    //反序列化
    public T BinaryDeSerialize()
    {   FileStream fileStream = new FileStream(FileName,FileMode.Open,
                            FileAccess.Read, FileShare.Read);
        BinaryFormatter bf = new BinaryFormatter();
```

```
        Source = (T)bf.Deserialize(fileStream);
        fileStream.Close();
           return Source;
        }
}
```

（3）编写测试程序。

```
class Program
{
    static void Main(string[] args){
      Serialize<Customer> sz = new Serialize<Customer>();//泛型类实例化
      Customer c = new Customer("001", "张三", "男");
      sz.Obj = c; sz.FileName = "d:\\temp.dat";
      sz.BinarySerialize();                            //调用序列化处理方法
      Customer c1 =(Customer)sz.BinaryDeSerialize();   //调用反序列化处理方法
      Console.WriteLine("编号\t姓名\t性别");
      Console.WriteLine(c1.ToString());
    }
}
```

程序运行结果如图 8-2 所示。程序运行后将生成 D:\temp.dat 文件,并显示。

程序说明：

调用上述两个方法就可以看到序列化的结果：Sex 属性因为被标志为[NonSerialized],因此其值总是为 null。

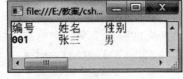

图 8-2　程序运行结果

2. 使用 SoapFormatter 进行序列化

和 BinaryFormatter 类似,只需要做简单修改即可。

（1）将 using 语句中的.Formatter.Binary 改为.Formatter.Soap。

（2）将所有的 BinaryFormatter 替换为 SoapFormatter。

（3）确保保存文件的扩展名为.xml。

经过上面简单改动,即可实现 SoapFormatter 的序列化,这时产生的文件就是一个 xml 格式的文件。

3. 使用 XmlSerializer 进行序列化

假设需要 XML,但是不想要 SOAP 特有的额外信息,应该怎么办呢？有两种方案：要么编写一个实现 IFormatter 接口的类,采用的方式类似于 SoapFormatter 类,但是没有不需要的信息；要么使用 XmlSerializer 类,这个类不使用[Serializable]属性,但是它提供了类似的功能。

如果不想使用主流的序列化机制,而想使用 XmlSeralizer 进行序列化,需要做一下修改。

(1) 添加 System.Xml.Serialization 命名空间。

(2) Serializable 和 NoSerialized 属性将被忽略，而是使用 XmlIgnore 属性，它的行为与 NonSerialized 类似。

(3) XmlSerializer 要求类有一个默认的构造器，这个条件可能已经满足了。

【例 8-10】 使用 XmlSerializer 实现对客户信息的序列化与反序列化处理。

利用例 8-9 中的类，在例 8-9 中添加两个方法：XMLSerialize() 和 XMLDeserialize()。

```
class Serialize<T>
{
    public T Source;                    //序列化的对象
    public string FileName;             //保存的文件名
    //略
    //序列化
    public void XMLSerialize()
    {   XmlSerializer xs = new XmlSerializer(typeof(T));
        Stream stream = new FileStream(FileName,FileMode.Create,
                                FileAccess.Write,FileShare.Read);
        xs.Serialize(stream, Source);
        stream.Close();
    }
    //反序列化
    public T XMLDeserialize()
    {   XmlSerializer xs = new XmlSerializer(typeof(T));
        Stream stream = new FileStream(FileName,FileMode.Open,
                                FileAccess.Read,FileShare.Read);
        T c = (T)xs.Deserialize(stream);
        stream.Close();
        return c;
    }
}
```

4. 自定义序列化

如果希望让用户对类进行序列化，并自定义数据流的组织方式，那么可以通过在自定义类中实现接口来自定义序列化行为。这个接口只有一个方法，即 GetObjectData()。这个方法用于将对类对象进行序列化所需要的数据填进 SerializationInfo 对象。使用的格式化器将构造 SerializationInfo 对象，然后在序列化时调用 GetObjectData() 方法。如果类的父类也实现了 ISerializable，那么应该调用 GetObjectData() 方法的父类实现。

如果实现了 ISerializable，那么还必须提供一个具有特定原型的构造方法，这个构造方法的参数列表必须与 GetObjectData() 方法相同。这个构造方法应该被声明为私有的或受保护的，以防止粗心的开发人员直接使用它。

【例 8-11】 自定义序列化对象。

```
public class Employee : ISerializable
{
    public int Id  ;
    public string Name  ;
    [NonSerialized]
    public string NoSerial ;
    public Employee() {   }
    public override string ToString(){
        return Id+"\t"+Name+"\t"+NoSerialString;
    }
    //重载构造方法
    private Employee(SerializationInfo info, StreamingContext ctxt)
    { Id = (int)info.GetValue("id", typeof(int));
      Name = (String)info.GetValue("name", typeof(string));
    }
    //重写接口方法,实现序列化处理
    public void GetObjectData(SerializationInfo info, StreamingContext ctxt)
    {
    info.AddValue("id", Id);info.AddValue("name", Name);
    }
}
```

任务 8-3　客户信息的存储优化

1. 任务要求

编程实现客户信息的存储。

2. 任务分析

（1）参照前面的任务,定义客户类和客户集合类,将客户信息保存到客户集合类中。
（2）定义一个文件管理类,实现将客户集合类的记录保存到指定的文件中,并可以读取指定文件到客户集合类中,从而实现文件的读/写操作。

3. 任务实施

（1）定义 Customer 类。

```
[Serializable]
  class Customer
  {
     //参见任务 8-2
  }
```

(2) 定义 CustomerSet 类，利用哈希表来存储客户信息，并在类中直接利用哈希表的方法实现增、删、改、查等功能。

```csharp
[Serializable]
public class CustomerSet
{ private Hashtable Ht= new Hashtable();
  //增加一个客户
  public void add(Customer c) {
      Ht.Add(c.ID, c);
  }
  //删除一个客户
  public void delete(string id){
     Ht.Remove(id);
  }
  //按关键字查找
  public object findbyID(string id){
    return Ht[id];
  }
  //修改
  public void update(Customer c) {
    Ht[c.ID] = c;
  }
  /*再定义一个方法,该方法返回所有的客户信息,返回的类型为 ArrayList。该方法从哈希表中依次取出所有元素并添加到 ArrayList 中*/
  public ArrayList getAll()
  {  ArrayList clist = new ArrayList();
     foreach (Customer c in Ht.Values)
         clist.Add(c);
     return clist;
  }
}
```

(3) 利用例 8-9 的 Serialize 类。

```csharp
class Serialize<T>
{
    public T Source;                              //序列化的对象
    public string FileName="c:\\mydata.dat";      //保存的文件名
    public void BinarySerialize()
    { //(略) }
    public T BinaryDeSerialize()
    { //(略) }
}
```

(4) 编写测试程序。

```
class Program
{
    static void Main(string[] args){
    CustomerSet cSet = new CustomerSet();
    cSet.add(new Customer("98001", "张三"));   //将客户增加到哈希表中
    cSet.add(new Customer("98002", "李四"));
    Serialize<ArrayList> sz = new Serialize<ArrayList>();
    sz.FileName = "c:\\Customer.dat";
    sz.Source = cSet.getAll() ;               //获取客户信息,准备序列化
    sz.BinarySerialize();                      //序列化,保存到文件
    ArrayList myc = sz.BinaryDeSerialize();   //反序列化
    //显示读取的信息
    foreach (Customer c in myc)
        Console.WriteLine(c)
    }
}
```

项目实践 8 客户管理系统的数据存储

1. 项目任务

实现项目实践 7 中的数据存储与数据读取的功能。

2. 需求分析

参照项目实践 7 中的代码,在主界面中增加两个按钮,分别为"保存"和"读取",采用数据序列化方式实现数据的存储处理。

3. 项目实施

(1) 新增加一个类文件。

```
//定义客户类,参考项目实践 7 的代码
[Serializable]                                //序列化处理
class Customer
{
    //略,参考项目实践 7
}
```

(2) 定义客户集合类。

```
[Serializable]                                //序列化处理
```

```csharp
public class CustomerSet{
private Hashtable Ht= new Hashtable();
   //略,参考任务 8-3
}
```

(3) 新建一个文件管理类,实现对数据文件存取。参考任务 8-3。

```csharp
//定义一个序列化处理的泛型类
class Serialize<T>{
   public T Source;                          //序列化的对象
   public string FileName;                   //保存的文件名
   public void BinarySerialize()
   { //略 }
   public T BinaryDeSerialize()
   { //略 }
}
```

(4) 编写主界面 Fmain 的代码,增加窗体、修改窗体的代码参见项目实践 7。

```csharp
public partial class Fmain : Form
{
CustomerSet cSet = new CustomerSet();            //客户信息
//序列化对象
Serialize<CustomerSet> FileMange = new Serialize<CustomerSet>();
public Fmain()
{ InitializeComponent();                          //如果文件存在,读取文件信息,并显示
   FileMange.FileName = "c:\\Customer.dat";
   if (File.Exists(FileMange.FileName)){
      cSet = FileMange.BinaryDeSerialize();      //反序列化,读写文件信息
      list();
   }
}
//显示客户信息
public void list(){
   tb_list.Text = " 编号\t 姓名\t\t 性别\t 电话\r\n";
   ArrayList cList = cSet.getAll();               //从哈希表获取信息赋值给 ArrayList
   foreach (Customer c in cList)
      tb_list.Text += c.ID + "\t" + c.Name + "\t\t" + c.Sex + "\t" + c.Tel + "\r\n";
}
//增加客户信息,"增加"按钮的 click 事件代码
private void bt_add_Click(object sender, EventArgs e)
{ Fadd fadd = new Fadd();                         //实例化增加窗体 Fadd
   fadd.onAdd += Fadd_onAdd;                      //订阅事件
   fadd.Show();
}
//增加事件委托方法
```

```csharp
private void Fadd_onAdd(Customer cst)
{ Customer c = (Customer)cSet.findbyID(cst.ID);    //按编号查找
  if (c == null) {
      cSet.add(cst);
      list();
  }
  else   MessageBox.Show("编号不能重复!");
}
//"修改"按钮的 click 事件代码
private void bt_midfy_Click(object sender, EventArgs e)
{ Customer c = (Customer)cSet.findbyID(tb_id.Text.Trim());
  if (c == null)                              //检查编号是否存在
  { MessageBox.Show("客户不存在");
    return;
  }
  Fmodify fm = new Fmodify(c);
  fm.onChanged += Fm_onChanged;               //订阅修改窗体的 onChanged 事件
  fm.Show();
}
//修改窗体事件委托方法
private void Fm_onChanged(Customer cst)
{ list(); }
//"保存"按钮 click 事件代码
private void bt_save_Click(object sender, EventArgs e)
{ FileMange.Source = cSet;
  FileMange.BinarySerialize();
  MessageBox.Show("成功保存!", "提示");
}
//"读取"按钮 click 事件代码
private void bt_load_Click(object sender, EventArgs e)
{ cSet = FileMange.BinaryDeSerialize();
  list();
}
//"删除"按钮 click 事件代码
private void bt_del_Click(object sender, EventArgs e)
{ cSet.delete(tb_id.Text);
  list();
}
}
```

习　　题

填空题

1. 设有如下代码：

```
FileInfo fileInfo=new FileInfo("file1.txt");
```

下面的属性分别代表的是_____、_____、_____。

```
fileInfo.FullName
fileInfo.Length
fileInfo.CreationTime;
```

2. 设置文件属性方法声明如下。

```
public static void SetAttributes(string path,FileAttributes fileAttributes)
```

其中,FileAttributes 的枚举值包括 ReadOnly(只读)、Hidden(隐藏)、Archive(文件存档状态)、_____、Temporary(临时文件)。

3. 在创建 FileStream 对象的构造方法 FileStream(string FilePath, FileMode, FileAcces, FileShare)中使用的 FilePath、FileMode、FileAccess、FileShare 分别是指使用指定的路径、创建模式、读/写权限和_____。

4. Stream、FileStream 对象都可以实现对文件的输入/输出流的操作,FileStream 类操作的是字节和字节数组,而 Stream 类操作的是字符数据,随机文件访问(访问文件中间某点的数据),就必须由_____对象执行。

5. .NET 框架提供了两种方式的序列化：①基本序列化；②_____。

6. System.IO 命名空间提供了诸多文件读/写操作类,对文件内容进行操作有 3 种常见方式：文本模式、二进制模式以及_____。

7. .NET 框架提供了三种串行化的方式,即二进制格式、SOAP 格式和_____。

参 考 文 献

[1] Microsoft. C#程序设计语言[M]. 北京：高等教育出版社,2003.
[2] Karli,Jacob Vibe,Jon D Reid,等. C#入门经典[M]. 齐立波,黄俊伟,译. 6版. 北京：清华大学出版社,2014.
[3] 宋智军. Visual C# 2010从入门到精通[M]. 北京：电子工业出版社,2011.
[4] Mark Priestley. 面向对象设计UML实践[M]. 龚晓庆,等译. 2版. 北京：清华大学出版社,2005.
[5] Nagel C. C#高级编程[M]. 李铮,译. 6版. 北京：清华大学出版社,2008.